Schmertosch/Krabbes

Automatisierung 4.0

Thomas Schmertosch
Markus Krabbes

Automatisierung 4.0

Objektorientierte Entwicklung modularer Maschinen für die digitale Produktion

Mit 122 Bildern und 10 Tabellen

Fachbuchverlag Leipzig
im Carl Hanser Verlag

Prof. Dr.-Ing. Thomas Schmertosch
Prof. Dr.-Ing. Markus Krabbes
Hochschule für Technik, Wirtschaft und Kultur Leipzig

MIX
Papier aus verantwortungsvollen Quellen
FSC
www.fsc.org
FSC® C016439

Bibliografische Information der Deutschen Nationalbibliothek
Die Deutsche Nationalbibliothek verzeichnet diese Publikation in der Deutschen Nationalbibliografie; detaillierte bibliografische Daten sind im Internet über http://dnb.d-nb.de abrufbar.

ISBN: 978-3-446-45220-6
E-Book-ISBN: 978-3-446-45701-0
ePub-ISBN: 978-3-446-45865-9

Internet: http://www.hanser-fachbuch.de

Lektorat: Manuel Leppert, M.A.
Satz und Herstellung: le-tex publishing services GmbH, Leipzig
Coverconcept: Marc Müller-Bremer, www.rebranding.de, München
Coverrealisierung: Stephan Rönigk
Druck und Bindung: Hubert & Co. GmbH & Co. KG BuchPartner, Göttingen
Printed in Germany

Vorwort

Seitdem die deutsche Bundesregierung den Begriff Industrie 4.0 geprägt hat, findet kaum eine ingenieurwissenschaftliche Konferenz mehr statt, in der es nicht mindestens einen Vortrag rund um dieses Thema gibt. Ganze Themenreihen, Online-Angebote und Fachbücher beleuchten Industrie 4.0 aus unterschiedlichen Perspektiven. Und in der Tat stehen wir an der Schwelle zu einer neuen Form der Industrialisierung. Aber eigentlich haben wir sie schon überschritten, und zwar schon lange.

Das Gabler-Wirtschaftslexikon definiert Industrie 4.0 wie folgt:

„Industrie 4.0" ist ein Marketingbegriff, der auch in der Wissenschaftskommunikation verwendet wird, und steht für ein ‚Zukunftsprojekt' der deutschen Bundesregierung. Die sog. vierte industrielle Revolution zeichnet sich durch Individualisierung bzw. Hybridisierung der Produkte und die Integration von Kunden und Geschäftspartnern in die Geschäftsprozesse aus.

Diese Definition enthält die Kernthemen „Individualisierung von Produkten" und die „Veränderung der Geschäftsprozesse". Wie das genauer geschieht, ist auf der offiziellen Webseite der Bundesregierung, der *Plattform Industrie 4.0*, nachzulesen:

In der Industrie 4.0 verzahnt sich die Produktion mit modernster Informations- und Kommunikationstechnik. Treibende Kraft dieser Entwicklung ist die rasant zunehmende Digitalisierung von Wirtschaft und Gesellschaft.

Damit wird die Digitalisierung zur treibenden Kraft erklärt. Und tatsächlich hat sich seit der Markteinführung von Smartphone und Co. die technische Welt tiefgreifend verändert. Das Selbstverständnis der Kunden, die lieber online einkaufen als nebenan im Tante-Emma-Laden, wachsende Ansprüche an Verfügbarkeit, Logistik, Qualität und nicht zuletzt eine geradezu extreme Preissensitivität können nicht spurlos am Produktionsumfeld vorübergehen. Somit steht für die Autoren die Frage im Fokus, welche Anforderungen diese Megatrends an die Herstellung und den Betrieb von Produktionsausrüstungen mit sich bringen.

Um sich der Antwort zu nähern, lohnt es sich, in den Publikationen der *Plattform Industrie 4.0* weiterzulesen (wie auch sonst diese Publikation viele Fragen rund um das Thema umfassend beantwortet):

Technische Grundlage hierfür sind intelligente, digital vernetzte Systeme, mit deren Hilfe eine weitestgehend selbstorganisierte Produktion möglich wird: Menschen, Maschinen, Anlagen, Logistik und Produkte kommunizieren und kooperieren in der Industrie 4.0 direkt miteinander.

ander. Produktions- und Logistikprozesse zwischen Unternehmen im selben Produktionsprozess werden intelligent miteinander verzahnt, um die Produktion noch effizienter und flexibler zu gestalten.

Damit ist eine zentrale Herausforderung benannt:

Menschen, Maschinen, Anlagen, Logistik und Produkte sollen miteinander kommunizieren können. Tun sie das aber nicht schon seit geraumer Zeit?

Maschinen verfügen schon immer über in Umfang und Ausstattung den Anforderungen angepasste Kommunikationsmöglichkeiten. Das waren anfangs mechanische Stellelemente, wie Hebel, Stellschrauben oder Handräder. Über den Maschinenzustand haben sich die Bediener zuerst nur durch Beobachtung, Nachmessen und mit viel Erfahrung informieren können. Mit zunehmender Elektrifizierung kamen dann Schalter sowie Leuchtanzeigen und mit Einzug elektronischer Systeme auch zunehmend qualitative Instrumente wie Potenziometer und Leuchtskalen hinzu.

Schließlich erleben wir seit Einzug PC-basierter Hard- und Software in die Bedientechnik von Maschinen und Anlagen eine immer tiefergreifendere Integration von digitalisierten Methoden und Mechanismen, wie wir sie von Smartphones und Tablets kennen. Was nun *Human-Machine-Interface* (HMI) heißt, sieht diesen Geräten oft zum Verwechseln ähnlich und bietet immer mehr Komfort. Als Beispiel sei nur die *Multitouch-Technologie* genannt, die sich für das Smartphone etabliert hat und mit der auch die Bedienung von Maschinen revolutioniert wurde. Allerdings steigen mit den Möglichkeiten auch die Anforderungen an die Gestaltung der visuellen Darstellungen – ein Thema, welches den Usability-Engineer als neues Berufsbild generiert hat.

Neben diesem Komplex wird im vorliegenden Buch auch die direkte Kommunikation von Maschinen und Produktionsanlagen im digitalen Produktionsumfeld thematisiert.

Die Vernetzung von Produktions- und Leitebenen ist schon seit den frühen 1990er Jahren Stand der Technik. Schließlich dienen die Daten der Produktionsausrüstungen einer effektiven Produktionssteuerung und tragen somit nicht unwesentlich zur Senkung der Stückkosten bei. Auch wenn neue Kommunikationssysteme der Bürowelt wie Ethernet und WLAN in der Werkhalle längst Einzug gehalten haben, so spielt sich intermaschinelle Kommunikation immer noch nach den gleichen Prinzipien ab wie zu deren Anfängen.

Das liegt daran, dass noch heute viele Hersteller von Automatisierungstechnik eigene Vorstellungen von Datenkommunikation verfolgen. Und so bevölkern Datensammler, Bridges und sogenannte Interpreter die Werkhallen, deren Aufgabe nur darin besteht, die Daten so aufzubereiten, dass andere Maschinen bis hinauf zum Produktionsleitsystem sie verstehen können. Ein lukratives Geschäft für Ingenieurbüros und Softwaredienstleister, das hoffentlich bald zur Vergangenheit gehört.

Leider haben da auch branchenspezifische Kommunikationsstandards wie etwa *PackML* in der Verpackungs-, *JDF* in der Druck- oder *Euromap* in der Kunststoffbranche nur mäßig Entlastung gebracht. Industrie 4.0 fordert aber, dass ALLE am Herstellungsprozess beteiligten Komponenten DIREKT miteinander kommunizieren. Gerade diese Anforderung ist für die Produktion individualisierter Produkte existenziell, sodass wir uns mit diesem Thema ausführlich befassen werden.

Ein weiteres Merkmal wird auf der Plattform Industrie 4.0 wie folgt beschrieben, nämlich dass

(...) intelligente Wertschöpfungsketten entstehen, die zudem alle Phasen des Lebenszyklus des Produktes miteinschließen - von der Idee eines Produkts über die Entwicklung, Fertigung, Nutzung und Wartung bis hin zum Recycling. Auf diese Weise können zum einen Kundenwünsche von der Produktidee bis hin zum Recycling einschließlich der damit verbundenen Dienstleistungen mitgedacht werden. Deshalb können Unternehmen leichter als bisher maßgeschneiderte Produkte nach individuellen Kundenwünschen produzieren. Die individuelle Fertigung und Wartung der Produkte könnte der neue Standard werden.

Das heißt nichts Anderes als *Losgröße 1* anstelle von Serien- und Massenfertigung. Aber *Losgröße 1* kann nur zum Erfolg führen, wenn das individualisierte Produkt qualitativ gleichwertig und nicht teurer ist als das vergleichbare Serienprodukt. Daher heißt es auf der Plattform Industrie 4.0 weiter:

Zum anderen können trotz individualisierter Produktion die Kosten der Produktion gesenkt werden. Durch die Vernetzung der Unternehmen der Wertschöpfungskette ist es möglich, nicht mehr nur einen Produktionsschritt, sondern die ganze Wertschöpfungskette zu optimieren. (...) Die Produktionsprozesse können unternehmensübergreifend so gesteuert werden, dass sie Ressourcen und Energie sparen.

Weil die Autoren der Auffassung sind, dass die Produktionskosten trotz Individualisierung nicht nur sinken KÖNNEN, sondern grundsätzlich sinken MÜSSEN, widmen sie sich intensiv der Frage, wie das mittels modernster Automatisierungstechnik gelingen kann. Dabei wird nicht nur das individualisierte Endprodukt, sondern auch die individuelle Produktionsausrüstung betrachtet, denn beides beeinflusst die Gestaltung eines Automatisierungssystems auf unterschiedliche Art und Weise. Die sich daraus ergebenden Aspekte und Lösungsansätze bilden folgerichtig den Schwerpunkt dieses Buches.

Mit *Automatisierung 4.0* sollen sowohl dem erfahrenen als auch dem zukünftigen Ingenieur Anforderungen und Lösungswege für Automatisierungskonzepte aufgezeigt werden, die eine Produktionsanlage fit für die Zukunft und Industrie 4.0 machen.

Im Laufe der Auseinandersetzung mit diesem umfassenden Thema wurde uns immer wieder die außerordentliche Intensität bewusst, mit der sich zahlreiche Institute, Verbände und Hersteller diesen Herausforderungen stellen. Immer wieder mussten wir feststellen, dass neue Ansätze, Lösungen und Normen entstanden, von denen zu Beginn unserer Recherche noch gar keine Rede war. Typisches Beispiel dafür ist das Busprotokoll *OPC UA* in Kombination mit *Time Sensitive Networking*. Alle in diesem Buch dazu gemachten Aussagen beziehen sich auf den technischen Stand von März 2018. Gleiches gilt für die Ausführungen zur *Industrie 4.0-konformen Kommunikation*, deren Standardisierungsprozess noch einige Zeit andauern wird. Es war uns daher ein dringendes Anliegen, ergänzend zu den zahlreichen Literaturverweisen, auch Aussagen und Meinungen von involvierten Experten diverser Gremien zu integrieren, um dem Leser den aktuellsten Forschungsstand anbieten zu können.

Dafür gilt besonderer Dank Herrn Dr.-Ing. Heiko Koziolek vom Forschungszentrum der ABB AG und Mitglied im VDI/VDE-GMA-Fachausschuss „Industrie 4.0". Besonders ihm haben wir zu verdanken, dass wir die zahlreichen Publikationen der *Plattform Industrie 4.0* mit den neuesten Entwicklungen abgleichen und in diesem Buch konsolidiert abbilden konnten.

Gleiches gilt für Herrn Sebastian Sachse, der als Mitarbeiter der Business Unit Open Automation Technologies die Firma B&R Industrial Automation GmbH in zahlreichen internationalen Gremien vertritt. Durch seine Hinweise konnten die Darstellungen rund um das Thema *Kommunikation* ebenfalls mit den aktuellsten Daten und Fakten versehen werden.

Wir danken Herrn Dipl.-Ing., Dipl.-Wirtsch.-Ing. Peter von Dreusche, Head of Electrotechnical Engineering Unit der Firma Trützschler GmbH & Co. KG, für den intensiven Gedankenaustausch zum Thema *objektorientierte Modularisierung*. Ihm ist zu verdanken, dass wir diese Methode so fundiert und mit praktischem Hintergrund anbieten können. Ebenso danken wir Herrn Prof. Dr. rer. nat. Matthias Krause für den Gedankenaustausch und die fachliche Beratung zu diesem Thema.

Des Weiteren danken wir den zahlreichen Mitarbeitern der Firma B&R Industrial Automation GmbH, ohne deren Unterstützung und fachliche Beratung eine umfassende und aktuelle Darstellung der praktischen Themen nicht möglich gewesen wäre. Besonders danken wir Herrn Franz Kaufleitner, Produkt Manager für Integrated Safety Technology bei B&R, für die zahlreichen Hinweise und die Unterstützung zum Thema *Sicherheitstechnik* und Herrn Franz Enhuber, Leiter der B&R Automation Academy. Die zahlreichen Gespräche mit ihm waren besonders hilfreich für die Analyse der Marktanforderungen und der Entwicklungstrends moderner Automatisierungstechnik. Nicht zuletzt bedanken wir uns beim gesamten B&R-Marketingteam und seinem Corporate Editor Herrn Stefan Hensel für die Bereitstellung des zahlreichen Bildmaterials sowie Herrn Markus Sandhöfner, Geschäftsführer der B&R Industrie Elektronik GmbH Deutschland.

Für die Bereitstellung von Bildmaterial danken wir auch den Firmen Fomanu AG Neustadt, der Sick AG Waldkirch, der Pilz GmbH & Co. KG Ostfildern sowie der Buchbinderei Johst in Wermsdorf und vielen anderen.

Wir bedanken uns bei Frau Dipl.-Ing. (FH) Franziska Kaufmann, bei Herrn Manuel Leppert, M. A. und allen Mitarbeitern des Fachbuchverlages Leipzig für die sehr gute Zusammenarbeit.

Besonderer Dank gilt meinem Co-Autor Prof. Dr.-Ing. Markus Krabbes, Prorektor Forschung der Hochschule für Technik, Wirtschaft und Kultur Leipzig (HTWK), der mir neben zahlreichen Anregungen vor allem den Startimpuls für dieses Buch gab und mit dem Verfassen des Kapitels 3 *Projektierung modularer Maschinen* einen sehr wesentlichen Aspekt beisteuerte.

Was ist ein Autor ohne tatkräftige Unterstützung seiner Familie? Nichts. In diesem Sinne möchte ich ganz besonders meiner Familie danken, die verständnisvoll und mit viel Geduld die Arbeit an diesem Buch begleitet und ermöglicht hat.

Leipzig, im Juli 2018 *Thomas Schmertosch*

Inhalt

1 Automatisierung 4.0 – Anforderungen und Perspektiven

Bevor wir uns den Anforderungen an die Automatisierungstechnik widmen, analysieren wir in diesem Kapitel die Anforderungen, die sich aus der Definition Industrie 4.0 ergeben. Dazu kommen allgemeine Trends, denen sich der Maschinen- und Anlagenbau grundsätzlich stellen muss und aus denen sich zugleich wichtige Zielvorgaben für die Gestaltung von Automatisierungssystemen ableiten lassen.

1.1 Wahrnehmung von Industrie 4.0

Im Rahmen der vierten industriellen Revolution entwickelt sich ein virtueller Marktplatz, auf dem zwischen Maschinen, die ihre Dienste anbieten, und Rohlingen, die ihren Bearbeitungsprozess selbst steuern können, der Produktionsverlauf ausgehandelt wird. Zu dieser Vision gehört auch das Überschreiten alter Grenzen:

Firmen bauen neue Wertschöpfungsketten auf, indem sie ihre Geschäftspartner, Zulieferer und Kunden in den Fertigungsprozess integrieren. Damit der Kunde seinen Auftrag jederzeit online kontrollieren und Bearbeitungswünsche anmelden kann; damit der Lieferant in Echtzeit erfährt, wie viel Material noch im Lager ist; damit die Spedition den Abholtermin schon zusagen kann, wenn die Fertigung noch läuft [1].

Und weil die Informationstechnologie mit und durch das Internet keine Grenzen kennt, ist Industrie 4.0 auch ein globaler Prozess. Megatrends wie steigendes Preis- und Qualitätsbewusstsein, weltweite Verfügbarkeit und grenzenlose Kommunikation führen zu sich verändernden Märkten und alternativen Lebensmodellen. Produkte werden nicht mehr gekauft, sondern gemietet oder sie sind bereits stark individualisiert. Ein normaler Serien-PKW kann schon heute dank ausgeklügelter Fertigungs- und Logistikprozesse in Millionen verschiedenen Ausstattungsvarianten gefertigt werden. Dazu kommen Dienstleistungen für die Vernetzung mit anderen Mobilitätsdiensten oder Leasingmodelle als integrale Bestandteile des Produktes.

Zukünftig entscheidet sich der Kunde nicht mehr für ein Produkt, sondern für ein Geschäftsmodell [2].

Und *(...) demzufolge führt die vierte industrielle Revolution insbesondere zu Individualisierung bzw. Hybridisierung der Produkte (Kopplung von Produktion und Dienstleistung)* [3]. Und das alles zu den Kosten bisheriger Massenfertigung – eine Herkulesaufgabe.

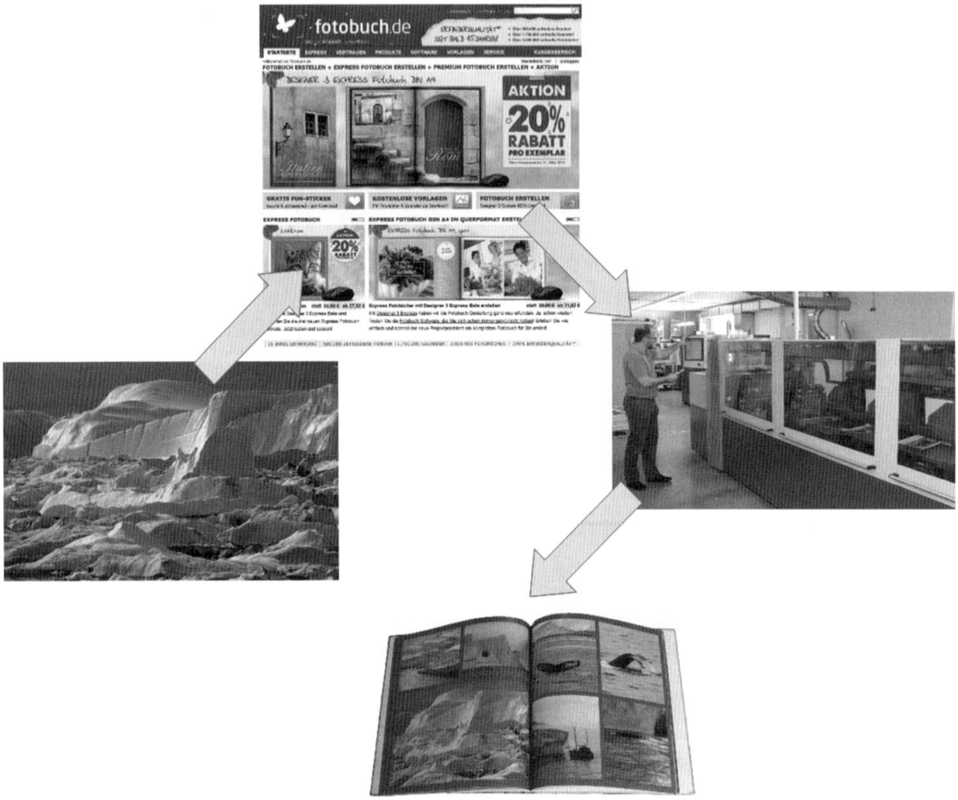

Bild 1.1 Das Fotobuch: Typischer Vertreter individualisierter Produkte in Losgröße 1

Beispiele dafür gibt es einige, denn Losgröße 1 ist schon längst in der realen Welt angekommen. So ist das am heimischen PC selbst gestaltete Fotobuch ebenso einmalig (Bild 1.1) wie das Rezept für eine individuelle Müslimischung. Das für eine Woche vorkonfektionierte Medikamentenset für Senioren spart als willkommener Nebeneffekt zur optimalen Therapie zusätzlich Verpackungsmaterial und Transportvolumen. Das individualisierte Produkt wird als Alleinstellungsmerkmal definiert, und das gilt als verkaufsfördernd. Dabei helfen innovative Technologien, die neue Gebrauchseigenschaften generieren und die Individualisierung beinahe zum Nebeneffekt mutieren lassen.

Das In-Mold-Labelling für die Herstellung von Kunststoffprodukten wie Joghurtbechern, Flaschen und vielem anderen mehr ist nur eine dieser Technologien. Bei diesem Verfahren wird ein bedrucktes Etikett aus Polypropylen in eine Form gelegt, in die anschließend plastifizierter Kunststoff gespritzt wird. Dort verschmilzt dieser mit dem Etikett und nimmt beim Abkühlen die Gestalt der Form an. Label und Verpackung bilden am Ende ein Ganzes mit einer Vielzahl an neuen Eigenschaften und Funktionalitäten (Bild 1.2). So sind

z. B. *(...) In-Mould-Labels feuchtigkeits- und temperaturbeständig und damit auch für Tiefkühlpodukte geeignet und man kann sogar den Frischegrad messen. Dazu kommen verbesserte mechanische Eigenschaften wie Kratz-, Schrumpf- sowie Reißfestigkeit und vieles andere mehr* [4].

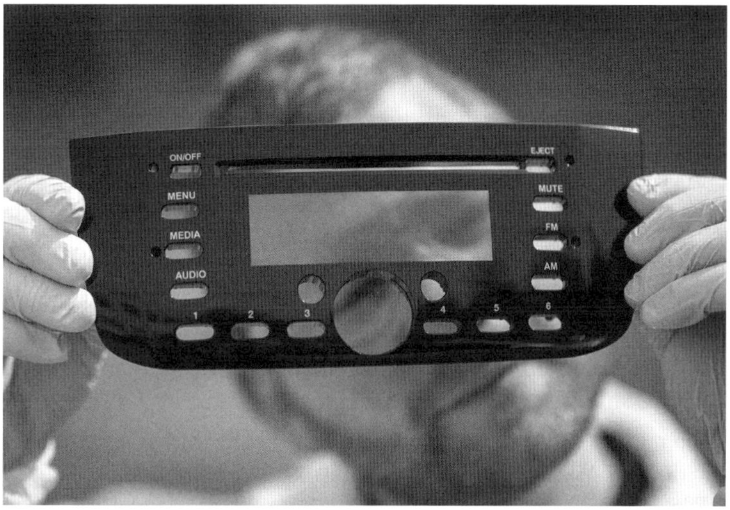

Bild 1.2 Individuelle Beschriftung und eingebettete Sensorik verleiht Frontblenden aus Kunststoff neue Gebrauchseigenschaften (Quelle: Kunststofftechnisches Institut an der TU Ilmenau)

Dabei ist besonders der vorgelagerte Offsetdruck des Etiketts für das Label interessant. Mit ihm sind nicht nur hoch aufgelöste farbige Bilder möglich, die den Verpackungen ein völlig neuartiges Aussehen verleihen, sondern es lassen sich damit die Produkte und deren Verpackungen hervorragend individualisieren. So wird z. B. die spezielle Müslimischung in einer Box mit der Aufschrift „Muttis Sonderedition zum 50. Geburtstag von Lisa und Tim", ergänzt mit einem Foto der Spender, zum Renner auf dem Gabentisch. Oder das Medikamentenset enthält neben dem Namen in großen Lettern auch noch Hinweise zur Einnahme. Wenn das ohne wesentliche Mehrkosten gelingt, ist echter Mehrwert und geschäftlicher Erfolg garantiert.

Genau das ist aber das Problem. Schon seit Generationen ist bekannt, dass sich durch Serienproduktion die Stückkosten senken lassen. Das hat schließlich im frühen 20. Jahrhundert mit der Fließbandfertigung die arbeitsteilige Massenproduktion hervorgebracht. Wir bezeichnen diese Entwicklung heute als zweite industrielle Revolution. Auch die in der dritten industriellen Revolution einsetzende elektronische (speicherprogrammierbare) Automatisierung erfüllte vornehmlich das Ziel, wiederkehrende und gleiche Arbeitsgänge zu beschleunigen und qualitativ besser auszuführen als der Mensch. Dass dabei Arbeitsplätze wegfallen, ist ein Thema, was zu bedenken, aber letztlich nur durch gesellschaftliche Korrekturen und Prozesse beherrschbar ist.

So wurden bis Ende des 20. Jahrhunderts fast nur Verarbeitungsmaschinen gebaut, die mehr oder weniger für die Herstellung eines einzigen Produktes konstruiert wurden, wie z. B. ganze Maschinenlinien nur zur Fertigung eines einzigen Relaistyps oder eines speziellen Leuchtmittels. Wenn nach mehreren Millionen Stück dieser Typ abgekündigt wurde, wanderten die Maschinen in den Schrott.

In den meisten Serienmaschinen wie z. B. Verpackungsmaschinen können zwar die Parameter eines Produktes verändert werden, aber die Umstellung auf ein anderes Format oder Material muss bereits beim Entwurf der Maschine mit eingeplant werden und erfordert mehr oder weniger Aufwand zur Umrüstung. Wie sehr sich dann die verschiedenen Produkte unterscheiden, hängt allein davon ab, welche Rüst- und/oder Parametriermöglichkeiten in der Maschine angeboten werden.

Andererseits ist beispielsweise eine moderne Werkzeugmaschine grundsätzlich für die Fertigung individualisierter Werkstücke prädestiniert. Entsprechend konstruiert und ausgestattet ist sie in der Lage, völlig selbstständig ein Einzelstück zu bearbeiten. Alle notwendigen Informationen werden in einem CNC-Programm codiert, welches der Maschinenbediener direkt am Bedienpanel der Maschine editiert. Oder das Programm entsteht mit einem Mausklick direkt aus dem CAD-System des Konstrukteurs und wird per Netzwerk oder Speichermedium in die Maschine übertragen. Der Umrüstprozess beschränkt sich damit nur auf das Einspielen des Bearbeitungsprogramms und der Bestückung des Werkzeugspeichers, wobei letzteres häufig mithilfe von Robotern und anderen Zuführsystemen auch automatisiert erledigt wird.

Gleiches gilt für die Technologie des Auftragsverfahrens, wie es in 3D-Druckern zur Anwendung kommt. Eine Kunststoffspritzgießmaschine (Bild 1.3) kann mit einem einzigen Arbeitsgang mehrere Produkte wie z. B. Zahnräder, Plastikboxen oder ganze Mülltonnen gleichzeitig fertigen. Ein kompletter Arbeitsgang mit Werkstoff verflüssigen (plastifizieren), in eine Form (dem Spritzgießwerkzeug) einspritzen, abkühlen und entnehmen (mit einem Entnahmeroboter), dauert in der Regel nur Sekunden. Damit lässt sie dem 3D-Drucker zeitlich keine Chance. Also warum gibt es diesen dann überhaupt?

Bild 1.3 In einer Kunststoffspritzgießmaschine können mehrfarbige Produkte in einem Arbeitsgang gefertigt werden (Quelle: Ferromatik Milacron GmbH)

Des Rätsels Lösung liegt auch hier in der Fertigungsmethode. Ein Spritzgießwerkzeug ist ein sehr kostenintensives Bauteil. Es muss unter extremen Drücken (1000 bar sind keine Seltenheit) und hohen Temperaturen bis in den Mikrometerbereich formstabil bleiben. Die

Oberflächen der Form sind hochglanzpoliert, und diverse Einbauten gestatten Mehrfarbigkeit und sogar Gelenke in einem Arbeitsgang auszubilden. Das alles hat seinen Preis, der schnell die Millionengrenze übersteigt. Diese Investition rentiert sich nur durch die Umlage auf hohe Stückzahlen, und um diese zu erreichen, wird die Taktzeit der Produktion in Zehntelsekunden geplant und fortlaufend durch ausgeklügelte Verfahrenstechnik optimiert. Unter diesen Bedingungen individuelle Einzelprodukte herzustellen, ist wirtschaftlich nicht zu rechtfertigen.

Das ist die Chance für 3D-Drucker. Diese sind zwar in der Stückzeit gegenüber einer Kunststoffspritzgießmaschine ganz klar im Nachteil, dafür fertigen sie jedes einzelne Werkstück mit beliebigen Formen und Konturen nur durch Übergabe eines digitalen Bearbeitungsprogramms. Und das funktioniert nicht nur mit Kunststoff, sondern auch mit metallischen, mineralischen und sogar organischen Werkstoffen. Durch den Wegfall der Werkzeugumlage und mit deutlich vereinfachter (und damit preiswerterer) Maschinenkonstruktion liegen auch die Stückkosten trotz längerer Taktzeit in einem sehr akzeptablen Bereich. Daher sind 3D-Drucker für die Fertigung von Prototypen nicht mehr wegzudenken, wenngleich sie für die Serienproduktion wohl noch längere Zeit keine Option darstellen. Andererseits erlaubt die Technologie des schichtweisen Auftragens (*Additive Manufactoring*) die Fertigung von Werkstücken mit sehr komplexen Strukturen und Formen, die mit spanabhebenden Verfahren überhaupt nicht möglich sind. Das gelingt sogar bei hochbelasteten Werkstücken, wie es beispielsweise bei Schaufeln für Gasturbinen der Fall ist [5]. Diese Bauteile werden mit dem sogenannten Laserauftragsschweißen (Bild 1.4) gefertigt und halten Temperaturen von über 1250 °C bei 13 000 Umdrehungen in der Minute aus. Das wurde möglich, weil mit dieser Technologie ein neues Schaufeldesign mit einer komplett verbesserten internen Kühlungsgeometrie realisierbar ist. Damit besetzen 3D-Drucker bereits heute schon erste Nischen in der Serienproduktion.

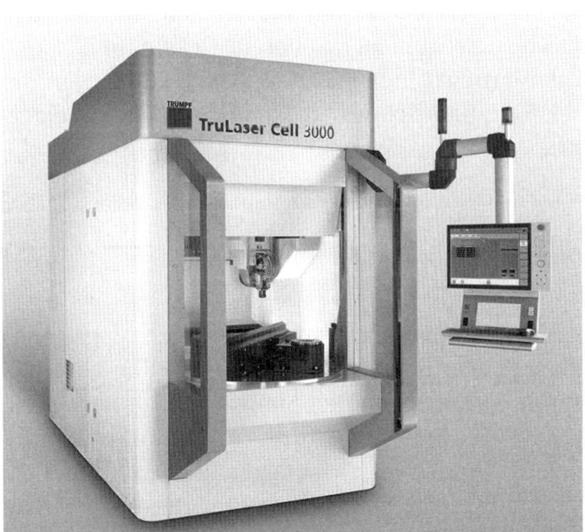

Bild 1.4 3D-Lasermaschine für das Laserauftragsschweißen (Quelle: Trumpf GmbH & Co. KG)

Die Beispiele machen deutlich, dass individualisierte Produkte nicht zwingend mehr kosten müssen und auch die Stückzeit nicht größer sein muss als die der Massenprodukte – vorausgesetzt, man zieht die Bilanzgrenze um den gesamten Produktionsprozess! Sie machen aber auch deutlich, dass Losgröße 1 PLUS niedrigste Stückkosten PLUS kürzeste Stückzeiten zugleich nicht zu machen sind.

Wir wären jedoch schlechte Ingenieure, wenn wir uns damit zufriedengeben würden, und wir wären noch schlechter, wenn wir an die „eierlegende Wollmilchsau" glaubten. Das ist auch nicht im Sinne von Industrie 4.0. Unser Ziel (und das dieses Buches) muss daher sein, einen Pfad zum Optimum beider Welten zu finden und die Vorteile unterschiedlicher Technologien so zu kombinieren und mit neuen Technologien zu ergänzen, dass individualisierte Serienprodukte in der Produktion nicht länger dauern, nicht teurer sind als standardisierte Massenprodukte und zugleich hochkomplexe Sondermaschinen zu individuellen Serienmaschinen werden.

Es haben sich aber auch abseits von Industrie 4.0 weitere Trends herausgebildet, denen Maschinenkonzepte und deren Automatisierung zunehmend entsprechen müssen. Betrachten wir die wichtigsten näher, bevor Strategien und Lösungskonzepte vorgestellt werden.

1.2 Trends und Anforderungen im Maschinen- und Anlagenbau

Die Arbeit von Entwicklern und Konstrukteuren wird seit jeher von Kundenwünschen bestimmt. Aus der Summe dieser Anforderungen lassen sich Trends ableiten, die sich nach und nach als Standards etablieren und sich zugleich immer weiterentwickeln. In unserem digitalen Zeitalter sind viele dieser Anforderungen nur noch mit den Technologien der Automatisierung und Informatik zu meistern. Die wichtigsten Trends werden im Folgenden vorgestellt.

1.2.1 Endprodukte bestimmen die Richtung

Schon immer unterliegen die Anforderungen an alle Arten von Gütern den Megatrends der menschlichen Bedürfnisse. Das gilt seit dem Beginn der Mechanisierung natürlich auch für Maschinen aller Art. Der Wunsch nach gemusterten Stoffen brachte neue Webmaschinen hervor. Die Entwicklung hygienischer Standards führte zu Vakuumverpackungen und Maschinen zu deren Herstellung. Die Gewissheit, dass unsere Ressourcen an Rohstoffen begrenzt sind, führte zur Entwicklung von Kohlefasern, um durch Leichtbau Energie zu sparen, und Solarpanels, um Energie umweltschonend zu erzeugen. Maschinen und Anlagen müssen diesem Trend folgend, genau wie Haushaltsgeräte und Leuchtmittel, ihren Energieverbrauch reduzieren und schließlich durch Labels ausweisen.

So ist erkennbar, dass in erster Linie die Anforderungen an die Endprodukte – das Textil, die Kontaktlinse, das Fotobuch, die Fertigpizza, der Kühlschrank – die dazu erforderlichen

Technologien zu deren Produktion bestimmen und vorantreiben. Bei der Entwicklung einer Verarbeitungsmaschine bzw. Produktionsanlage steht daher die Sicht auf das Endprodukt an erster Stelle. Daraus folgt die Auswahl der Ausgangsmaterialien, der Hilfsstoffe sowie der Verfahren und Technologien, die sich in der Konstruktion wiederfinden müssen.

Müssten wir bei der Entwicklung einer Maschine aber allein diesen Vorgaben folgen, wäre der Ingenieurberuf eine ziemlich langweilige Angelegenheit. Was die Arbeit spannend und zugegebenermaßen mitunter das Leben auch schwermacht, sind die zahlreichen Randbedingungen, Gesetze und Vorschriften, die in der Regel den Konstruktionsaufwand vervielfachen.

Man stelle sich nur ein modernes Atomkraftwerk vor. Der eigentliche Reaktorraum würde leicht in ein mittleres Mehrfamilienhaus passen. Die Aufwände für Kühlung, Brennstoffver- und -entsorgung, die Anforderungen an die Strahlensicherheit sowie die schlussendliche Erzeugung der Elektroenergie machen daraus eine Anlage in der Größe einer mittleren Kleinstadt. Ähnlich verhält es sich bei der Halbleiter-Produktion. Um einen Prozessor herzustellen, der am Ende in einer Smartwatch steckt, benötigt man Produktionslinien, die eine ganze Fabrikhalle mit Reinstraum-Atmosphäre füllen. Allein deren Aufbereitung und Versorgung verschlingt Millionen zuerst an Investitionen und später im laufenden Betrieb.

Im Maschinenbau ist es nicht anders. Eine Hochleistungsverpackungsmaschine für Medikamenten-Plisterverpackungen muss neben umfangreichen Sicherheitseinrichtungen für das Bedienpersonal hohe hygienische Standards erfüllen. Dazu kommen zahlreiche Komponenten und Funktionen zur Qualitätssicherung, sodass die Komplexität einer solchen Maschine mit der einer Maschine aus den Anfängen der Verpackungstechnik nicht mehr vergleichbar ist.

Das gilt ebenso für die meisten modernen Verarbeitungsmaschinen, egal ob in der Werkzeugmaschinen-, Kunststoff- oder Papierverarbeitungsbranche, um nur einige zu nennen.

1.2.2 Der Engineering-Prozess verändert sich

Bis weit ins 20. Jahrhundert hinein dominierten die Mechanik-Konstrukteure das Geschehen, und Konstruktionsleiter hatten fast ausnahmslos ein Mechanik-Studium absolviert. Auch nachdem Mitte der 1970er Jahre elektronikbasierte Automatisierungstechnik zur Verfügung stand, setzte sich nur sehr langsam die Bereitschaft durch, mechanische Kompetenz an Chips und Transistoren abzugeben. Erst zum Ende des 20. Jahrhunderts wurde nach und nach erkannt, dass neue Funktionen viel besser durch Software zu realisieren sind oder ein elektrischer Servoantrieb mit elektronischer Kurvenscheibe ohne Abstriche an dessen Zuverlässigkeit preiswerter und flexibler eingesetzt werden kann als ein kompliziertes asymmetrisches Getriebe in mechanischer Bauart.

Der einsetzende Preisverfall für elektrische Antriebstechnik und immer leistungsfähigere Steuerungskomponenten haben in der Folge den mechanischen Anteil in der Konstruktion immer deutlicher reduziert und zu neuen, innovativen Maschinenkonstruktionen geführt. Infolgedessen verschieben sich die bei der Entwicklung einer Produktionsanlage erforderlichen Engineering-Anteile dramatisch (Bild 1.5).

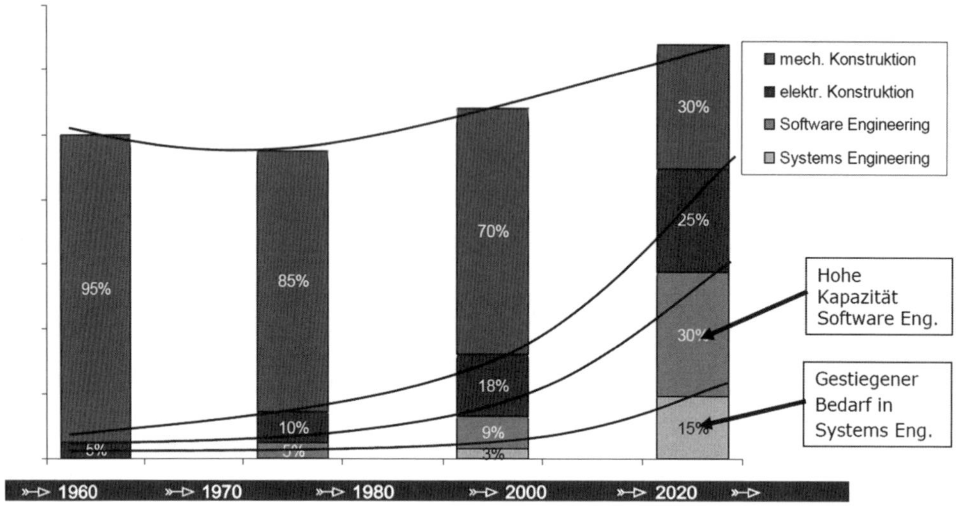

Bild 1.5 Die Engineering-Anteile im Maschinen- und Anlagenbau verschieben sich in Richtung Automatisierung und Softwareentwicklung (Quelle: ITQ GmbH)

Inzwischen sprechen wir nicht mehr von Mechanik und Elektronik als separate Disziplinen, sondern von Mechatronik und mechatronischen Komponenten mit technologischen Funktionen, die immer mehr allein durch Software definiert werden – Tendenz steigend (Bild 1.6).

Bild 1.6 Mechatronik wird heute durch Mechanik geprägt: In Zukunft ist Mechanik nur noch ein relativ kleiner Bestandteil einer Produktionsanlage (Quelle: ITQ GmbH)

Künftig wird es irrelevant sein, ob in einem Maschinenbaubetrieb die Entwicklungsleitung bei einem Mechanikkonstrukteur, einem Automatisierungsingenieur oder einem Informatiker liegt, solange die ganzheitliche Sicht über alle Domänen zum Grundsatz wird.

Im Folgenden sollen die wichtigsten Einflüsse für diese Entwicklung und die daraus resultierenden Anforderungen an Produktionsanlagen näher betrachtet werden. Später werden dazu konzeptionelle Lösungsansätze der Automatisierungstechnik vorgestellt.

1.2.3 Effizienz entscheidet über Erfolg

Es liegt im Wesen unserer Marktwirtschaft, dass sich geschäftlicher Erfolg vornehmlich aus monetärem Gewinn rekrutiert. Als Frederick Winslow Taylor im Jahr 1895 in einem vielbeachteten Vortrag sein Ein-Stücklohn-System der Welt präsentierte, bekam das Streben nach Effizienz auch einen Namen: *Taylorismus*. Dabei geht es im Kern einzig um die Organisation der Arbeit, mit dem Ziel, die Stückzeiten und damit die Arbeitskosten zu minimieren. Auch die Einführung der Fließbandarbeit im frühen 20. Jahrhundert (2. industrielle Revolution) war letztlich die konsequente Fortführung des Taylorismus.

Automatisierte Systeme wie Fertigungsautomaten oder Roboter tun nichts anderes als programmierte Arbeitsschritte schnellstmöglich und mit höchster Wiederholgenauigkeit auszuführen. Sie verrichten in der erforderlichen Präzision Arbeitsgänge, mit denen der Mensch überfordert wäre, arbeiten ohne Pausen und werden nicht krank – ein Segen für jedes Unternehmen.

Soweit die Theorie, die Wirklichkeit sieht etwas anders aus. Eine Hochleistungsmaschine, ganz egal welcher Branche, besteht aus tausenden Einzelkomponenten, jeder Menge Elektronik und etlichen Personenjahren Software. Sie verkörpert ein hochkomplexes System und ist mitunter sündhaft teuer. Jede Sekunde Stillstand bedeutet neben hohen Kosten auch Produktionsausfall und Imageverlust, wenn Aufträge nicht fristgerecht beliefert werden. Steht ein Unternehmen in einem Just-in-time-Vertrag, kann es durch einen längeren Produktionsausfall ruiniert werden.

Entsprechend sensibel wird das Thema *Stillstandszeiten* behandelt, ganz gleich, ob es sich um Zeiten zur *Umrüstung* oder um *Stillstand infolge eines Fehlers* handelt. Je nach Anforderung kann selbst enormer Aufwand zu deren Reduzierung gerechtfertigt sein. Einige Beispiele sollen das verdeutlichen.

Umrüstung, Produktumstellung

Steht an einer Verarbeitungsmaschine ein Produktwechsel an, müssen je nach Komplexität der Technologie mehr oder weniger umfangreiche Eingriffe erfolgen. Werkzeuge sind zu wechseln, Materialspeicher zu bestücken, Parameter müssen justiert werden und vieles andere mehr. Häufig werden dann Testläufe gefahren und nach Prüfung, Messung und Bewertung des Prototyps Veränderungen in den Einstellungen vorgenommen. Das kostet Zeit, Material und Personal und schmälert die Wirtschaftlichkeit. Dazu kommt, dass dieses Prozedere bei individualisierten Produkten in Losgröße 1 völlig am Ziel vorbeigeht.

Es ist daher ein elementarer Wunsch aller Maschinenbetreiber, den Rüstaufwand möglichst zu eliminieren, und dazu leisten Automatisierung und Mechatronik einen entscheidenden Beitrag. So lassen sich beispielsweise Justierungen und Anschläge elektromotorisch verstellen, für Werkzeuge gibt es automatisierte Wechselsysteme und in einer im HMI integrierten Rezeptverwaltung liegen alle erforderlichen Daten. Der Bediener kann durch Auswahl des entsprechenden Rezeptes den größten Teil der Umrüstung auf eine Geste am Touchscreen beschränken und bis zum Abschluss des automatisierten Ablaufs andere Arbeiten verrichten. Ein Download dieser Parameter von einem *Manufacturing Execution System* (MES) direkt auf die Maschine kann die Umrüstung noch weiter unterstützen, was besonders bei Losgröße 1 notwendig ist.

Die Anzahl dieser Stellantriebe in einer Verarbeitungsmaschine kann sich jedoch schnell zu einem bedeutenden Kostenfaktor entwickeln. So sind in einer modernen Sammelheftmaschine zur Herstellung von drahtgehefteten Zeitschriften und Broschüren über einhundert Stellmotoren erforderlich. Mit der entsprechenden Ansteuerelektronik, Verkabelung und Mechanik erhöht sich die Anzahl der Bauteile und letztendlich auch der gesamte Engineering-Aufwand. Dieser Sachverhalt hat beträchtliche Auswirkungen auf die Preisgestaltung der Maschine, und so steht die Auswahl der entsprechenden Komponenten unter besonderem Kostendruck. Schließlich schlägt jeder Euro pro Stellantrieb in der erwähnten Sammelheftmaschine mit einem Faktor von über 100 zu Buche – ein Faktum, der in jeder Preisoptimierungsagenda ganz oben steht.

Die Entwickler sind deshalb gut beraten, von Beginn an die Anforderungen des Produktes bzw. Prozesses mit den Möglichkeiten der zur Verfügung stehenden mechanischen und elektrischen Komponenten so genau wie möglich abzugleichen. Jede Stunde sorgfältige Recherche ist dabei gut investierte Zeit für überzeugende Argumente in den Budgetmeetings.

Perspektive Automatisierung 4.0

Die Umrüstung einer Maschine ist genauso automatisiert wie deren eigentliche Fertigungsfunktion.

Wartung und Instandhaltung

Auch die modernsten Produktionsanlagen und die hochwertigsten Materialien unterliegen Verschleiß und erfordern entsprechenden Instandhaltungs- und Wartungsaufwand. Produktionsstillstand infolge eines Komponentenausfalls oder Softwarefehlers produziert zwangsläufig Ärger und Frust. Wenn ein Ersatzteil nicht sofort greifbar ist, sich die Beschaffung über Tage oder Wochen hinzieht und ein wichtiger Auftrag nicht fristgerecht fertig wird, liegen oft die Nerven blank. Nicht selten enden solche Ausfälle vor Gericht. Unabhängig von strengen Qualitäts- und Lieferantenvereinbarungen sind daher Strategien und Konzepte gefragt, die unvorhergesehene Ausfälle möglichst ausschließen oder zumindest die entstehende Ausfallzeit minimieren.

Eine Möglichkeit ist die sogenannte *Feuerwehrstrategie*. Tritt ein Maschinenstillstand ein, wird die sich in Bereitschaft befindliche Servicemannschaft mobilisiert, ein eventuell erforderliches Ersatzteil aus dem Lager genommen und sofort repariert. Dazu bedarf es mehr oder weniger umfangreicher Ersatzteillager direkt beim Maschinenbetreiber oder

Servicepartner. Welche Bauteile vorgehalten werden und welche nicht, richtet sich nach Wichtigkeit, Wiederbeschaffungszeit, Lagerkosten, Haltbarkeit etc. Ein solches Lager und die erforderliche Infrastruktur inklusive Instandhaltungspersonal bindet jedoch erhebliches Kapital und ist daher die teuerste und aufwendigste Lösung.

Dagegen werden bei *planmäßiger und vorbeugender Wartung* ganz gezielt Risikokomponenten getauscht. Es werden aber auch Schraubverbindungen sowie Kabelstränge kontrolliert, und es wird geölt, geputzt und geschmiert. Zur Planung solcher Art der Instandhaltung dienen Empfehlungen der Komponenten- und Maschinenhersteller und ganz viel eigene Erfahrung des Instandhaltungspersonals. Die entstehende Stillstandszeit wird im Produktionsplan berücksichtigt, Ersatzteile und Hilfsmaterialien werden mit entsprechendem Vorlauf beschafft.

Der Vorteil dieses Verfahrens ist die Planmäßigkeit des Stillstandes und die damit garantierte Pflege der Produktionsanlage. Allerdings werden mitunter Komponenten getauscht, nur weil die Hersteller dies empfehlen und obwohl diese sicher noch bis zur übernächsten Wartung fehlerfrei gearbeitet hätten. Auch wenn das Ersatzteilgeschäft immer ein lukratives ist, soll hier nicht unterstellt werden, dass Wartungsintervalle von den Lieferanten aus Profitgründen kürzer als notwendig angegeben werden. Vielmehr steht der Lieferant in der Pflicht, eine Laufzeit zu garantieren, und da geht es ihm wie dem Lebensmittelhersteller: Er gibt eine Mindesthaltbarkeit an, und diese kann je nach Betriebsweise der Maschine mehr oder weniger von der erreichbaren abweichen.

Der Betreiber handelt dann wie der Einzelhandel mit Lebensmitteln bei abgelaufener Mindesthaltbarkeit: Auch wenn alle wissen, dass das Bauteil noch lange funktionstüchtig ist, wird es sicherheitshalber ersetzt. Man will ja kein Risiko eingehen und sich am Ende vorwerfen lassen, man hätte die Vorschriften und Herstellerempfehlungen nicht eingehalten.

Und es gibt noch einen Nachteil dieser Strategie. Stellt sich bei der begleitenden Inspektion heraus, dass ein Bauteil dennoch unvermutet getauscht und neu beschafft werden muss, sind Verzögerungen vorprogrammiert, und der verspätete Produktionsanlauf schafft zusätzlichen Ärger.

Infolgedessen wird zunehmend die *zustandsorientierte Instandhaltung* praktiziert. Bei diesem Verfahren wird durch systematische und automatisierte Analyse vorhandener sowie zusätzlich erfasster Maschinendaten der Zustand kritischer Komponenten erfasst. Beispielsweise kann die fortlaufende Stromaufnahme eines Motors Auskunft darüber geben, wie sich die Laufeigenschaften der angetriebenen Mechanik verändern[1]. Steigt der Strom gegenüber dem Langzeitmittelwert stetig oder auch sprunghaft an, kann das an einsetzendem Verschleiß, fehlender Schmierung oder Verschmutzung liegen. Sinkt er dagegen, könnte sich ein Lagerspiel vergrößern und ausschlagen. Mithilfe eines zusätzlichen Ultraschallsensors am Getriebe lassen sich im fortlaufend überwachten Frequenzband Veränderungen feststellen, die schon lange vor dem Ausfall einen Getriebeschaden ankündigen. Entsprechende Komponenten werden im Automatisierungssystem integriert, die Warnungen dem Bediener am Display der Maschine oder dem Servicepersonal via Netzwerk direkt mitgeteilt. Anhand dieser Daten kann entschieden werden, wie lange das Bauteil noch seinen Dienst verrichtet, ob und wann ein Ersatz zu beschaffen ist und ob die

[1] Für die Erfassung des Stromistwertes ist bei Verwendung von Frequenzumrichtern oder Servoverstärkern nicht mal eine zusätzliche Messeinrichtung erforderlich. Der Wert kann bei diesen Geräten ganz einfach über einen Parameteraufruf abgefragt werden.

Anlage vielleicht schonender gefahren werden muss, um einen Totalausfall bis zum Eintreffen des Ersatzteiles zu vermeiden.

Die Vorteile liegen auf der Hand: Keine oder nur minimale Ersatzteillager sowie maximale Ausnutzung der Lebensdauer von hoch beanspruchten Komponenten entlasten das Instandhaltungsbudget, und unvorhergesehene Stillstände werden weitgehend vermieden. Nur die Investitionskosten erhöhen sich, aber schon ein einziger ungeplanter Stillstand kann diese Mehrkosten aufwiegen. Lassen sich die zusätzlichen Sensoren auch für die Prozessoptimierung nutzen, dann amortisieren sich die Mehrkosten oftmals bereits innerhalb weniger Produktionsmonate.

Perspektive Automatisierung 4.0

Intelligente Maschinen beeinflussen selbst ihre Instandhaltung.

Ressourcenverbrauch

Dieses Thema steht ebenfalls nicht erst seit *Industrie 4.0* auf der Tagesordnung. Ressourcen wie Energie und alle für die Produktion erforderlichen Materialien und Hilfsstoffe generieren Kosten, und damit stehen sie schon immer im Fokus der Produktionsbetriebe und infolge natürlich bei deren Lieferanten. Mit dem 1997 verabschiedeten Kyoto-Protokoll zur Begrenzung und Reduzierung des Treibhausgasausstoßes hat jedoch das Thema des Energieverbrauchs stark an Bedeutung gewonnen.

Produkte aller Art, also auch Maschinen und Anlagen, werden zunehmend auch nach ihrem Energieverbrauch bewertet, was z.B. bei Leuchtmitteln, Haushaltsgeräten u.v.a.m. durch die EU-Energieverbrauchskennzeichnung auszuweisen ist. Dazu gehört auch die Ermittlung des Energieverbrauchs für die Herstellung eines Produktes, um damit die ökologische Komponente eines Produktionsprozesses bewerten zu können. Damit sehen sich Maschinen- und Anlagenhersteller zunehmend mit der Forderung konfrontiert, den tatsächlichen Verbrauch an Ressourcen pro Stück – die sogenannte graue Energie – zu ermitteln und zu dokumentieren.

Ebenso können neue technologische Verfahren wie z.B. die additive Fertigung oder der Einsatz von Karbonfasern in Verbundwerkstoffen den Materialverbrauch und infolgedessen das Gewicht eines Produktes reduzieren und so mittelbar zur Senkung des Energieverbrauchs beitragen. An dieser Stelle ist wieder die Automatisierungstechnik gefordert, denn sie kann und muss für die vielen Bewegungs- und Dosiersysteme dieser generativen Verfahren wesentlich mehr leisten als nur Messwerte aufzunehmen und an ein MES-System zu senden.

So lassen sich mit intelligenten Regelungsalgorithmen z.B. Antriebs-, Hydraulik- und Temperiersysteme energieeffizienter ansteuern. Ein typisches Beispiel dafür ist die Regelung von servoelektrischen Pumpenantrieben in Kunststoffspritzgießmaschinen. Mit diesem Verfahren können Medienfluss- und Druckeinstellungen so optimiert werden, dass in solchen Maschinen der Energieverbrauch des hydraulischen Systems um rund 50 Prozent gesenkt werden kann [6].

Perspektive Automatisierung 4.0

Maschinen arbeiten ressourcenschonend und können den tatsächlichen Verbrauch dokumentieren. ■

Engineering-Aufwand

Die bislang vorgestellten Faktoren zur Effizienzsteigerung bedienen eine große Bandbreite, aber das ist längst nicht alles.

Effizienzsteigerung im Maschinen- und Anlagenbau bedeutet auch, den Engineering-Aufwand zu senken. Keine leichte Aufgabe, denn zunehmende Komplexität bedeutet zwangsläufig auch zusätzlichen Aufwand. Für den fehlt jedoch häufig die Zeit, sodass reduziertes Engineering im Vorfeld nach der Auslieferung in der Regel zu deutlich höheren Kosten und sinkender Qualität beim Kunden nachgeholt wird. Um dem entgegenzuwirken und trotz steigender Komplexität den Engineering-Aufwand nicht exorbitant ansteigen zu lassen, ist die Bildung von mechatronischen Einheiten und Maschinenmodulen in Form von Hard- und Software ein verbreiteter Lösungsansatz (Bild 1.7).

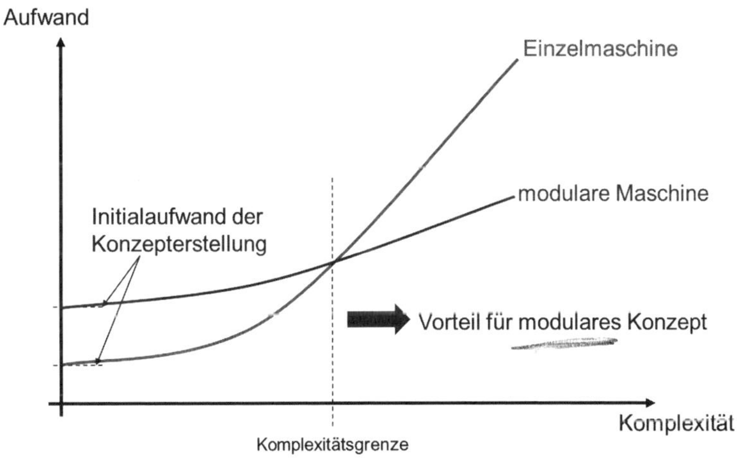

Bild 1.7 Bei steigender Komplexität bringt ein modulares Hard- und Softwarekonzept trotz erhöhtem Initialaufwand klare Vorteile (Quelle: ITQ GmbH)

Allerdings steigen damit auch die Anforderungen an die Automatisierung und das nicht nur im Hinblick auf die Skalierbarkeit von Hardware, sondern auch in den Methoden und Werkzeugen für die Softwareentwicklung. Daher zählen Standardprogrammiersprachen, strukturierte Methoden zur Modularisierung und systematische Testmethoden zu den wichtigsten Eigenschaften eines Engineering-Werkzeuges.

In den Kapiteln 2 und 3 werden dazu geeignete Lösungsansätze vorgestellt.

Perspektive Automatisierung 4.0

Modulare Konzepte ermöglichen die Fertigung individualisierter Maschinen und Anlagen auf Knopfdruck.

1.2.4 Service schafft Vertrauen

Im vorherigen Abschnitt wurden Wartungsstrategien mit dem Fokus auf mechanik- und hardwareorientierte Instandhaltung thematisiert. Doch was passiert mit der Software?

Neue Versionen mit Fehlerbehebungen und Funktionserweiterungen kennen wir alle von Betriebssystemen, Anwendungsprogrammen und Apps vom Smartphone oder dem PC aus eigener Erfahrung. Nicht anders ist es in modernen Maschinen und Anlagen, und seit den Betrachtungen zu Bild 1.6 wissen wir, dass dies noch weiter anwachsen wird. Das Problem ist dabei, dass das Servicepersonal der Betreiber zunehmend nicht mehr in der Lage ist - oder aus Gründen der Produkthaftung es ihm gar nicht erlaubt wird - die Software einer Produktionsanlage zu warten.

Das gilt im Übrigen für die gesamte Lieferantenkette, denn auch Hersteller von Maschinen und Komponenten setzen häufig hochkomplexe Produkte von weiteren Zulieferern ein, die sie selbst nicht instandhalten können oder dürfen. Entweder wird auch ihnen der Zugriff grundsätzlich verwehrt oder sie benötigen Zusatzwerkzeuge, spezielle Software und Schulungen oder sie scheitern schlicht an deren Komplexität. Im Ergebnis entsteht ein Geflecht von Systemen, Komponenten und deren Unterkomponenten, dem das Wartungspersonal mitunter hilflos ausgeliefert ist.

Allerdings sind die Automatisierungsingenieure daran nicht ganz unschuldig. Die Betonung liegt auf nicht ganz, denn besonders sie müssen sich den in diesem Kapitel benannten Trends unterwerfen und mitunter die erwarteten Funktionen mit mehr oder weniger Aufwand regelrecht hervorzaubern. Dass dafür aus zuweilen überzogenen Kosten- und Terminvorgaben auch wenig bis ungeeignete Hard- und Software mit dem Attribut „Qick-and-Dirty“ herhalten muss, ist leider eine viel zu oft anzutreffende Tatsache. Vertrauensbildend ist dieser Sachverhalt sicher nicht.

Was also tun, wenn schlussendlich dem Maschinenbetreiber - nicht zuletzt auch als Verkaufsargument - bester Service geboten werden soll? Wenn ein Maximum an Hightech-Funktionalität mit minimiertem Kostenaufwand kombiniert werden muss? Wenn eine kostenintensive Produktionsanlage möglichst 24 Stunden und 7 Tage pro Woche störungsfrei Geld verdienen soll? Wenn das Wartungspersonal nicht nur als Mittler zwischen viel zu vielen Interessengruppen agieren, sondern auch *Warten* im Sinne von *Instandhalten* soll?

Hier ist wieder der Automatisierungstechniker gefragt, denn mit verantwortungsbewusstem Engineering, also tiefgreifender Analyse der Anforderungen, sorgfältiger Auswahl der Komponenten und nachhaltiger Softwareentwicklung, wird gegenüber Kunden und eigenem Management ganz selbstverständlich Vertrauen gebildet. In den Kapiteln 2 und 3 werden dazu geeignete Methoden thematisiert.

Unabhängig davon rückt das Thema *Softwarewartung* auf der Prioritätenliste der Instandhaltung immer weiter nach oben. Schon lange vor der Verbreitung des Internets hat sich dazu die Technologie der *Fernwartung* entwickelt. Per Telefonleitung und Modem, heute per Internet und gesicherten Datenverbindungen, können Softwareentwickler oder Servicepersonal auf die Steuerung einer Maschine zugreifen, ganz egal wo sie sich auf dem Globus befinden. So können dem Servicetechniker vor Ort schnell und präzise Anweisungen zum Beheben einer Störung gegeben oder er kann mit den richtigen Ersatzteilen auf den Weg geschickt werden.

Mit den Möglichkeiten des Internets ist Fernwartung und -diagnose mit völlig neuer Qualität und Quantität zu verwirklichen. Die Maschinen und mitunter alle ihrer intelligenten Komponenten können als cyberphysische Objekte im „Internet of Things" definiert werden. Sie können ihren Status selbstständig mitteilen, Produkt- und Qualitätsdaten zur Verfügung stellen oder mit Berechtigten unterschiedlicher Hierarchieebenen kommunizieren. Als Hardware ist dazu einzig ein Ethernet-Anschluss entweder in Form eines Kabels oder als WLAN erforderlich. Der Rest besteht aus Software.

Aber leider ist auch diese Technologie nicht frei von Gefahren, wie uns Viren wie Stuxnet [7] und ähnliche eindrucksvoll beweisen. Es ist daher dringend geboten, in zusätzliche Infrastruktur für die Datensicherheit in Hard- und Software zu investieren.

Ein weiteres Problem ist die Protokollvielfalt der unterschiedlichen Komponenten, Maschinen und Geräte. Es gibt neben einer Vielzahl von Bussystemen mit mehr oder weniger Eignung für Echtzeitfähigkeit und Datendurchsatz weitere branchenspezifische und auch zum Teil völlig singuläre Protokollformate, die sich derer als Transportmedium bedienen.

Wir werden uns diesem Thema in Abschnitt 4.4 widmen und Lösungsansätze aufzeigen.

Perspektive Automatisierung 4.0

Maschinen sind über standardisierte Schnittstellen ein Objekt im *Industrial Internet of Things* (IIoT) und damit weltweit zu erreichen. ■

1.2.5 Qualität ist bedingungslos

Haben Sie sich eigentlich schon einmal über die mangelnde Qualität eines gekauften Produktes geärgert? Und haben Sie das Ihrem Bekanntenkreis erzählt oder haben eine negative Bewertung darüber in sozialen Medien veröffentlicht?

Negativberichte über Produktmängel verbreiten sich im Internet über alle Grenzen hinweg schneller als ein Lauffeuer, und so verwundert es nicht, dass dem Thema *Qualitätssicherung* immer größere Beachtung zukommt. Spektakuläre Schadenersatzklagen in mehrstelliger Millionenhöhe wirken dazu noch wie Brandbeschleuniger.

Es geht somit beim Thema *Qualitätssicherung* nicht einfach nur darum, ein Produkt fehlerfrei herzustellen. Vielmehr besteht ein existenzielles Interesse der Produzenten daran, die Fehlerfreiheit ihrer Produktion auch *nachzuweisen*. Dazu werden im Herstellungsprozess jede Menge Daten gesammelt und unter jeder einzelnen Produkt-ID in einer Datenbank gespeichert. Des Weiteren werden die Seriennummern jeder einzelnen Teilkomponente genauso hinterlegt wie die Namen der Mitarbeiter, die diese ausgelagert, transportiert und schließlich montiert haben. Dazu gehören auch alle Mess- und Prüfprotokolle und schließlich der aufsummierte Energieverbrauch aus jedem Prozessschritt.

Sie meinen, das ist übertrieben? Das Gegenteil trifft es eher.

Die U.S. Food & Drug Administration hat beispielsweise ein Regelwerk in amerikanisches Recht eingebracht, das jeden Medikamenten- oder Lebensmittelhersteller sowie deren Lieferanten dazu verpflichtet, lückenlos alle relevanten Qualitätsdaten jeder einzelnen Packung Medikamente vorzuhalten und auf Verlangen vorzuweisen[2]. Gibt es ein Problem bei einem oder mehreren Patienten, können so durch Vergleich der Daten des tatsächlichen Produktes mit den Ursprungsdaten aus dem Zulassungsverfahren abgeglichen, mögliche Ursachen detektiert und daraus resultierende Maßnahmen ergriffen werden.

Nahezu identische Verfahren gibt es im Automobil-, Flugzeug- oder Schienenfahrzeugbau. Jedes einzelne Bauteil wird mit all seinen Einzelkomponenten genauestens erfasst. Sicherheitsrelevante Produktionsdaten wie z. B. das Anzugsmoment einer wichtigen Schraubverbindung oder der Pressdruck einer Klebenaht werden automatisch im Werkzeug erfasst und dokumentiert. Wird dann beispielsweise bei einem Unfall als Ursache ein defektes Bauteil identifiziert, lässt sich anhand seiner Entstehungsgeschichte genau erkennen, ob ein Serienfehler vorliegt und vielleicht auch andere Fahrzeuge betroffen sein könnten.

Die Automatisierungstechnik ist daher nicht nur gefordert, fehlerfrei zu arbeiten, sondern es sind für Datenerfassung, -übertragung und/oder -speicherung zusätzliche Sensoren wie Barcodescanner, Bilderkennungssysteme und ausreichende Speicherkapazitäten erforderlich. Dazu kommt, dass die Erfassung dieser Daten in Echtzeit, also synchron zum Prozess, erfolgen muss. Das kann die Performance eines Steuerungssystems zusätzlich belasten und muss daher bei der Planung berücksichtigt werden. Dazu kommt, dass sich im Allgemeinen die Performancebelastungen mit dezentral organisierten Automatisierungssystemen besser beherrschen lassen als mit zentralen Strukturen. Verändern sich die Anforderungen in Bezug auf die Datenspeicherung, so entwickelt sich der zentrale Knoten rasch zu einem Flaschenhals. Dezentrale Systeme wiederum erfordern ein geeignetes Echtzeit-Kommunikationssystem.

In den Abschnitten 4.4.3 und 4.4.5 werden wir uns mit dieser Thematik weiter befassen.

Perspektive Automatisierung 4.0

Produktionssysteme sichern durch umfangreiche Datenerfassung und Kommunikation Qualität und Wirtschaftlichkeit.

2 Weitere Informationen abrufbar unter *http://www.fda.gov*.

1.2.6 Wandelbarkeit macht fit für die Zukunft

Im Abschnitt 1.1 wurden immer kürzer werdende Innovationszyklen und die Individualisierung von Produkten betrachtet. Nun stellen wir uns der Frage, was das für die Maschinen und Anlagen bedeutet. Was passiert, wenn das Relais nicht mehr in Millionenstückzahl produziert werden kann, weil die angewandte Technologie schneller als erwartet veraltet? Wenn selbst ein individualisierbares Produkt nicht mehr nachgefragt wird? Wenn ein für ein bestimmtes Verfahren benötigtes Material plötzlich als gesundheitsschädlich deklariert und verboten wird?

Permanente Erneuerung ist die Begleiterscheinung der Industrialisierung seit ihren Anfängen, aber die wenigen Beispiele zeigen, dass Produktionseinrichtungen nicht mehr für die bisher üblichen Betriebszeiten unverändert Bestand haben werden. Umrüstungen, Erweiterungen und Modernisierungen werden in deutlich kürzeren Zeitabständen erforderlich. Dazu kommt die schon betrachtete Zunahme der Komplexität, die ohne entsprechende konstruktive Konzepte den Aufwand für derartige Eingriffe schnell explodieren lassen.

Von Maschinen und Anlagen wird daher höchste Flexibilität und Austauschbarkeit über den gesamten Lebenszyklus verlangt. Diese beginnt bereits während der Fertigung durch kundenspezifische Optionspakete und setzt sich im konkreten Gebrauch vor Ort fort. Schließlich geht es darum, bestimmte technologische Funktionen zur Fertigung des jeweiligen Endproduktes optional wählen und konfigurieren zu können. Auch dafür eignet sich der mechatronische Ansatz der *Modularisierung*.

Dabei werden mehrere Ziele verfolgt: Zum Ersten gestattet eine modulare Maschinenkonstruktion die Reduzierung der Produktionskosten durch weitgehend kundenneutrale Produktionsauslastung mit Seriencharakter. Das wird durch eine möglichst späte Personalisierung der individuellen Kundenmaschine erreicht. Zweitens kann diese Bauweise aber auch die Nutzungsdauer der Produktionsanlage dadurch erhöhen, indem von Fall zu Fall veraltete Maschinenmodule durch modernisierte ersetzt werden. So kann der Betreiber seine Anlagen, den technologischen Trends folgend, stück- bzw. elementweise modernisieren, ohne gleich vollständig neue Anlagen kaufen zu müssen. Demzufolge ist beim Entwurf einer Produktionsanlage von Beginn an zu berücksichtigen, wie sie für neue Aufgaben befähigt werden kann, ohne die gesamte Investition in den Schrott zu verbannen.

Wie sich zeigt, sind modulare Maschinen- und Anlagenkonzepte sowohl in der mechanischen Konstruktion als auch in der Automatisierungstechnik der Schlüssel für die Erfüllung der meisten Anforderungen und werden daher im weiteren Verlauf vertiefend behandelt.

Perspektive Automatisierung 4.0

Mit der Modularisierung von Produktionseinrichtungen und des gesamten dazugehörigen Konstruktionsprozesses entstehen individuelle Maschinen und Anlagen zu den Kosten von Serienprodukten.

1.2.7 Sicherheit muss sein

Jedes technische Gerät kann grundsätzlich für den Menschen, die Umwelt und im Prinzip für alles eine Gefahr darstellen. Mit einer Nadel kann man sich stechen, die Berührung mit einem unter Spannung stehenden elektrischen Teil kann zu Verbrennungen oder zum Tod führen, und eine Havarie in einem Atomkraftwerk kann ganze Landstriche auf Jahrhunderte unbewohnbar machen, tausende Menschen verstrahlen. Gefährdungspotenzial besitzen auch Maschinen und Anlagen. Die Bediener müssen vor einer Kollision mit bewegten Maschinenteilen, wie schnelllaufenden Antrieben, Pressbalken oder Robotern geschützt werden, und das Sicherheitskonzept von Maschinen- und Anlagen muss zusätzlich die Umwelt etwa vor dem Austritt giftiger Stoffe oder Explosion schützen.

Um das Risiko einer Verletzung des Menschen bestimmen zu können, erfolgt über den gesamten Engineering-Prozess hinweg eine fortlaufende Risikobewertung nach den Normen IEC 61508 und IEC 61511 vornehmlich für Anlagen und nach ISO 13849 für Verarbeitungsmaschinen. Bild 1.8 zeigt, wie das Risiko einer gesteuerten Einrichtung schrittweise bis auf ein vertretbares Risiko und darüber hinaus reduziert werden kann.

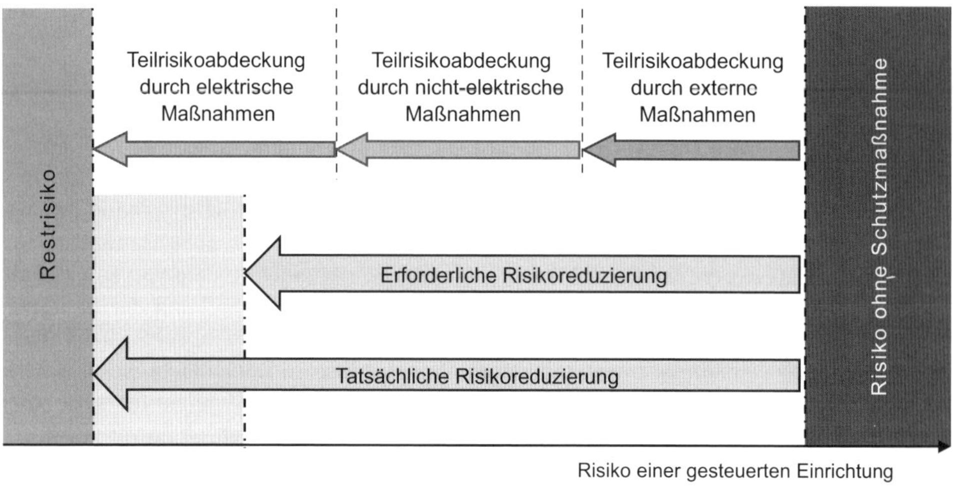

Bild 1.8 Das Risiko einer gesteuerten Einrichtung muss durch eine Kombination von elektrischen und nichtelektrischen Maßnahmen auf ein vertretbares Maß reduziert werden

Das beginnt mit externen und nicht elektrotechnischen Maßnahmen (Zugangsbeschränkungen, Schutzgitter, Abdeckungen) und reicht weiter bis hin zu Mitteln der Elektrotechnik (z. B. einfache Verriegelung mit zentraler Stillsetzung durch Abschaltung) sowie der Automatisierungstechnik (Sicherheitssteuerungen). Zahlreiche Veröffentlichungen (z. B. [8], [9], [10] u. v. a. m.) behandeln diese Maßnahmen aus unterschiedlichen Perspektiven. Daher wird in diesem Buch auf die Risikobewertung und Anwendung der Normen und Vorschriften nicht näher eingegangen. Das Gleiche gilt für Maßnahmen, die den Schutz der Umwelt betreffen.

Für den Verarbeitungsmaschinenbau existieren jedoch zunehmend Sicherheitsanforderungen, die nicht oder nur untergeordnet Bestandteil der Normen sind, die aber für die Auslegung einer Automatisierungsanlage an Bedeutung zunehmen.

Schutz von Produktionsanlagen

Maschinen und Anlagen stellen kostenintensive Produktionsausrüstungen dar, und aus Abschnitt 1.2 wissen wir, dass Serviceausfälle und damit einhergehende Stillstandszeiten zu vermeiden sind. Mit dem Einzug neuer Technologien werden jedoch zunehmend Funktionen integriert, die bei Fehlfunktion Schäden an mechanischen Komponenten verursachen können.

Ein typisches Beispiel dafür sind gekoppelte Servoachsen für eine Prägung mit rotierender Ober- und Unterwange (Bild 1.9). In dieser Applikation müssen die Geschwindigkeiten von Ober- und Unterwange (ω_1, ω_2) so synchronisiert werden, dass die beiden Wangen absolut winkelsynchron arbeiten.

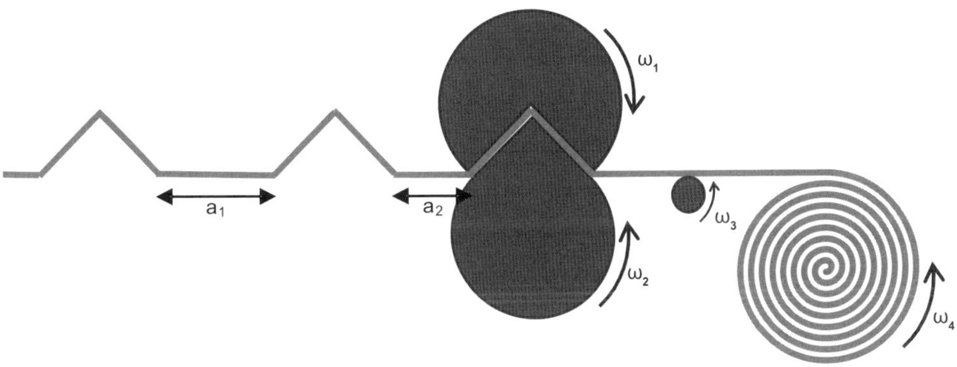

Bild 1.9 Schema einer Prägeeinrichtung: Die dargestellten variablen Abstände a_n sind nur mit separaten Servoantrieben realisierbar

Die bisher für diese Aufgabe verwendeten mechanischen Getriebe hatten den entscheidenden Vorteil, dass sie - einmal richtig justiert - durch die starre Kopplung zwangsläufig kollisionsfrei arbeiteten. Der Nachteil dieser mechanischen Konstruktion besteht jedoch darin, dass bei verändertem Produktformat (Umstellung von Prägeabstand a_1 auf a_2) die dazugehörigen Getriebe neu berechnet, gefertigt und eingebaut werden müssen - ein sehr zeitaufwendiger und kostspieliger Vorgang, der mit zunehmender Variantenvielfalt der Produkte (siehe Megatrends *Individualisierung*) für diesen Aufbau zum K.-o.-Kriterium mutiert.

Die Lösung besteht in moderner Servotechnik, bei der die beiden Werkzeuge getrennt angetrieben und die Bewegungsfunktionen völlig frei konfiguriert werden können. Damit kann, wie in Bild 1.9 dargestellt, von einer Prägung zur nächsten der Abstand a ohne mechanische Anpassung nur durch neue Parameter verändert werden und das sogar bei laufender Bewegung.

Dieser unschlagbare Vorteil birgt jedoch die Gefahr, dass sich bei fehlerhafter Parametrierung bzw. eines Hard- oder Softwarefehlers die Werkzeuge verkeilen und irreparabel zerstört werden. Zusätzlich können auch die Lager und andere beteiligte Maschinenkomponenten in Mitleidenschaft gezogen werden. Auch beim Einsatz von Industrierobotern müssen die Anlagenteile innerhalb des Bewegungsraums vor Kollision geschützt werden. Es ist demnach erforderlich, die Bewegungen der Achsen sicherheitstechnisch in ihren Arbeitsraumgrenzen zu überwachen. Außerdem kann beispielsweise beim unzulässigen Anstieg eines Drehmomentes der Antrieb bzw. die gesamte Anlage stillgesetzt werden. Zusätzlich können die relative Drehbewegung der Achsen überwacht und bei Überschreiten einer zulässigen Abweichung die Antriebe ebenfalls stillgesetzt[3] werden. Dann gibt es zwar einen ungeplanten Maschinenstillstand, jedoch wären die Folgen gegenüber dem Eingangsszenario marginal.

Schutz von Produkten

In [11] wird eine Applikation zur Qualitätsprüfung in der Halbleiterindustrie beschrieben. Dabei werden Kontaktnadeln mit einer Genauigkeit im Mikrometerbereich auf Wafer positioniert und mit einem definierten Anpressdruck gehalten. Danach erfolgen Mess- und Prüfvorgänge, bei denen mitunter Ströme im Bereich von Femtoampere analysiert werden.

In dieser Applikation besteht die Gefahr darin, dass eine einzige Fehlpositionierung um wenige Mikrometer den gesamten Wafer oder eine Nadelkarte mit über 10 000 Kontakten unbrauchbar machen kann. Dies würde einen Schaden von mehreren 100 000 Euro verursachen und einen enormen Imageverlust bedeuten. Wäre ein Prototyp betroffen, an dessen Herstellung ein ganzes Institut sehr lange gearbeitet hat, ist der Schaden deutlich höher.

Das Beispiel zeigt, dass neben Menschen und Produktionseinrichtungen auch Produkte vor Beschädigung durch Fehlfunktionen geschützt werden müssen. Jedoch existieren hierfür weder Gesetze noch Vorschriften, und es ist allein dem Maschinen- und Anlagenhersteller überlassen, wie weit er diesen Aufwand treiben will bzw. im Kundenauftrag realisieren muss. Der Wert bzw. der Folgeschaden eines möglicherweise unbrauchbar werdenden Produktes ist dafür in der Regel das Entscheidungskriterium, denn es ist ein Unterschied, ob ein individuelles Fotobuch im Wert von zwanzig Euro oder der genannte Wafer zerstört werden kann. Aus Sicht der Automatisierungstechnik macht es jedoch meist keinen Unterschied wer oder was geschützt werden muss. Es können je nach Art und Umfang der sicherheitstechnischen Anforderung die gleichen Methoden, Geräte und Komponenten verwendet werden.

Vermeidung von Manipulationen an Schutzeinrichtungen

Was nutzen die besten Sicherheitseinrichtungen, wenn diese durch unzulässige Eingriffe außer Funktion gesetzt werden?

Leider ist dies keine Seltenheit, wie es eine Studie des Hauptverbandes der gewerblichen Berufsgenossenschaften beweist [12]. Um die Gründe für die Manipulation von Schutzeinrichtungen an Maschinen herauszufinden, wurden 940 Befragungen von Fachkräften für Arbeitssicherheit durchgeführt, wobei in der Mehrzahl Maschinen mit Baujahr jünger

[3] Für das sichere Stillstetzen sind geeignete Antriebssysteme erforderlich, die in dieser Applikation auch noch bei einem Stromausfall eine koordinierte Bewegung bis zum Stillstand ermöglichen. In der Praxis erfolgt das durch lokale elektrische oder mechanische Energiespeicher.

1995 – also eher moderne Maschinen – untersucht wurden. Die Ergebnisse sind ernüchternd und alarmierend zugleich.

Danach sind knapp 37 % der Schutzeinrichtungen an Maschinen ständig oder vorübergehend manipuliert, wobei etwa die Hälfte zu Unfällen führen kann. Die Statistik ergibt auch, dass sich etwa 41 % der Arbeitsunfälle an Maschinen im Betrieb beim „Bedienen und Steuern" ereignen. Es stellt sich daher die Frage: Warum ist das so? Weshalb setzen Bediener aufwendige und nur zu ihrem persönlichen Schutz installierte Schutzeinrichtungen außer Kraft?

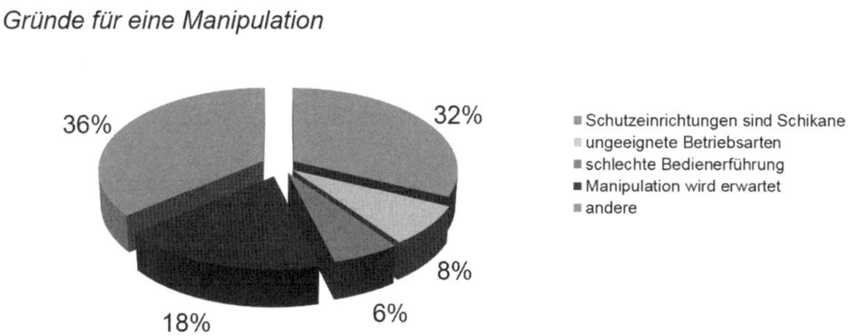

Bild 1.10 80 % der Manipulationen an Schutzeinrichtungen werden mit dem Bestreben nach höherer Effektivität begründet (Datenquelle: [12])

Wie die Bilder 1.10 und 1.11 verdeutlichen, werden diese häufig als Schikane betrachtet, behindern scheinbar den Arbeitsprozess oder verschlechtern die Arbeitsabläufe. Als Manipulationsgründe bezieht sich knapp die Hälfte auf die zeitliche Optimierung des Arbeitsprozesses. Aber auch für schnelleres Einrichten – also die Verkürzung der Rüstzeiten – werden Schutzeinrichtungen manipuliert.

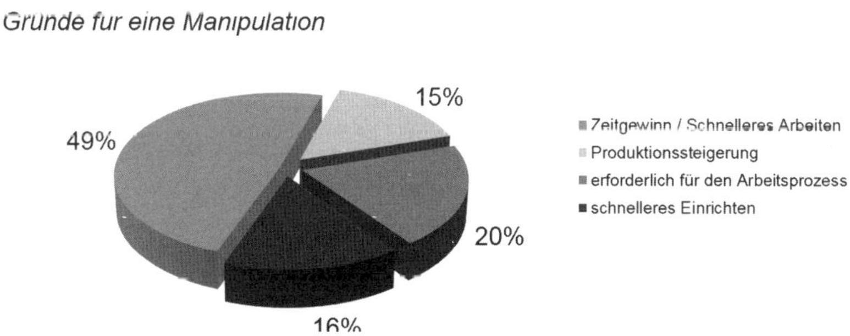

Bild 1.11 Knapp die Hälfte der festgestellten Manipulationen erfolgten aufgrund von ungeeigneten Verfahren oder angeblicher Schikane (Datenquelle: [12])

Bedenklich ist auch, dass sich immerhin 14 % auf mangelhaftes Engineering zurückführen lassen, denn ungeeignete Betriebsarten und schlechte Bedienerführung sind nichts Anderes als schlechte konstruktive Arbeit. Im Extremfall kann dadurch sogar die Meinung entstehen, dass eine angebliche „Über-Automatisierung" flexibles Arbeiten behindert [13].

Dass es auch anders geht, beweist folgendes Beispiel [14]: Bei einem Hersteller von Maschinen für die Verpackung von Schokoladenriegeln, Spülmaschinen-Tabs und Ähnlichem, sollten in einer Maschinenreihe aufwendige Spezialgetriebe durch mehrere gekoppelte Servoantriebe ersetzt werden. Außerdem sahen die Konstrukteure – ähnlich des Beispiels in Bild 1.9 – erhebliche Vorteile in der Realisierung von asymmetrischen Bewegungsgesetzen, die mechanisch nicht möglich waren.

Das Problem besteht darin, dass im Einrichtbetrieb genau diese Achskonfigurationen zu einer zusätzlichen Gefährdung führen könnten. Wurde der Achsverbund nämlich zuvor mittels eines Handrades in die entsprechenden Einrichtpositionen bewegt, konnte der Bediener z. B. bei einer schmerzhaften Berührung eines Messers sofort reagieren und Schlimmeres verhindern. Es wurden daher Sicherheitsfunktionen in den Antrieben erforderlich, die im Fehlerfall die gleiche Sicherheit für den Bediener garantieren wie zuvor. Weil diese zum damaligen Zeitpunkt noch nicht zur Verfügung standen, verschwand das Vorhaben für lange Zeit in der Schublade.

Erst als die Safe-Motion-Funktion *Sicher begrenztes Moment* in den Servoantrieben verfügbar war und zugleich der Trend zu immer geringeren Losgrößen einsetzte, wurde das Projekt wieder aufgegriffen. Nach den ersten erfolgreichen Tests, in denen im Einrichtbetrieb das Drehmoment der kritischen Antriebe auf ein ungefährliches Maß herabgesetzt und sicher überwacht wurde, tat sich ein weiteres Problem auf – die Art und Weise der Bedienung.

Um Bestandskunden nicht mit neuen Bedienphilosophien zu überfordern und abzuschrecken, sollte der Bediener mit der gleichen Haptik konfrontiert werden, wie er es von den Vorgängermaschinen gewohnt war. Es wurde eine automatisierungstechnische Lösung gefunden, deren Einfachheit sogar den konservativsten Mechanikkonstrukteur überraschte. Das bereits vorhandene Automatisierungskonzept musste nämlich nur um ein elektronisches Handrad und einige Softwarefunktionen ergänzt werden (Bild 1.12).

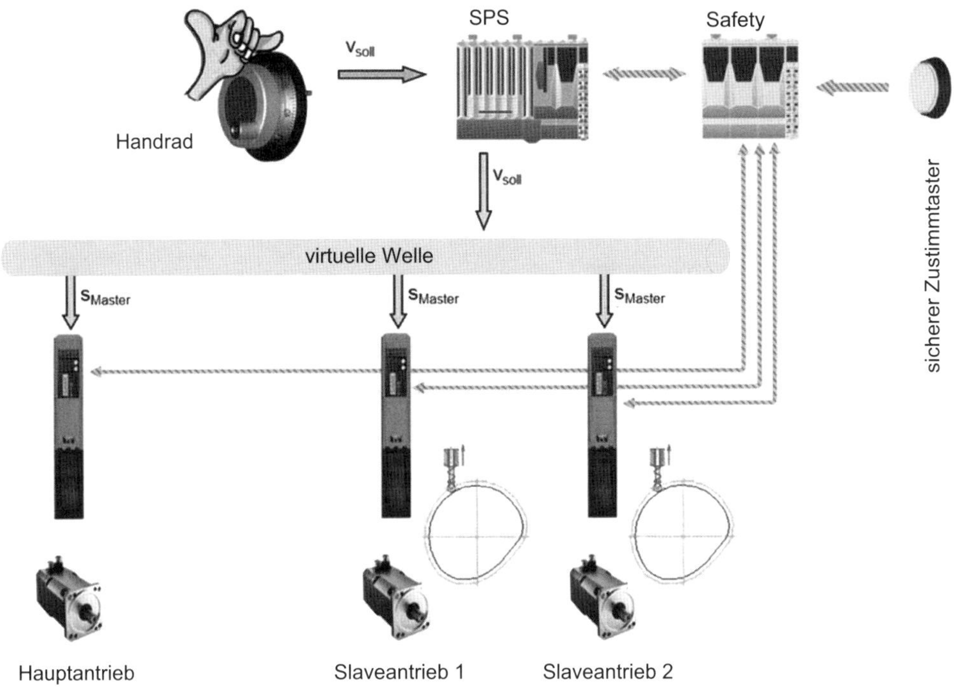

Bild 1.12 Mit integrierter Sicherheitstechnik und Safe-Motion-Funktionen lässt sich ein sicherer Einrichtbetrieb realisieren

Der Bediener kann nun mit der gleichzeitigen Betätigung eines sicheren Zustimmtasters und der gewohnten Drehbewegung an einem elektronischen Handrad – welches sogar auf einem mobilen Bedienteil angebracht werden konnte – viel näher ans Geschehen heran. Durch die verwendeten elektronischen Sicherheitsfunktionen besteht für ihn nur ein geringfügig höheres Restrisiko, was aber für die Berufsgenossenschaft keinen Grund lieferte, diese konstruktive Lösung nicht zuzulassen.

Wir sehen an diesem Beispiel, wie sicherheitstechnische Einrichtungen so integriert werden können, dass die Bediener gar nicht erst auf die Idee kommen, diese zu umgehen. In diesem Fall wurde sogar ein zusätzlicher Vorteil generiert, denn die Konstrukteure haben zusätzlich eine Funktion integriert, mit deren Hilfe kritische Einrichtpositionen automatisch und sicher angefahren werden. Das erleichtert diesen Arbeitsgang deutlich und verkürzt die Umrüstzeit zusätzlich, was sich letztendlich in einem verkaufsfähigen Alleinstellungsmerkmal repräsentiert – eine klassische Win-win-Situation.

In einem anderen Fall sollte an einem Sammelhefter ebenfalls die Umrüstzeit drastisch reduziert werden. Die Technologen fanden durch Kundenbefragungen heraus, dass der Betriebsablauf es gestattet, temporär mit mehreren Personen gleichzeitig an einer Umrüstung zu arbeiten. Das konnte aber mit der verwendeten Technik nur mit einem unzulässig hohen Restrisiko realisiert werden, und so wurde diese Forderung immer wieder abgewiesen. Also halfen sich die Betreiber damit, dass sie die Überwachungsschalter von Schutzabdeckungen überbrückten und diese sogar während der Produktion offenließen, bis ein Beinahe-Unfall die Verantwortlichen aufschreckte.

Auch in diesem Fall helfen jetzt neue *Safe-Motion-Funktionen* weiter. In einer überarbeiteten Maschinengeneration werden nun mit der Umschaltung auf die Betriebsart *Einrichten* in den Antrieben die Funktionen *Sicher abgeschaltetes Moment* (Safe Torque Off, STO) und *Sicher begrenzte Geschwindigkeit* (Safe Limited Speed, SLS) aktiviert. Zugleich kann jeder Bediener mit einem eigenen Handbediengerät ausgestattet werden. Damit ist es nun möglich, dass beliebig viele Einrichter gleichzeitig einzelne Antriebe bewegen und so ihre Einstellungen vornehmen können, ohne dass für die übrigen Beteiligten ein zusätzliches Sicherheitsrisiko entsteht. Eine Manipulation ist damit nicht mehr erforderlich, und eine Kundenanforderung wurde erfüllt.

Die Beispiele belegen eindrucksvoll, dass durch die konsequente Verwendung von neuen steuerungstechnischen Möglichkeiten nicht nur die Motivation zur Manipulation eliminiert wird, sondern zugleich neue Gebrauchseigenschaften generiert werden können.

Perspektive Automatisierung 4.0

Sicherheit und Flexibilität schließen sich nicht aus, generieren aber zusätzliche Kundenvorteile.

1.2.8 Neue Technologien in Erfolge umsetzen

Die Beispiele im vorherigen Abschnitt hätten auch perfekt in diese Rubrik gepasst, denn die in Automatisierungssystemen integrierte Sicherheitstechnik hat in den letzten Jahren einen enormen Technologiesprung vollzogen. Somit verwundert es nicht, dass viele neue technologische Möglichkeiten mit dieser Entwicklung unmittelbar in Zusammenhang stehen. Wie die folgenden Beispiele zeigen, geht es dabei nicht nur um die Reduzierung der Produktionskosten durch Einsparung von Zeit und Ressourcen, auch wenn diese Aspekte nie an Bedeutung verlieren werden.

Neue Produktionsverfahren

Der in Abschnitt 1.2.1 beschriebene technologische Fortschritt bedingt zwangsläufig vielfältige neue Verfahren in der Produktion. Ein Beispiel ist die Verarbeitung von Karbonfasern für die Herstellung hochfester und zugleich extrem leichter Karosseriebauteile. Diese werden unter anderem benötigt, um das Gewicht und damit den Energieverbrauch von Autos und Flugzeugen zu reduzieren [2]. Des Weiteren ersetzen ressourcenschonende Werkstoffe aus wiederverwendbaren und/oder natürlichen Rohstoffen zunehmend solche aus Metall oder Kunststoff. Deren Verarbeitungstechnologien unterscheiden sich aber mitunter wesentlich von den bisherigen Verfahren. Werden Karosserieteile aus Metall gebogen, geschweißt oder genietet, so werden Karbonkomponenten gewirkt, gebacken und geklebt.

Es liegt in der Natur der Sache, dass neue Verarbeitungstechnologien auch anspruchsvollere Automatisierungstechnik in Hard- und Software erfordern. Beispielsweise entsteht bei der Karbonfaserverarbeitung feinster Kohlenstoffstaub, der aufgrund seiner Leitfähigkeit für elektronische Komponenten geradezu tödlich ist. Es sind daher speziell für Feldgeräte und den in unmittelbarer Produktionsumgebung befindlichen dezentralen Komponenten Hardware-Lösungen mit besonderen Schutzgraden erforderlich.

Des Weiteren sind für das Pressen und Umformen von natürlichen Werkstoffen andere Verfahren erforderlich als für Metall. Schonendes Eintauchen in das Material, parametrierbare Verweilzyklen und dazu angepasste Presskräfte verlangen neue Funktionen in den Pressen. Die klassische Exzenterpresse ist für solche Verfahren ungeeignet. Ein Lösungsansatz ist die Verwendung von Servodirektantrieben mit sicheren Antriebsfunktionen. Damit können fein parametrierbare Bewegungs- und Presskraftprofile gefahren und als willkommener Nebeneffekt Energie eingespart werden.

Sichere, kooperierende und kollaborative Roboter

Wenn von Robotern die Rede ist, haben die meisten sofort Bilder von menschenähnlichen Gestalten oder großen Roboterfarmen im Automobilbau im Sinn. Erstere sind uns aus Sciencefiction-Filmen bekannt, als Kampfmaschine oder als friedlicher und nahezu allwissender Assistent. Inzwischen ist diese Vision auch in der realen Welt angekommen (Bild 1.13). Ob als Serviceroboter in der Altenpflege oder als hitzebeständiger Feuerwehrmann: Laut einer vom Bundesministerium für Bildung und Forschung (BMBF) veröffentlichten Umfrage, können sich 83 Prozent der Bundesbürger vorstellen, einen Serviceroboter zuhause zu nutzen, wenn sie dadurch im Alter länger in den eigenen vier Wänden wohnen könnten [15].

Um diese Vision in die Realität zu überführen, sind noch einige Herausforderungen zu meistern. Dazu gehört eine effiziente, zuverlässige und sichere Kommunikation, Interaktion und Kollaboration zwischen Menschen, autonomen Systemen und ihrer Umgebung. Um von Menschen akzeptiert zu werden, müssen sich diese Systeme seinem Kommunikationsverhalten anpassen, und es müssen Übergabemöglichkeiten der Kontrolle vom und zum Menschen vorhanden sein. Da im Problemfall kein einfacher Nothalt ausreicht, muss die Übergabe geregelt, transparent und situationsadäquat verlaufen [16].

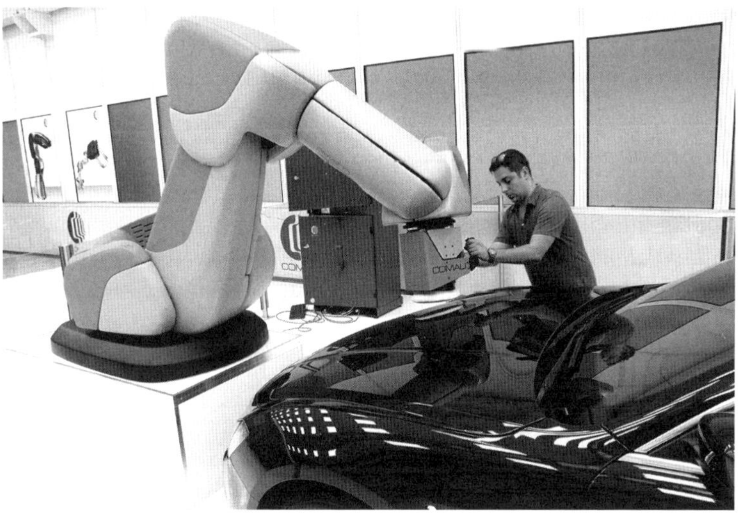

Bild 1.13 Mensch und Roboter arbeiten im Team: Dank seiner berührungssensitiven Außenhaut und einer extrem reaktionsschnellen Sicherheitssteuerung stellt der Roboter keine Gefahr dar (Quelle: Comau S. p. A.)

Im Produktionsumfeld ist es nicht anders. Die Roboter werden bereits aus ihren Käfigen entlassen und arbeiten mit den Menschen gemeinsam an einer Aufgabe. Bei dieser Technologie geht es grundsätzlich darum, die Vorteile des Roboters mit denen des Menschen in einer Weise zu kombinieren, dass völlig neue Arbeitsabläufe entstehen oder aber entscheidend optimiert werden können. Der Mensch ist mit seinem feinmotorischen Geschick und seiner Erfahrung der Schlüssel für hohe Flexibilität, während der Roboter z. B. ergonomisch anspruchsvolle Arbeitsinhalte übernimmt und so höchste Wiederholgenauigkeit und Qualität garantiert [17].

So arbeiten z. B. in der AUDI-Fertigung Inspektionsroboter direkt an den Montagebändern mit den Mitarbeitern zusammen. Sie bewegen an schwenkbaren Messköpfen diverse Kamerasysteme, mit denen sie die Türspalte aus ganz verschiedenen Winkeln betrachten und auf Zehntelmillimeter genau vermessen können. Die Messwerte werden zum Abgleich an den Karosseriebau geleitet, wo die Vormontage der Türen mit diesen Daten in höherer Qualität erfolgen kann. Zugleich nehmen die Roboter den Kollegen am Band eine belastende Aufgabe ab: Früher mussten die Mitarbeiter in die Hocke oder auf die Knie gehen, um die unteren Zonen der Türspalte per Handmessgerät zu prüfen. Jetzt konzentriert sich ihre Tätigkeit auf Bereiche, die ergonomisch unbedenklich sind: die Motorhaube und den Gepäckraumdeckel [18].

Teilen sich aber Mensch und Roboter einen gemeinsamen Arbeits- oder Bewegungsraum, ist ein physischer Kontakt zwischen beiden oft unvermeidlich oder auch gewollt. Hieraus ergibt sich grundsätzlich ein hohes Gefahrenpotenzial. Eine Verletzung des Menschen durch den Roboter muss daher sicher vermieden werden. Hierfür gelten die relevanten Normen DIN EN ISO 10218 und die neue ISO/TS 15066 [19]. Daraus lassen sich detaillierte Anforderungen für alle aufgabenabhängigen Sicherheitsabstände, die maximalen Verfahrgeschwindigkeiten und Arbeitsräume sowie deren Überwachung ableiten, und dementsprechend hoch sind die Anforderungen an die eingesetzte Sicherheitstechnik. Erst die in den letzten Jahren zur Marktreife gelangten Systeme für sichere Sensorik, integrierte Steuerung und Aktorik bringen die erforderliche Sensibilität und Reaktionsschnelligkeit in einen für kollaborative Roboter sicherheitstechnisch akzeptablen Bereich. Auf diese Weise wirken speziell auf dem Feld der Robotik neue Sicherheitstechnologien als Katalysator für viele zukünftige Applikationen.

Reduzierung Sicherheitsabstände

Abkantpressen, Schneid- und viele andere Maschinen erfordern im normalen Arbeitsprozess die direkte Interaktion mit einem Bediener. Dieser ist jedoch durch die Bedienhandlung sehr nah im Gefahrenbereich. Jedoch stehen auch bei Herstellern in dieser Branche die Erhöhung der Prozessgeschwindigkeit und die damit einhergehende Leistungssteigerung ganz oben auf der Agenda. Doch besonders bei diesen Applikationen werden die Entwickler von den sicherheitstechnischen Anforderungen ausgebremst.

Die höchsten Anforderungen an die Sicherheitstechnik stellen Abkantpressen. Bei diesen Anwendungen wird der Arbeitsraum unter der Oberwange permanent mittels speziell für diesen Anwendungsfall entwickelten optischen Systemen überwacht. Bei einer Verletzung dieses Bereiches muss die Abwärtsbewegung schnellstmöglich gestoppt werden. Bei einer üblichen Prozessgeschwindigkeit von 200 mm/s ergibt sich jedoch ein relativ langer Anhalteweg, der durch die verwendete Mechanik, den Antrieb und die Reaktionszeit der gesamten Sicherheitssteuerung bestimmt wird. In der Praxis wird daher kurz vor dem Erreichen des Klemmpunktes – das ist der Moment, ab dem eine Gefährdung vorhanden ist – die Geschwindigkeit auf sichere 10 mm/s reduziert. Dessen Position ergibt sich aus verschiedenen Faktoren der Sicherheitsanalyse und ist vorgegeben. Die Aufgabe besteht nun darin, den davorliegenden Bremspunkt so nah an den Klemmpunkt zu legen, dass die Abwärtsbewegung so lange wie möglich mit maximaler Prozessgeschwindigkeit gefahren werden kann. Die Maschine erreicht somit einen höheren Durchsatz, und die Belastung des Bedieners wird minimiert.

Nur mit moderner sicherer Steuerungstechnik lässt sich diese Anforderung immer besser realisieren. Dabei kommt es besonders auf die Reaktionszeiten der Sicherheitsapplikation an, denn sie entscheidet maßgeblich, wie nah sich ein Bediener ohne Abstriche an die Sicherheit der Gefahrenquelle nähern kann.

Die vorgenannten Aspekte sollen die vielfältigen Potenziale aufzeigen, die durch den Einsatz von intelligenter Sicherheitstechnik erschlossen werden können. Wir werden uns daher im Abschnitt 4.3 weiterführend und eingehend mit dem Thema *Safety* beschäftigen.

Perspektive Automatisierung 4.0

Neue Technologien schaffen Alleinstellungsmerkmale für Hersteller und Kunden.

1.2.9 Digitale Produktion

Auch wenn das Thema der digitalen Produktion im Kontext zu Industrie 4.0 schon mehrfach thematisiert wurde, so verdient es doch noch einmal besondere Betrachtung. Die durchgehende Wertschöpfung eines Fotobuches zählt genau wie die Automobilproduktion bereits heute zu den Leuchttürmen digitaler Produktion. Gerade letzteres Beispiel zeigt, wie das gesamte Geschäftsumfeld, die Entwicklung, die Produktion bis hin zur Organisation der Just-in-time-Logistik vollautomatisiert ablaufen kann.

Was ebenfalls bereits thematisiert wurde, aber oft übersehen wird, dass sich auch die Produktion der Maschinen und Anlagen im Wandel befindet. Wenn Serienmaschinen zu individualisierten Sondermaschinen mutieren und dabei nicht mehr kosten dürfen, dann stehen deren Hersteller exakt vor den gleichen Herausforderungen. Um diese zu meistern, sind bereits im Konstruktionsprozess neben der Anwendung neuer Technologien auch neues Denken erforderlich. Dazu zählen aufeinander abgestimmte Entwicklungswerkzeuge, frühzeitige Simulation, die Einbindung von externem Fachwissen und eine Neuorgansiation der innerbetrieblichen Abläufe.

Digitale Produktion bedeutet auch die Steigerung der Gesamtanlageneffektivität (engl. *Overall Equipment Effectiveness*, OEE) von einzelnen Maschinen bis hin zur gesamten Produktionsanlage durch intelligente Wartungsstrategien, automatisierte Anlagenoptimierung und flexible Prozessgestaltung. Dazu werden jede Menge Daten gesammelt und mit den verschiedensten Methoden analysiert und ausgewertet – zumindest ist das der Ansatz. Für die so entstehende Datenflut hat sich der Begriff *Big Data* etabliert. Doch welcher

Bediener einer Maschine, welcher Anlagen-Operator soll die Terabyte an gesammelten Produktionsdaten übersehen und vor allem bewerten? Und welche dieser Daten helfen im Ernstfall wirklich weiter?

Ohne intelligente Analysewerkzeuge zur Auswertung und Interpretation ist dem nicht beizukommen. Dabei geht es vor allem darum, die für den Moment, den Zustand oder das einzelne Produkt relevanten Daten herauszufiltern, sozusagen die Spreu vom Weizen zu trennen. Untersuchungen von Produktionsdaten diverser Anlagen mit Prozessleittechnik haben ergeben, dass lediglich 10 bis 20 Prozent der gesammelten Datenmengen für die Prozessführung relevant sind, und nur ein Prozent der Daten, die in einer Produktion entstehen, werden effektiv genutzt (Bild 1.14), [20]. Dazu zählen aktuelle Prozesszustände (z.B. Temperaturen, Drücke, Geschwindigkeiten) genauso wie Qualitätsdaten und Zustandsdaten der Anlagenkomponenten. Aus etwa 50 Prozent des Datenbestandes können mithilfe statistischer Methoden (explorative Analyse, *Data Mining*) weitere Erkenntnisse über Anlagenzustand und Prozessführung gewonnen werden. Der Rest sind nach heutigem Stand noch ungenutzte Daten, die lediglich Speicherkapazität kosten und vielleicht einmal mit derzeit noch nicht bekannten Technologien ausgewertet werden können.

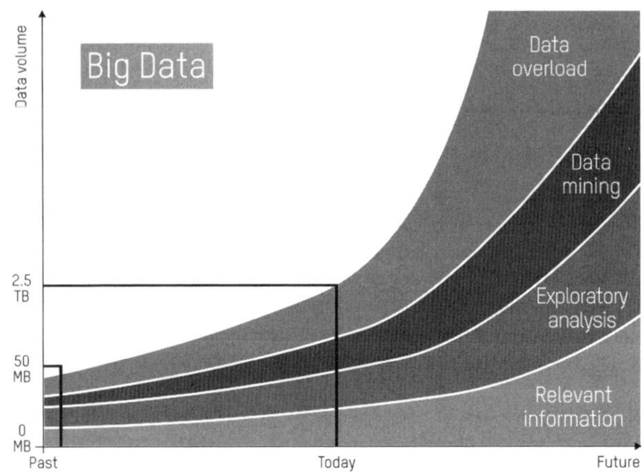

Bild 1.14 Nur ein Bruchteil der entstehenden Daten sind relevant – Tendenz fallend (Quelle: B&R Industrial Automation GmbH)

Die Systemanbieter investieren daher enorme Summen in die Entwicklung entsprechender Assistenzsysteme, die Anlagen nicht nur besser beherrschbar machen, sondern auch die Produktqualität und den Service verbessern. Dazu existieren zahlreiche Veröffentlichungen und Produktdokumentationen, sodass diese Thematik in diesem Abschnitt nur genannt werden soll [21], [22], [23], [24] und [25].

Was bedeutet das aber für die Hersteller der Produktionssysteme? Zukünftig wird wohl von jedem Hersteller verlangt werden, alle relevanten Daten des unmittelbaren Produktionsschrittes (z.B. das Anzugsmoment einer sicherheitsrelevanten Schraubverbindung oder das Foto der mit Tabletten bestückten Plisterverpackung) aber auch der Maschine oder Anlage selbst über standardisierte Schnittstellen bereitzustellen. Schon heute sind Sensoren in der Lage, die Messwerte direkt in eine Cloud zu senden. Es wird also auch das

Förderband mit Ethernet-Anschluss geben, welches die Daten seines *Condition Monitoring* wichtiger Bauteile zur Verfügung stellt.

Hersteller sind demnach gut beraten, die Anforderungen zur Datenerfassung, deren Vorverarbeitung und lokale Speicherung schon frühzeitig in einem Automatisierungskonzept zu berücksichtigen.

Perspektive Automatisierung 4.0

Maschinen und Anlagen liefern Daten zur Steigerung der eigenen Effektivität.

1.3 Schlussfolgerungen

Manch ein Leser wird sich an dieser Stelle fragen, ob es überhaupt möglich ist, all diese Anforderungen in Einklang zu bringen. Die Antwort der Autoren lautet ganz klar: Ja, natürlich! Schließlich ist es ein Anliegen dieses Buches, ein Stück des Pfades dorthin aufzuzeigen.

Die Ausführungen sollen demonstrieren, dass auch ein einzelner Maschinenhersteller in der Lage ist, mit vertretbarem Aufwand Produkte anzubieten, die alle genannten Kriterien erfüllen, um damit Marktvorteile zu generieren. Dazu kann er innovative Technologien seiner Zulieferer einsetzen, denn das Angebot an Lösungen ist vielfältig, und nahezu jeder Komponentenhersteller hat die gleichen Anforderungen auf seiner Agenda. Besonders die Anbieter von Automatisierungstechnik sind sich ihrer Rolle in diesem Prozess bewusst und haben neben entsprechenden Hard- und Softwareprodukten ganze Technologiepakete zur Lösung der anstehenden Aufgaben im Portfolio. Reicht es also aus, neue Funktionen zu entwickeln, dafür die Komponenten geschickt auszuwählen und so neue Produktionseinrichtungen zu schaffen?

Auch hier ist die Antwort der Autoren eindeutig: Nein, natürlich nicht! Denn genau das führt zu immer neuen Komplexitätssteigerungen, Unikaten und unflexiblen Maschinen und Anlagen mit genau den zuvor thematisierten negativen Effekten. Dazu entstehen Abhängigkeiten von Zulieferern, die mitunter den eigenen Anforderungen an Innovationen massiv entgegenstehen. Vielmehr ist es erforderlich, sich von Markttendenzen und technologischen Abhängigkeiten weitestgehend zu lösen und eigene Strategien zu verfolgen.

An dieser Stelle kommen wir auf den im Abschnitt 1.2.3 genannten Ansatz der *Modularisierung* zurück, denn sie ist die Antwort auf die steigende Komplexität und viele weitere Aspekte. Dabei kommt es darauf an, *die marktkonforme Vielfalt des Produktprogramms festzulegen und Produkte genau wie Services modular zu gestalten. Gleiches gilt für die Ausgestaltung der Organisation und der Produktion* [26]. Wenn wir uns im weiteren Verlauf vorwiegend den automatisierungstechnischen Aspekten der Modularisierung von Maschinen und Anlagen widmen, so heißt das keinesfalls, dass diese für ein erfolgreiches Modularisierungskonzept hinreichend sind. In [26] heißt es daher folgerichtig weiter, dass *die reine Modularisierung von Produkten und Services im heutigen Wettbewerb nicht mehr ausreichend ist. Daher haben viele produzierende Unternehmen damit begonnen auch die Produktion zu modularisieren, um geringere Investitions- und Betriebskosten der Fertigungsstätten zu erhalten.* Genau das ist aber auch der Einstieg in die *digitale Produktion*, sodass nur ein Industrie 4.0-konformer Modularisierungsansatz zielführend für die Zukunft sein kann.

Wie in Abschnitt 1.2.2 gezeigt, wird zukünftig die Funktionalität einer Produktionseinrichtung zunehmend durch Software repräsentiert. Und weil Modularisierung im Software-Engineering eine etablierte Methode zur Komplexitätsreduzierung ist, liegt es nahe, auf die dort gebräuchlichen Analyse- und Entwurfsverfahren zurückzugreifen. Dabei ist besonders die objektorientierte Betrachtungsweise von Bedeutung, denn sie hilft uns bei der Beschreibung modularer Architekturen. Außerdem können die entstandenen Modelle fließend in das Lastenheft zum Software-Engineering bis in die Gestaltung des Bedienkonzeptes und die Dokumentation eingehen. Auch für die unmittelbare Produktionsplanung, die Materialwirtschaft und das Controlling helfen objektorientierte Modelle zur Steigerung der OEE. Wir beginnen daher mit der Auswahl einiger Fachtermini, betrachten geeignete Methoden zur Modularisierung automatisierter Maschinen und Anlagen und wenden diese Erkenntnisse in Fallbeispielen an.

Der Übergang von einer komplexen Einzelmaschine hin zu einer modularen Serienmaschine generiert jedoch auch diverse neue Problemfelder, die in einem tragfähigen Konzept von Beginn an berücksichtigt werden müssen. So sind beispielsweise in der mechanischen Konstruktion für die Modulmontage geeignete Fügeverfahren (Stecken und Schrauben anstatt Schweißen oder Kleben) einzuführen, die Medienver- und -entsorgung (Saug- und Blasluft, Hydraulik, Elektrik) muss angepasst werden, und nicht zuletzt müssen geeignete Handhabungskriterien beachtet werden, um Module zu transportieren und verwenden zu können. Ebenso gilt es, die Steuerungstechnik modular zu gestalten, mit einem Feldbus zu versehen, das Safety-Konzept anzupassen und trotzdem die Bedienbarkeit zu erleichtern. Das alles kann wiederum Einschränkungen für die Echtzeitfähigkeit generieren. Diese (sicher unvollständige) Darstellung soll beispielhaft zeigen, welchen Themen sich die Konstrukteure im gesamten Engineering-Prozess stellen müssen. Was den automatisierungstechnischen Anteil betrifft, werden wir die wichtigsten Aspekte umfassend behandeln.

Mit den Ausführungen zur Projektierung modularer Maschinen und Anlagen entsteht somit ein Fahrplan, bei dessen Anwendung individualisierte Serienmaschinen entstehen und anschließend im digitalisierten Produktionsumfeld erfolgreich betrieben werden können.

1.4 Literatur

[1] Schröder, D.: Was nicht passt, wird passend gemacht, in: *Brandeins*, Nr. 07/2015.

[2] BMW AG, Kranz, U.: i3/i8 – Anforderungen an die Innovationsfähigkeit der Lieferindustrie, in: *Tagungsband ACOD* (2014), Leipzig 2014.

[3] Bendel, O.: Gabler Wirtschaftslexikon, Berlin 2015.

[4] Verstraete in mould labels: Was ist IML?, online verfügbar unter: 2016, *http://www.verstraete-iml.com/de/was-ist-iml*, letzter Zugriff: 11.07.2016.

[5] Siemens AG: Siemens erzielt Durchbruch mit Gasturbinenschaufeln aus dem 3D-Drucker (Pressemitteilung PR2017020154PGDE vom 6. Februar 2017), online verfügbar unter: *https://www.siemens.com/press/pool/de/pressemitteilungen/2017/power-gas/PR2017020154PGDE.pdf*, letzter Zugriff: 18.03.2018.

[6] B&R Industrie-Elektronik GmbH: Die Revolution in der Hydraulik (B&R-Industrie-Elektronik Kundenmagazin) in: *Automotion*, Nr. 09/2013.

[7] Holland, M.: Stuxnet angeblich Teil eines größeren Angriffs auf kritische Infrastruktur des Iran, in: *Heise oline* (2006), online verfügbar unter: *https://www.heise.de/security/meldung/Stuxnet-angeblich-Teil-eines-groesseren-Angriffs-auf-kritische-Infrastruktur-des-Iran-3104957.html*, letzter Zugriff: 25.07.2018.

[8] Henke, W. (TÜV SÜD Rail GmbH): Funktionale Sicherheit in der Fertigungsindustrie, TÜV SÜD Rail GmbH, B&R Safety Workshop, Bad Homburg 2010.

[9] Siemens AG: Europäische Maschinenrichtlinie – einfach umgesetzt. Funktionale Sicherheit von Maschinen und Anlagen, Erlangen 2012, online verfügbar unter: *https://w3app.siemens.com/mcms/infocenter/dokumentencenter/ce/Documentsu20Brochures/e20001-a230-m103-v6.pdf*, letzter Zugriff: 25.07.2018.

[10] Heinke, B.: Sicherheitsrelevante Steuerungen. Umsetzung und Anwendung der EN ISO 13849-1, hrsg. v. Phoenix Contact, Bochum 2009.

[11] B&R Industrie-Elektronik GmbH: Wenn Femtoampere entscheiden (B&R-Industrie-Elektronik Kundenmagazin), in: *Automotion*, Nr. 11/2015.

[12] Apfeld, R., Huelke, M., Lüken, K. und Schaefer, M.: Manipulation von Schutzeinrichtungen an Maschinen, hrsg. v. Hauptverband der gewerblichen Berufsgenossenschaften (HVBG), Sankt Augustin 2006.

[13] Schreier, J.: Über-Automatisierung reduziert Flexibilität in der Fertigung, in: *MaschinenMarkt (MM)- Das Industrieportal*, online verfügbar unter: *http://www.maschinenmarkt.vogel.de/themenkanaele/* automatisierung/fertigungs automatisierung_prozessautomatisierung/articles/453273, letzter Zugriff: 22.07.2014.

[14] Schmertosch, T.: Funktionale Sicherheitstechnik für Maschinen und Anlagen, in: *VEMAS Industriearbeitskreis AUTOMATION*, Forum INTEC, Leipzig 2015.

[15] Bundesministerium für Bildung und Forschung: Service-Roboter statt Pflegeheim (Pressemitteilung 042/2016), online verfügbar unter: *https://www.bmbf.de/de/service-roboter-statt-pflegeheim-2727.html*, letzter Zugriff: 15.05.2017.

[16] Fachforum Autonome Systeme im Hightech-Forum (Hrsg.): Autonome Systeme – Chancen und Risiken für Wirtschaft, Wissenschaft und Gesellschaft. Abschlussbericht – Kurzversion, Berlin 2017, online verfügbar unter: *http://www.hightech-forum.de/fileadmin/PDF/autonome_systeme_abschlussbericht_kurzversion.pdf*, letzter Zugriff: 30.07.2018.

[17] Berufsgenossenschaft Holz und Metall (Hrsg.): Fraunhofer IFF Magdeburg forscht im Auftrag der BGHM zur Mensch-Roboter-Kollaboration in Industrie 4.0, Magdeburg 2016, online verfügbar unter: *https://www.bghm.de/bghm/presseservice/pressemeldungen/detailseite/sichere-zusammenarbeit-von-mensch-und-roboter*, letzter Zugriff: 30.07.2018.

[18] Audi (Hrsg.): Kollege 4.0, in: *Dialoge. Smart Factory*, Ausgabe 2017, Ingolstadt 2017, online verfügbar unter: *https://www.audi-mediacenter.com/de/publikationen/magazine/dialoge-smart-factory-2017-364*, letzter Zugriff: 15.05.2017.

[19] Schenk, M. und Elkmann, N.: Sichere Mensch-Roboter-Interaktion, Anforderungen, Voraussetzungen, Szenarien und Lösungsansätze. Demographischer Wandel – Herausforderung für die Arbeits- und Betriebsorganisation der Zukunft (Schriftenreihe der Hochschulgruppe für Arbeits- und Betriebsorganisation e. V., Bd. 1), Chemnitz 2016.

[20] Bernecker + Rainer Industrie-Elektronik GmbH: OPC UA TSN – Über die Edge in die Cloud, in: *Automotion*, Nr. 09/2017.

[21] Hofmann, J.: Die digitale Fabrik – Auf dem Weg zur digitalen Produktion, hrsg. v. Deutschen Institut für Normung (DIN), Berlin 2017.

[22] Hofmann, J. (Coautor): Data Leader Guide 2016, hrsg. v. Connected Industry e. V., Berlin 2017.

[23] Microsoft Corporation: Moderne Data Warehouse-Lösungen, online verfügbar unter: *https://www.microsoft.com/de-de/cloud-platform/advanced-analytics*, letzter Zugriff: 30.03.2017.

[24] Fraunhofer IAIS: Big Data Analytics, online verfügbar unter: *https://www.iais.fraunhofer.de/de/geschaeftsfelder/big-data-analytics/uebersicht.html*, letzter Zugriff: 30.03.2017.

[25] B&R Industrie-Elektronik GmbH: Aprol PDA. B&R-Industrie-Elektronik Firmenbroschüre, Eggelsberg 2015.

[26] Wildemann, H.: Modularisierung in Organisation, Produkten, Produktion und Service (TCW-report Nr. 66), München 2014.

2 Entwurf modularer Maschinen und Anlagen

Die Analyse der Anforderungen hat uns zu der Erkenntnis gebracht, dass modulare Konzepte in vielfältiger Weise der Schlüssel zum Erfolg sein können. Doch bevor wir uns dem Thema eingehend widmen, leisten wir uns einen Blick über den sprichwörtlichen Tellerrand.

Ganz allgemein betrachtet, begegnen uns täglich modulare Elemente vielfältigster Art. Wir leben in Fertigteilhäusern, fahren in Autos in Plattformbauweise, benutzen konfektionierbare Computer, lernen und arbeiten in Hierarchien und sind überhaupt ein Teil des gesellschaftlichen Systems. Selbst unsere biologische Vielfalt könnte man als großes modulares System betrachten, in dem jede Spezies genau wie jedes Organ und jede Zelle eine spezialisierte Funktion erfüllt. Zugegeben, die Analogie zur Natur hinkt etwas, denn um wirklich von Modulen im Sinne der Definition zu sprechen, bedarf es der Eigenschaft der funktionellen Austauschbarkeit, die in der Natur eher nicht anzutreffen ist. Wenngleich der Übergang recht fließend ist, denn schon heute werden Organe verpflanzt und künstliche Gelenke implantiert.

Trotzdem lohnt sich der Blick in diese Richtung, denn wir können aus der Natur vieles über Strukturen und das Funktionieren modularer Systeme lernen. Haben Sie schon einmal darüber nachgedacht, warum der menschliche Organismus auch im Schlaf oder unter Narkose weiter funktioniert? Es liegt an der Fähigkeit von Leber, Niere und vielen anderen für die Lebensfähigkeit notwendigen Organen völlig autark arbeiten zu können. Jedes erfüllt seine genetisch definierte Funktion, indem es den zu bearbeitenden Stoff – z. B. das Blut mit all seinen Inhaltsstoffen – analysiert und die daraus resultierenden Aktivitäten durchführt. Zusätzliche Informationen erhält und sendet das Organ unter anderem durch Enzyme, wodurch eine Art Kommunikationssystem entsteht. Es ist eine Arbeitsweise, die sich seit Anbeginn der Evolution bewährt hat und die wir im weiteren Verlauf im Blick behalten wollen.

Etwas ähnlich evolutionär Gewachsenes – wenn auch „nur" die rasante technische Entwicklung der vergangenen 100 Jahre – ist uns aus dem Automobilbau bekannt. Jedem, der schon einmal die Konfiguration für ein neues Wunschauto zusammengestellt hat, wird aufgefallen sein, in wie vielen Ausführungen ein Fahrzeug in Serie hergestellt werden kann. Ausgehend von einer Basisvariante lassen sich durch vielfältige Ausstattungsoptionen tausende Derivate erzeugen, sodass wir schon sehr lange eine Losgröße 1 in der Serienproduktion erleben. Um das zu leisten, war es notwendig, das Produkt selbst – das Fahrzeug –, aber auch alle Prozesse rund um die Produktion herum, präzise zu strukturieren. Die Entwicklung der *Modularisierung* geht daher von den Produkten und Services, über die Produktion bis hin zur globalen Modularisierung des Produktionssystems [1]. Es lohnt sich daher, diese hoch produktive Branche weiter im Blickfeld zu behalten, denn sie ist nicht nur beispielgebend für die Entwicklung von Modularisierungsstrategien, sondern auch Technologietreiber in vielfältiger Art und Weise.

Auch im Maschinen- und Anlagenbau selbst ist das Thema *Modularisierung* bei Weitem nicht neu. Mechanische Bauelemente wie Schrauben, Getriebe, Motoren und viele andere sind nichts anderes als modulare Komponenten, die je nach funktioneller Aufgabe aus standardisierten Katalogen ausgewählt und zusammengefügt werden. Auch in der Elektrotechnik können beispielsweise Kabel, Schalter und Sicherungen als modulare Bauelemente bezeichnet werden. Warum wollen wir uns aber trotzdem diesem Thema so intensiv widmen?

Die Gründe dafür stehen in fast jedem Absatz des ersten Kapitels. Ganz gleich ob Individualisierung von Produkten, Maschinen und Anlagen, deren steigende Komplexität, intelligente Sicherheitskonzepte oder Effizienzsteigerung – die Methoden der Modularisierung tragen in jedem einzelnen Punkt zur Lösung bei. Dazu kommen die steigenden Anforderungen aus der Digitalisierung der Produktion, sodass viele rein mechanische Komponenten nun zu mechatronischen werden und somit den Trend zur intelligenten Strukturierung vieler Produktionsprozesse befeuern. Und weil Automatisierungstechnik in diesem Umfeld eine entscheidende Schlüsselfunktion zukommt, wird auch das Thema *Modularisierung* die weiteren Themen dieses Buches bestimmen.

■ 2.1 Definition und Eigenschaften von Modulen

In [1] wird die *Modularisierung* als eine Methode beschrieben, *bei der komplexe Gesamtstrukturen in einzelne, separat koordinierbare Module unterteilt werden, um sie anschließend zu einer komplexitätsreduzierten Gesamtstruktur wieder zusammenzufügen. Dabei bestehen die einzelnen Module aus einer Vielzahl von Elementen, die durch eine geeignete Hierarchiebildung miteinander kompatibel sind.*

In dieser sehr zutreffenden Definition stecken einige Begrifflichkeiten, die in diesem Kapitel eine zentrale Rolle spielen werden. Bevor wir uns deshalb der Gestaltung und Projektierung modularer Systeme widmen, sollen die wesentlichen Grundlagen und Herangehensweisen der Modularisierung vermittelt werden.

2.1.1 Modularität

Modularisierung bedeutet die Zerlegung eines Gesamtsystems in sinnvolle Bestandteile, die als Module oder Bausteine bezeichnet werden. Deren Form und Funktion ist dabei so gestaltet, dass sie einfach zusammengefügt werden können und/oder über entsprechende Schnittstellen interagieren.

Diese Definition findet sich so oder ähnlich in zahlreichen Publikationen wieder, wie z. B. [1], [2], [3], [4] oder [5]. Weil die Modularisierung, wie einleitend dargestellt, für nahezu alle Bereiche der Produktionsprozesse zutreffend ist, wollen wir uns daher an dieser Stelle allein auf die wesentlichen Eigenschaften von *mechatronischen Komponenten* konzentrieren.

Unter dieser Prämisse kann ein *Modul* ganz allgemein wie folgt definiert werden:

- Ein Modul ist ein funktionales Element eines Gesamtsystems.
- Es verfügt über stoffliche, energetische und kommunikative Schnittstellen.
- Es kann für das übrige System rückwirkungsfrei gegen ein funktionell gleiches Modul getauscht werden.

In [5] werden darüber hinaus verschiedene Ausprägungen von Modulen im Anlagenbau definiert, deren Grundansatz auch für den Maschinenbau relevant erscheint. Das sind im Einzelnen:

- **Typ 1 Autonome Module**

  In sich geschlossene Einheiten mit eigener Automatisierung, die unabhängig und autark funktionieren sowie über eine standardisierte Schnittstelle mit einem zentralen Leitsystem zur Betriebsdatenerfassung und Beobachtung verbunden sind.
- **Typ 2 Integrierbare Module**

  Hinsichtlich Funktion und Einsatzbereich fest definierte Einheiten, die stofflich, energetisch und automatisierungstechnisch in die Gesamtanlage eingebunden sind und über ein zentrales Leitsystem direkt beeinflusst werden. Damit wird eine modulübergeordnete und übergreifende Steuerung aus der Perspektive einer Gesamtanlage ermöglicht.
- **Typ 3 Modulare Module**

  Bedeutet die Modularisierung in mehreren Ebenen. Autonome und integrierbare Module können in ihrem Aufbau weiter modularisiert aufgebaut, und damit in ihrer funktionellen Struktur verändert werden, ohne die Gesamtanlage zu beeinflussen. Die Integration eines Moduls entspricht grundsätzlich der von integrierbaren Modulen.

Der Hauptunterschied zwischen autonomen und integrierbaren Modulen besteht darin, dass autonome Module weitgehend autark funktionsfähig sind. Integrierbare Module bedürfen dagegen der umgebenden Gesamtanlage, um überhaupt funktionsfähig zu sein. Betrachten wir eine komplette Maschine als autonomes Modul, dann trifft diese Beschreibung vollständig zu, denn die Maschine kann allein vollständig autark arbeiten, und das Produktionsleitsystem hat auf die Maschine keinen direkten steuernden Einfluss. Sehr wohl kann es aber über Dienste Daten abfragen oder Aufträge senden, worauf die Maschine ihren Betriebszustand ändert oder technologische Funktionen ausführt. Intern kann die Maschine auch als modulares Modul verstanden werden, wenn sie selbst modular aufgebaut ist, wobei die einzelnen Module integrierbar sein können, und es gibt ein zentrales Steuerungssystem, welches die Funktionen und internen operativen Prozesse steuert.

Ergänzend können autonome Module auch als *Black Box* bezeichnet werden, bei deren Betrachtung nur das äußere Verhalten, also die Funktion Input und Output, relevant ist. Daraus ergibt sich eine ganz wesentliche Moduleigenschaft - die *Kapselung*.

Aus der Definition zu Typ 3 lässt sich außerdem ableiten, dass es Module gibt, die eine Untermenge an Funktionen eines komplexeren Moduls darstellen. Dabei können und sollen sich die Funktionen der Teilmodule durchaus unterscheiden, wenn die Gesamtfunktion davon nicht beeinflusst wird.

Betrachten wir als Beispielmaschine einen *Klebebinder*[1]. Dieser enthält unter anderem für den Klebstoffauftrag die mechatronische Komponente *Leimstation*[2], mit der je nach technologischer Anforderung ein Klebstoff entweder als Heiß-, PUR- oder Dispersionskleber auf den vorgefrästen Buchrücken aufgetragen wird. Während die äußere Funktion *Klebstoff Auftragen* dieses Moduls feststeht, so unterscheidet sich der innere Aufbau durch die ebenfalls modulare Bauweise der Leimstation nur im Bereich der Klebstoffdosierung und -aufbringung. Und weil alle äußeren Schnittstellen der Leimstation unabhängig von der Klebstoffart identisch sind, verhält sich das Modul somit wie eine *Black Box*.

Wir erkennen an diesem Beispiel, dass Varianten nach Typ 3 bei gleichem äußeren Verhalten differenzierte Unterfunktionen aufweisen können. Aus diesem Grund und im Sinne einer besseren Unterscheidung wollen wir die Begriffe *Basismodul* und *Derivat* einführen.

- **Basismodul**

  Modularer Teil eines komplexen Systems mit fest definierten äußeren Funktionen und Schnittstellen aber variablen Unterfunktionen.
- **Derivat eines Moduls**

  Durch die Einbettung von ein oder mehreren variablen Unterfunktionen gebildete Variante eines Basismoduls.

In unserem Beispiel ist somit das autonome Modul *Leimstation* das Basismodul, das in verschiedenen Derivaten mit entsprechend integrierbaren Modulen für unterschiedliche Klebstoffarten ausgeführt wird.

Nun müssen wir noch der Frage nachgehen, ab welchem Grad von Komplexität wir von modularen Modulen und von Modulen überhaupt sprechen? Wann ist ein Modul wirklich ein Modul und kein Bauteil mehr?

Um das zu beantworten, hilft uns ein Blick in die Theorie der Prozessanalytik. Dort gibt es den Begriff der *Bilanzgrenze*, und gemeint ist damit ein Verfahren der Abgrenzung zur Analyse und Bewertung eines Systems oder Teilsystems wie z. B. für eine Stoff- oder Wertstromanalyse. Dabei wird ein komplexes System in viele kleinere sogenannte Bilanzräume unterteilt, deren In- und Outputs betrachtet und die Ergebnisse mit unterschiedlichen Methoden analysiert und bewertet werden. Die Größe der Bilanzräume bzw. der Verlauf der zugehörigen Bilanzgrenzen wird nach vielfältigen Kriterien definiert.

Wenden wir dieses Verfahren auf einen Produktionsbetrieb an, so kann eine Bilanzgrenze eine Produktionshalle, eine einzelne Maschine, aber auch ein Fertigprodukt sein. In der Produktionshalle können die einzelnen Maschinen als modulare Komponenten betrachtet werden, die innerhalb eines Gesamtsystems jeweils ihren Beitrag zur Fertigung eines Produktes leisten. Betrachten wir das Produkt, so kann beispielsweise die Energiebilanz durch die In- und Outputs aller Energieströme jedes Fertigungsschrittes dargestellt werden.

---

1 Klebebinder ist die branchenübliche Bezeichnung für eine Maschine zur Herstellung eines Buches aus einem zusammengetragenen Buchblock und einem Einband [31] und [32].

2 Die fachlich korrekte Bezeichnung lautet *„Klebstoffauftragsystem"*, wofür im weiteren Verlauf der Begriff *„Leimstation"* als Synonym verwendet wird.

Am Anfang einer Modularisierung muss somit die sinnvolle Festlegung der Bilanzgrenzen stehen, in deren Ergebnis Bilanzräume entstehen, die wir als *Module* im Sinne von *mechatronischen Einheiten* bezeichnen wollen. Wo diese Grenzen liegen und wie groß die Bilanzräume werden, hängt von vielen Faktoren und den Methoden ab, denen wir uns in Abschnitt 2.3 widmen.

Modul

Ein *Modul* ist innerhalb der definierten Bilanzgrenze Maschine oder Anlage eine mehr oder weniger eigenständig arbeitende *gekapselte* Komponente mit gewünschter *Funktionalität* und *definierten Schnittstellen*. Dabei unterscheiden wir in *autonome* und *integrierbare* Module, die wiederum in verschiedenen *Derivaten* ausgeprägt sein können. Autonom arbeitende Module können innerhalb eines Gesamtsystems als *Black Box* betrachtet werden.

Damit ein modulares System auch als solches arbeiten und behandelt werden kann, bedarf es zweier wichtiger Eigenschaften von Modulen, mit denen wir uns im folgenden Abschnitt befassen.

2.1.2 Funktionalität

Die Funktion eines Objektes beschreibt die konkrete Aufgabe, zu deren Erfüllung es existiert. Die Gesamtheit aller Funktionen wird als Funktionalität bezeichnet.

Damit ist eindeutig definiert, dass jedes Objekt – in unserem Fall jedes Modul – durch seine *Funktionalität* charakterisiert wird. Eine Festplatte speichert Daten, eine Webcam liefert einen Videostream und die Leimstation bringt in einem Klebebinder den Klebstoff auf einen Buchrücken. Mit unserer Sichtweise auf mehr oder weniger komplexe Module müssen wir den Begriff *Funktionalität* jedoch etwas näher beleuchten.

Nehmen wir das Beispiel der Festplatte: Von außen betrachtet handelt es sich um einen simplen Massenspeicher mit mehr oder weniger Speicherplatz. Genau diese Beschreibung passt aber auch auf einen USB-Stick oder eine SD-Card. Abgesehen von ihren konstruktiven Ausführungen besitzen alle drei und viele weitere Modelle der Klasse *Massenspeicher* die gleiche *äußere Funktionalität*. Auch die Leimstation hat an ihrem fest definierten Platz in der Maschine eine ganz konkrete Aufgabe zu erfüllen. Wie sie das in ihrem inneren Aufbau erledigt, muss von außen betrachtet gleichgültig sein, damit wir dieses Modul als Black Box betrachten können. Für die Einordnung im Gesamtsystem interessiert daher nur die *äußere Funktionalität*, die wir im weiteren Verlauf auch als *Basisfunktionalität* bezeichnen.

Es liegt aber auf der Hand, dass jedes *Derivat* eines *Basismoduls* gemäß seiner tatsächlichen Ausführung die Basisfunktionen auf unterschiedliche Art und Weise realisiert. Die Festplatte hat im Gegensatz zur SD-Card eine rotierende Scheibe, die angetrieben wird, einen Schreib-Lese-Kopf, der positioniert werden muss und viele weitere Komponenten, die entsprechende Aufgaben zu erfüllen haben. Wir werden im weiteren Verlauf dafür den Begriff *innere Funktionen* verwenden.

Funktionalität

Ein *Modul* verfügt über eine *Basisfunktionalität*, die es befähigt, in einem Gesamtsystem die ihm zugeordneten Aufgaben zu erfüllen. Dazu nutzt es *innere Funktionen*, die sich in Art und Umfang je nach *Derivat* eines *Basismoduls* unterscheiden können.

2.1.3 Zustand und Zustandsänderungen

Unter dem Zustand eines Objektes wird die vollständige Beschreibung seiner momentanen Eigenschaften in Bezug auf seine Verwendung verstanden.

Diese oder ähnlich formulierte Definitionen werden in allen Wissenschaftsdisziplinen verwendet. Daher ist in die Definition der *Bezug auf die Verwendung* eingebettet, denn es interessieren selten alle Eigenschaften und Informationen eines Objektes oder Systems. Soll beispielsweise der Aggregatzustand des Wassers beschrieben werden, dann ist der Aufbau des Wasserstoffatoms nicht von Bedeutung, sehr wohl aber Temperatur und Viskosität.

Es steckt noch eine weitere wichtige Größe in dieser Definition - der *zeitliche Bezug*. Damit wird ausgedrückt, dass in einem dynamischen System dessen Zustand ständigen Veränderungen unterworfen ist (oder auch nicht, aber auch das ist eine Aussage zur Dynamik). Diese Veränderungen werden als *Zustandsübergänge* bezeichnet. Die Informatik benutzt in diesem Zusammenhang den Begriff *Zustandsraum* zur Beschreibung und Darstellung der Menge aller Zustände und ihrer Übergänge.

Folgerichtig wird in der Automatisierung von technischen Systemen der steuerungstechnische Entwurf in sogenannten *Zustandsautomaten*[3] dargestellt. Dabei werden in einem Zustand die Informationen zum aktuellen Zeitpunkt angezeigt. Ein *Zustandsübergang* bewirkt eine Änderung des Zustandes des Automaten und erfolgt bei Erfüllung der für diesen Übergang definierten logischen Bedingungen. Der *Zustandsautomat* kennt vier Typen von Aktionen:

- **Eingangsaktion**
  Ausgabe erfolgt beim Eintreten in einen Zustand
- **Ausgangsaktion**
  Ausgabe erfolgt beim Verlassen eines Zustandes
- **Eingabeaktion**
  Ausgabe erfolgt abhängig vom aktuellen Zustand und der Eingabe
- **Übergangsaktion**
  Ausgabe erfolgt abhängig von einem Zustandsübergang

3 Ähnliche Bezeichnungen mit annähernd gleicher Bedeutung sind der *endliche Automat* oder die *Zustandsmaschine*.

Ein typischer Vertreter von *endlichen Zustandsautomaten* ist die Variante der *Transduktoren* und weiter der *Moore-Automat*. Ein Automat wird als *endlich* bezeichnet, wenn die Menge der annehmbaren Zustände endlich ist. In *Transduktoren* werden in Abhängigkeit eines Zustandes Eingaben erkannt und Ausgaben in Form von Aktionen generiert. Der *Moore-Automat* benutzt nur Eingangsaktionen, während die Ausgangsaktionen vom Zustand selbst und der Eingabe abhängt. Dadurch ist er leicht verständlich und kommt häufig zur Anwendung.

Zur Verdeutlichung soll die vereinfachte Steuerung einer Bandweiche mit einem Moore-Automaten entworfen werden. Tabelle 2.1 enthält die definierten Zustände mit deren Eigenschaften, Ein- und Ausgangsaktionen sowie den Weiterschaltbedingungen und Folgezuständen. In Bild 2.1 ist das Modell des Automaten mit seinen Übergängen dargestellt.

Tabelle 2.1 Übersicht der Zustände und Aktionen einer vereinfachten Weichensteuerung

Zustand	**Eigenschaften**									**Aktionen**		**Übergangs-bedingung**	**Folgezustand**
	Eingänge				**Ausgänge**								
	ES Li	ES Re	Start	Quit	Antrieb	gelb	blau	grün	rot	Eingang	Ausgang		
Bereit	x	x	0	x	aktiv	blink	0	0	0	gelb = blink	gelb = 0	Start = 1	Rechts
Rechts	0	1	x	x	aktiv	0	1	0	0	blau = 1	blau = 0	Wechsel	Fahrt links
Links	1	0	x	x	aktiv	0	0	1	0	grün = 1	grün = 0	Wechsel	Fahrt rechts
Fahrt links	0	x	x	x	links	1	1	0	0	blau = 1 gelb = 1	blau = 0 gelb = 0	ES Li = 1	Links
												Fehler	Störung
Fahrt rechts	x	0	x	x	rechts	1	0	1	0	grün = 1 gelb = 1	grün = 0 gelb = 0	ES Li = 1	Links
												Fehler	Störung
Störung	x	x	x	0	Fehler	0	0	0	blink	rot = blink	rot = 0	Quit = 1	Bereit

Sicher fällt dem Leser auf, dass für den Befehl *Wechsel* kein Eingang vorgesehen ist. Woher kommt also die Aufforderung zum Richtungswechsel? Im Abschnitt 2.2.3 sehen wir einen Lösungsansatz.

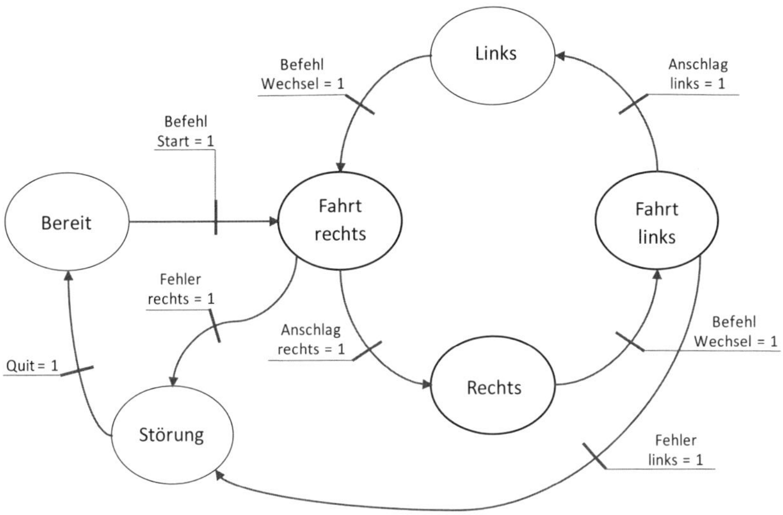

Bild 2.1 Moore-Automat einer vereinfachten Weichensteuerung

Zustand

Ein *Zustand* repräsentiert sämtliche momentan relevanten Eigenschaften eines Systems zu einem bestimmten Zeitpunkt. *Zustandsänderungen* bewirken den Übergang eines Zustandes in einen Folgezustand. Die Darstellung erfolgt in *Zustandsautomaten*.

Der Begriff *Zustand* wird uns im Abschnitt 2.2 noch an vielen Stellen begegnen.

2.1.4 Kompatibilität

Die Kompatibilität bezeichnet in der Technik die Austauschbarkeit von Baugruppen unter der Bedingung gleichwertiger Eigenschaften.

Diese Definition gilt als Allgemeinwissen und ist so in zahlreichen Lexika enthalten. In [6] wird *Kompatibilität* als allgemeine Vereinbarkeit bzw. Verträglichkeit definiert. Als Beispiel wird u. a. die Datenverarbeitung genannt, *die eine Austauschbarkeit oder Verknüpfbarkeit von Geräten, Datenträgern, Daten und Programmen ohne besondere Maßnahmen verlangt.*

Wenn wir uns vorstellen, dass die einzelnen Komponenten eines Computers nichts anderes als autonome oder integrierbare Module in unterschiedlichsten Derivaten sind, (eine

Festplatte mit 120 GB verhält sich genauso wie eine mit 250 GB oder eine Silicon Disk als Massenspeicher) dann wird uns schnell klar, was Kompatibilität bedeutet: Anschließen - Einschalten - geht. Ohne weiteres Zutun oder aufwendige Anpassungen.

Oder das Beispiel *USB-Interface*[4]. Alle Geräte, die diesen Kommunikations-Standard unterstützen, funktionieren nach dem Prinzip *Plug and play*. Ein Verfahren, was wir als sehr angenehm empfinden, weil es - zumindest in den meisten Fällen - einfach nur funktioniert. Das ist *Kompatibilität*.

Dagegen registrieren wir eine *Inkompatibilität* sofort, wenn etwas zusammengefügt wird - oder werden soll - und nicht passt oder nicht funktioniert. Der USB3-Stecker passt mechanisch nicht in die Mini-USB2-Buchse oder ein Programm läuft nicht unter dem Betriebssystem Linux, weil es für Windows entwickelt wurde. Mit einem entsprechenden Adapterkabel funktioniert das USB3-Gerät aber durchaus an einem älteren USB2-Host, nur mit der Einschränkung einer geringeren Datenrate. Das USB3-Protokoll ist daher *abwärtskompatibel*. Dagegen besteht eine *Aufwärtskompatibilität* für USB2-Geräte an USB3-Hosts, was heißt, besitzt ein PC nur einen USB3-Anschluss, kann daran eine USB2-Festplatte betrieben werden.

An diesem Beispiel erkennen wir, dass ein Modul nur dann wirklich kompatibel ist, wenn es die, für den vorgesehenen Einsatz festgelegte Spezifikation vollständig erfüllt. Dazu gehört auch die Betrachtung der Funktionalität. Schließlich ist ein Modul oder ein Derivat eines Moduls nur dann wirklich kompatibel, wenn es die für den vorgesehenen Einsatz erforderliche Basisfunktionalität besitzt, also *funktionskompatibel* ist. So kann beispielsweise ein Modul alle erforderlichen Schnittstellen besitzen und damit für ein System *anschlusskompatibel* sein. Erfüllt es aber nicht die ihm zugedachte Aufgabe bzw. kann das System mit dieser Komponente nichts anfangen, dann ist es trotzdem *inkompatibel*.

Wir erkennen daran, dass 100 %ige Kompatibilität nicht so einfach ist. Für die Bildung von Modulen ist es daher unabdingbar, die Zustände und die erwartete Funktionalität an den Bilanzgrenzen exakt zu definieren, im Entwicklungsprozess zwingend einzuhalten und zu dokumentieren.

Kompatibilität

Ein Modul ist *kompatibel*, wenn es ohne besondere Maßnahmen gegen ein gleichwertiges Modul ausgetauscht werden kann. Es verhält sich *abwärts kompatibel*, wenn es zu älteren Versionen und deren Schnittstellen verträglich ist, und es ist in gleicher Weise *aufwärts kompatibel*, wenn es auch in einer neueren Umgebung funktionsfähig ist. Damit ein Modul in einem Gesamtsystem eingeordnet werden kann, muss es *anschlusskompatibel* und *funktionskompatibel* sein.

In der Praxis wird versucht, das Thema *Kompatibilität* durch eine Vielzahl von Normen, Spezifikationen, Richtlinien, Empfehlungen und auch Gesetzen im Sinne der jeweiligen Anwender zu vereinfachen bzw. überhaupt erst zu ermöglichen. Die Realität ist, dass der technische Fortschritt speziell in der Informations- und Automatisierungstechnik immer

[4] Detaillierte Informationen unter *http://www.usb.org*.

öfter jede Norm bereits bei ihrem Erscheinen überholt hat. Außerdem unterscheiden sich die Anforderungen der unterschiedlichen Branchen, und das Ganze wird zusätzlich überlagert von nachvollziehbaren Firmeninteressen wie Knowhow-Schutz und Wettbewerb. Die Folge ist, dass Kompatibilität in der Industrie nicht so funktionieren kann wie z. B. ein USB-Gerät. Oder doch?

Wie uns die folgenden Abschnitte zeigen werden, erfordert die Verschmelzung von Mechanik, Elektronik und Software zu mechatronischen Einheiten einerseits und der Einzug der Digitalisierung in der Produktion andererseits, dass wir die Themen *Modularität*, *Funktionalität* und *Kompatibilität* deutlich weiter fassen müssen.

2.2 Modularität im Kontext zu Industrie 4.0

Aus den bisherigen Ausführungen wissen wir, dass mit dem Einzug der IT-Technologie in die Produktionshallen auch Maschinen und Anlagen als autonome Module agieren und direkt miteinander kommunizieren sollen. Und weil wir auch wissen, dass dies mit USB-Geräten recht gut funktioniert, verwundert es nicht, wenn dieses Funktionsprinzip auch für die Industrie interessant ist. *Das „USB-Prinzip für die Fabrik" soll ermöglichen, dass eine neue Maschine in einen Produktionsprozess einzufügen so einfach sein sollte, wie heute einen Drucker an einen Computer anzuschließen"* [7].

Der Weg dorthin ist nicht mehr weit. In der Onlinebibliothek der *Plattform Industrie 4.0*[5] befinden sich zahlreiche Publikationen, die den Weg exakt in diese Richtung beschreiben. Stellvertretend soll auf die folgenden Dokumente verwiesen werden, die auch als Grundlage für die weiteren Betrachtungen dienen:

- *Industrie 4.0 - Technical Assets Grundlegende Begriffe, Konzepte, Lebenszyklen und Verwaltung* [8] anhand Eigenschaften von Assets und deren Einordnung in der digitalen Produktion von Referenzmodellen und Architekturen
- *Referenzarchitekturmodell Industrie 4.0 (RAMI 4.0) Eine Einführung* [9]

  Einführende Beschreibung des RAMI 4.0
- *Struktur der Verwaltungsschale, Fortentwicklung des Referenzmodells für die Industrie 4.0-Komponente* [10]

  Beschreibung der inhaltlichen Weiterentwicklung der RAMI 4.0-Architektur und Definition der Verwaltungsschale einer I4.0-Komponente
- *Weiterentwicklung des Interaktionsmodells für Industrie 4.0-Komponenten* [11]

  Behandlung der Interaktionsfähigkeit von I4.0-Komponenten als wesentliche Grundlage für das Funktionieren der digitalen Produktion
- *Industrie 4.0 Plug-and-Produce for Adaptable Factories: Example Use Case Definition, Models and Implementation* [12]

  Darstellung des aktuellen Forschungsstandes in Anwendungs- und Implementationsbeispielen

---

5 Offizielle Homepage *http://www.plattform-i40.de.*

Für das weitere Verständnis in diesem Kontext ist es erforderlich, Module in Gestalt mechatronischer Einheiten genau wie Produkte ganz allgemein als *Objekte* darzustellen und zu behandeln. Dazu leisten wir uns einen Blick in das Vokabular der *objektorientierten Programmierung (OOP)*. Das ist insofern zweckmäßig, als dass in der OOP der Modularisierungsansatz genetisch verortet ist und die Beschreibungsmethoden der gleichen Motivation zugrunde liegen, nämlich die Komplexität von Softwareprojekten zu reduzieren und zu beherrschen. Allerdings gilt es zu berücksichtigen, dass sich reale Objekte in einigen Aspekten sehr wohl von reinen Softwareobjekten unterscheiden. Diese Divergenzen wollen wir ergänzend herausarbeiten, indem wir uns einige Begrifflichkeiten der OOP zunutze machen und diese auf reale Systeme anwenden. Dabei betrachten wir einige - und nur die für die weiterführende Betrachtung relevanten - Grundbegriffe, die in den meisten Quellen gleichermaßen beschrieben werden. Die hier verwendeten und teilweise zitierten Definitionen entstammen dem *Lehr- und Übungsbuch der Informatik*, Band 1 [13] und Band 3 [14], wo sie zum weiteren Verständnis vertiefend nachzulesen sind.

Mit diesem Wissen tauchen wir in die Terminologie zur Definition und Interaktion von I4.0-Komponenten ein und zeigen am Ende anhand von praktischen Beispielen, wie die Umsetzung *objektorientierter Modularisierung* funktionieren kann.

2.2.1 Objekte und Entitäten

In [14] und [13] wird ein *Objekt* wie folgt beschrieben:

Allgemein kann ein Objekt als ein Gebilde betrachtet werden, das eindeutig von der Umwelt abgegrenzt ist und eine eigene Identität besitzt. Es reagiert auf Reize seiner Umwelt (z.B. eigenen Zustand ändern) oder sendet selbst Signale an die Umwelt aus.

Ein Objekt besteht aus Daten und verfügt über den Zugriff auf Methoden beispielsweise zur Änderung seines Zustandes.

Die konsequente Durchsetzung der objektorientierten Betrachtung erlaubt das Verändern der Daten nur durch objekteigene Methoden.

Das Verbergen der Daten und Methoden zu einer Einheit wird als Kapselung bezeichnet.

Eine Klasse ist eine Bauvorschrift für Objekte und definiert gemeinsame Eigenschaften, Funktionalitäten (Methoden), Semantik und Beziehungen zu anderen Objekten oder Klassen.

Diese Definition trifft in vollem Umfang auch auf Module in Form von *mechatronischen Einheiten* zu, denn

- die Systeme sind abgegrenzt,
- reagieren auf Eingangssignale,
- verarbeiten diese entsprechend ihrer inneren Funktionalität,
- verändern daraufhin ihren Zustand,
- können ihren Zustand nur durch ihre eigenen Funktionen beeinflussen,
- besitzen äußere Funktionalität.

Wenn mechatronische Module für ihre Umgebung nur über ihre *äußeren Funktionen* als ein *funktionales Modul* sichtbar sind, entsprechen sie auch der Definition der *Kapselung*. Weiterführend können *Basismodule* mit ihren *Derivaten* in einer *Klasse* zusammengefasst und beschrieben und ein Derivat nach dieser Betrachtung als eine *Instanz* angesehen werden.

Weiterhin stellen *funktionale Module* aus Sicht der Datenmodellierung *Entitäten* dar, die in [13] wie folgt definiert werden:

- *Eine Entität ist ein eindeutig identifizierbares Objekt der realen Welt.*
- *Eine Entität ist Träger vieler Eigenschaften, von denen nur diejenigen sichtbar sind, die für einen bestimmten Realitätsausschnitt interessant sind.*
- *Eine Eigenschaft beschreibt ein Wesensmerkmal einer Entität und ist durch einen Eigenschaftswert belegt, der einem vorgegebenen Wertebereich entstammt.*
- *Die abstrakte Beschreibung einer Menge von Entitäten mit gleichen Eigenschaften heißt Entitätstyp oder Klasse.*
- *In der Menge der Eigenschaften wird ein Primärschlüssel definiert, dessen Wert immer eindeutig ist und mit dem eine Entität über die gesamte Lebensdauer eindeutig identifizierbar ist.*
- *Durch Beziehungen werden zwei oder mehrere Entitäten miteinander verbunden.*
- *Die Kardinalität einer binären Beziehung gibt an, wie viele Entitäten der einen Entitätsmenge mit wie vielen Entitäten der anderen Entitätsmenge in Beziehung stehen.*
- *Die einzelnen Beziehungen der Entitäten werden in einem relationalen Modell, dem Entity-Relationship-Modell (ERD), visualisiert.*

In der Literatur finden sich zahlreiche Darstellungsformen für ein *ERD*. Wir wollen im weiteren Verlauf Entitätstypen als Rechteck darstellen und mit einem Namen versehen. In einem Kreis oder einer Ellipse werden deren mit Namen markierte Eigenschaften beigefügt und durch Linien mit dem Entitätstyp verbunden. Der Primärschlüssel wird in einem eigenen Block unterstrichen dargestellt. Die Beziehungen zwischen den Entitäten werden durch Linien dargestellt, die mit dem Beziehungstyp und der Kardinalität beschriftet sind. In Bild 2.2 ist ein ERD-Ausschnitt dargestellt, der die Entitäten *Fahrzeug* und *Kunde* mit zugeordneten Eigenschaften zeigt. Beide Entitäten werden über die Primärschlüssel *Serial-* bzw. *Kundennummer* eindeutig identifiziert. Die Angabe der *Kardinalität* zeigt an, dass jedes Fahrzeug nur zu einem Kunden, aber einem Kunden keines oder mehrere Fahrzeuge zugeordnet sein können.

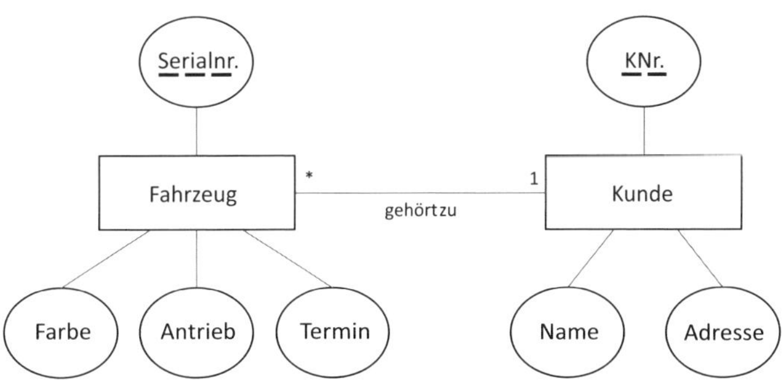

Bild 2.2 Die Darstellung zeigt eine Zuordnung von Eigenschaftstypen zu einem Entitätstyp sowie eine Beziehung zu einer weiteren Entität

Bemerkenswert ist an dieser Definition die Betrachtungsweise auf einen *Realitätsausschnitt*, denn sie impliziert, dass es weitere Entitäten mit Eigenschaften gibt, die aber im Betrachtungszeitpunkt nicht von Bedeutung sind. So beschreibt die Eigenschaft *Antrieb* ihrerseits ein Beziehungsgeflecht aus verschiedenen Entitäten des Antriebsstranges wie Motor, Getriebe, Differenzial usw., was aber im dargestellten Realitätsausschnitt, nicht sichtbar ist. Das Modell in Bild 2.2 könnte daher auch den Namen *Verkauf* und das ERD-Modell in Bild 2.3 den Namen *Service* haben. Zu erkennen ist zudem, dass ebenfalls nur die Eigenschaften dargestellt sind, die für den jeweiligen Realitätsausschnitt auch relevant sind[6]. So interessiert den Service in diesem Fall nur das einzelne Kundenfahrzeug, welches eine bestimmte Antriebsart besitzt.

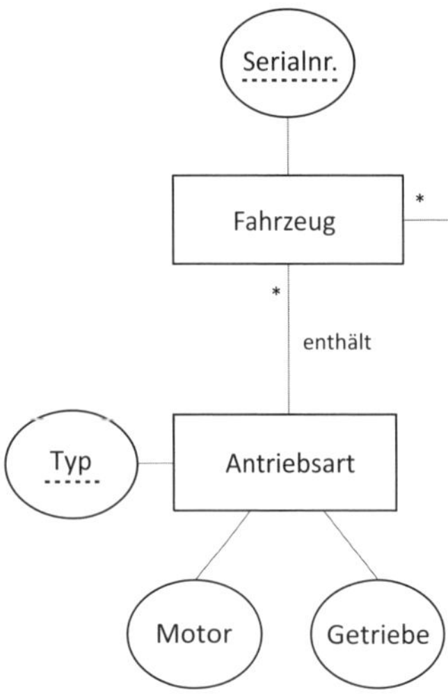

Bild 2.3 Dieser erweiterte Realitätsausschnitt zeigt Beziehungen, wie sie z. B. für den Service relevant sein können

Wie allein das Beispiel der Entität *Fahrzeug* verdeutlicht, lässt sich die Definition der Entität leicht auf ein funktionales Modul in Gestalt einer mechatronischen Einheit übertragen. Es ist ein real existierendes Objekt, besitzt konstruktive und funktionale Eigenschaften und steht mit anderen Modulen in Beziehung. Ebenso kann *Fahrzeug* als ein Produkt im Produktionsprozess oder als eine mechatronische Einheit mit entsprechenden Funktionen betrachtet werden. Daran zeigt sich auch, dass sich für ein und dieselbe Entität unterschiedliche Realitätsausschnitte ergeben können, je nachdem, aus welcher Perspektive sie betrachtet wird. Wir werden im weiteren Verlauf diese Betrachtungsweise nutzen, um das Zusammenspiel von verarbeitenden Einheiten, einer Maschine einer Anlage und/oder deren modularer Komponenten untereinander und mit einem zu bearbeitenden Produkt darzustellen zu können.

Zur Veranschaulichung verwenden wir als Maschine wieder den *Klebebinder* mit dem Modul *Leimstation*, und als Produkt betrachten wir das *individuelle Fotobuch*. Bild 2.4 zeigt

[6] Vgl. Abschn. 2.1.1.

diese Komponenten als Entitäten mit einigen ausgewählten Eigenschaften und Beziehungen. So kann ein Klebebinder, der mindestens eine Leimstation enthält, eine bestimmte Menge an Fotobuchtypen bearbeiten, und eine Leimstation kann nur einem Klebebinder zugeordnet sein oder außerhalb in Bereitschaft stehen. Gibt es mehrere Typen von Leimstationen, müsste in einem erweiterten ERD noch dargestellt werden, dass ein bestimmter Fotobuchtyp in einem Klebebinder nur dann bearbeitet werden kann, wenn auch ein bestimmter Typ einer Leimstation vorhanden ist.

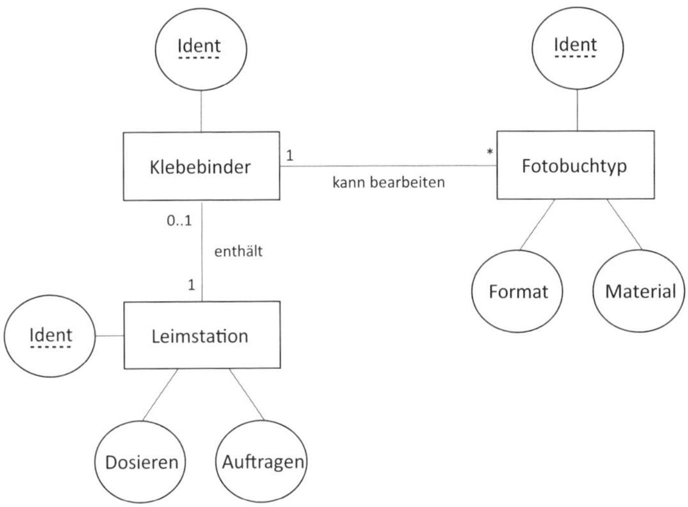

Bild 2.4 Beispiel eines ERD für die Herstellung eines Fotobuches in einem Klebebinder und einer Leimstation als ein funktionales Modul der Maschine

2.2.2 Methoden und Funktionen

In Abschnitt 2.2.1 wurde festgehalten, dass ein Objekt über den Zugriff auf *Methoden* zur Änderung seines Zustandes verfügt. Eine Methode wird in [13] wie folgt näher definiert:

Eine Methode ist ein Algorithmus, der einem Objekt zugeordnet ist und von diesem abgearbeitet werden kann.

Projizieren wir diese Sichtweise auf ein mechatronisches System, müssen wir nur die Methoden als die äußeren Funktionen einer mechatronischen Komponente verstehen und einer Entität zuordnen. Beschreiben wir unter dieser Annahme das funktionale Modul *Leimstation*, so besitzt es Eigenschaften in Gestalt von *Basisfunktionen*. Die Derivate dieses Moduls lassen sich weiterhin in einer Klasse *Leimstation* zusammenfassen, da sie die gleichen, nach außen sichtbaren Funktionen, nämlich die *Basisfunktionen*, aufweisen (Bild 2.5).

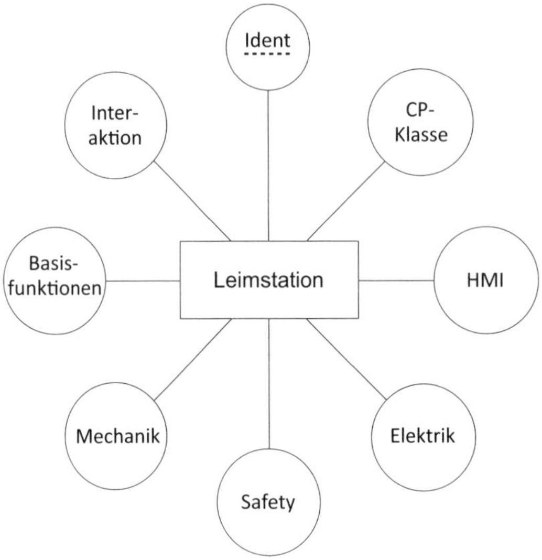

Bild 2.5 Darstellung der mechatronischen Komponente Leimstation als Entität mit ausgewählten konstruktiven Eigenschaften und den für den Betrieb in einem Klebebinder relevanten äußeren Funktionen als weitere Eigenschaft

In diesem ERD werden der *Leimstation* neben den Basisfunktionen auch die mechanischen und elektrischen Eigenschaften sowie die Bedienfunktionen zur *Mensch-Maschinen-Kommunikation* (HMI[7]) zugewiesen, die zu ihrer Integration in das Gesamtsystem Klebebinder erforderlich sind. Dabei ist es unerheblich, ob die Leimstation ein eigenes HMI-Gerät besitzt oder diese Funktionen auf einem anderen (zentralen) Bediensystem dargestellt werden.

2.2.3 Botschaften und Dienste

In [13] wird die Kommunikation zwischen Objekten wie folgt definiert:

Objekte kommunizieren untereinander über Botschaften.

Empfängt ein Modul eine *Botschaft*, so reagiert das Objekt daraufhin mit einer eindeutig festgelegten *Methode* zum Ändern seines Zustandes, denn der Empfang einer Botschaft ist eine Aufforderung an das Objekt, eine geeignete Methode zum *Ändern seines Zustandes* auszulösen [14]. Dabei kann eine Botschaft ein komplexes Datentelegramm, die Wertänderung einer Variable oder in der Mechatronik die Zustandsänderung eines Sensorsignals sein.

Im Kontext von Industrie 4.0 erfolgt der Zugriff auf die Funktionen der Systemkomponenten durch *Dienste*. Demzufolge muss sich ein funktionales Modul, wenn es als I4.0-Komponente agieren soll, als *Dienstteilnehmer* einer *Dienstplattform* repräsentieren [8], und ein

---

[7] Dieses Synonym ist aus der englischen Übersetzung *Human Machine Interface* abgeleitet und steht für die Gesamtheit einer Bedienstation bestehend aus Hard- und Software.

Dienst wird beschrieben als eine *abgegrenzte Funktion, die von einer Entität oder Organisation über Schnittstellen angeboten wird.*

Weiterführend wird in [15] der Prozess des Zusammenwachsens von Maschinen- und Anlagenbau mit IT und Automatisierungstechnik betrachtet. Demnach muss unterschieden werden zwischen dem Datenverkehr im operativen Betrieb (die technologisch erforderlichen Steuerungs- und Regelungsaufgaben) und den Datenaustausch für technisch organisatorische Maßnahmen wie z. B. Datenanalyse oder Serviceaufgaben. Es muss daher genau betrachtet werden, in welchem Kontext Dienste angefordert bzw. Daten ausgetauscht werden sollen.

In [15] wird eine Beschreibungsstruktur vorgestellt, auf deren Grundlage eine dienstorientierte Interaktion zwischen verschiedenen Entitäten organisiert werden kann und die für alle I4.0-Interaktionsmodelle die Basis bildet (Bild 2.6). Dabei wird ein Dienst mit einem *Identifier*, einer *Diensttyp*-Kennzeichnung und den *Dienstparametern* grundsätzlich beschrieben. Mithilfe dieser Identifikation wird der Dienst aufgerufen, um die mit dem Aufruf gesendeten *Diensteingangsdaten* zu verarbeiten. Schließlich muss der Dienst die Ergebnisse über *Dienstausgangsdaten* zurückgeben.

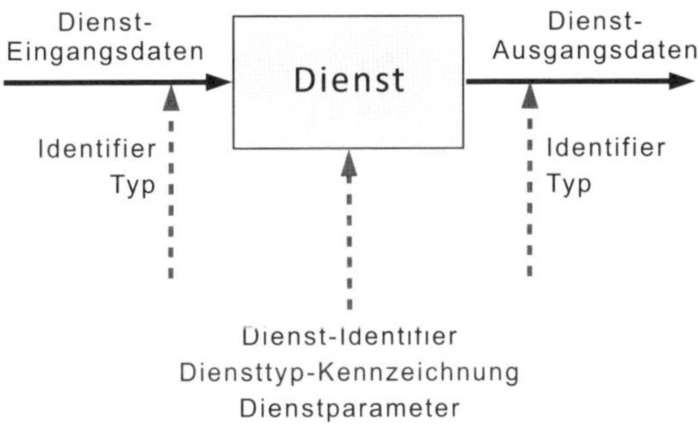

Bild 2.6 Beispiel einer Beschreibungsstruktur von Diensten (nach [15])

Aus der Sicht eines technischen Gerätes repräsentieren die Dienste nichts anderes als die Aufrufe seiner äußeren Funktionen. Das sind in erster Linie die in der Klassendefinition definierten Basisfunktionen. Dazu gibt es für jedes Derivat eines zu einer Klasse gehörenden Gerätes – beim Klassentyp *Leimstation* ist das beispielsweise die Klebstoffart – weitere Funktionen, die über zusätzliche Dienste aufgerufen werden können. Die Informationen über das Angebot an Diensten sind bei I4.0-Komponenten im sogenannten *Manifest*[8] enthalten, das beim Plug-in eines Objektes abgerufen wird. Das Manifest befindet sich innerhalb der *Verwaltungsschale*[9], über die *der Zugriff auf die Funktionen der Systemkomponenten durch wohldefinierte Dienste* [8] erfolgt[10].

---

8 Innerhalb der I4.0-Gremien herrscht aktuell etwas Uneinigkeit, ob ein *Manifest* grundsätzlich erforderlich ist. Schließlich wird diese Funktionalität in großen Teilen bereits über das OPC UA-Protokoll abgedeckt.

9 Vgl. I4.0-Komponenten, „Die Verwaltungsschale" (Abschn. 2.2.4.4).

10 Auch in diesem Punkt gehen die Meinungen etwas auseinander, denn eine dienstorientierte Kommunikation erfolgt schon allein durch die Verwendung von OPC UA.

Betrachten wir das Beispiel der Weichensteuerung aus Abschnitt 2.1.3. Wird die Bandweiche als I4.0-Komponente verwaltet, dann könnte der Befehl zum Richtungswechsel als Dienstaufruf definiert werden. Die Eingangsdaten enthalten dann die gewünschte Richtung und die Ausgangsdaten den Erfolg oder, im Falle eines Fehlers, den Misserfolg als Information.

Besonders im Kontext zur Interaktion von I4.0-Komponenten ist noch unter *Dienstnutzern* und *Diensterbringern* zu unterscheiden. Dieser Unterschied lässt sich am besten an der Produktionskette zur Herstellung des individuellen Fotobuches beschreiben.

Für die Organisation der Produktion ist ein Leitsystem verantwortlich, das als Dienstnutzer fungiert und welches die einzelnen Maschinen als Diensterbringer betrachtet. Aus der Perspektive des Produktes ist dieses selbst ein Dienstnutzer und die Maschine ein Diensterbringer, denn das Produkt erfährt durch seine Bearbeitung eine Veränderung seines Zustandes. Das wird besser verständlich, wenn man sich vorstellt, dass ein Produkt beim Eintreffen an einer Fertigungsstation via QR-Code oder RFID-Chip die Informationen über seinen Zustand an die Maschine übergibt und somit einen Dienst zu seiner weiteren Bearbeitung anfordert. Für eine modulare Maschine ist dagegen das konkrete funktionale Modul der Diensterbringer, denn es leistet innerhalb dieser Produktionseinheit einen konkreten Dienst in Gestalt seiner Funktionalität.

2.2.4 Die I4.0-Komponente

Für eine Entität im Umfeld von Industrie 4.0 hat sich der Begriff der *I4.0-Komponente* etabliert. Den konzeptionellen Rahmen für die Beschreibung einer I4.0-Komponente ist das *Referenz-Architektur-Modell Industrie 4.0* (RAMI 4.0). In diesem dreidimensionalen Schichtenmodell werden die wesentlichen Elemente im Kontext von Industrie 4.0 zusammengeführt, sodass die I4.0-Technologie systematisch eingeordnet und weiterentwickelt werden kann [16]. Auch wenn zum Stand November 2017 bis zu ersten industrietauglichen Anwendungen noch weiterer Forschungsbedarf erforderlich ist [17], erscheint es trotzdem zweckmäßig, die aktuellen Strukturmodelle für Beschreibung und Interaktion von I4.0-Komponenten in zu erstellenden Modularisierungskonzepten bereits heute anzuwenden.

In den folgenden Abschnitten greifen wir ergänzend zu den bereits eingeführten Grundbegriffen der OOP die Terminologie auf, mit der I4.0-Komponenten weiterführend beschrieben werden. Die Grundlage dazu bilden die folgenden Dokumente:

- *Statusreport Industrie 4.0 - Technical Assets - Grundlegende Begriffe, Konzepte, Lebenszyklen und Verwaltung* [18]
- *Statusreport Weiterentwicklung des Interaktionsmodells für Industrie 4.0-Komponenten* [11]
- *Workingpaper Industrie 4.0 Plug-and-Produce for Adaptable Factories: Example Use Case Definition, Models, and Implementation* [12]

Die entstehende Übersicht zur I4.0-Begriffswelt wollen wir zum besseren Verständnis mit geeigneten Beispielen untersetzen. Dazu bedienen wir uns wieder des Klebebinders im Umfeld einer digitalen Produktion zur Herstellung individueller Fotobücher.

2.2.4.1 Das Referenz-Architektur-Modell Industrie 4.0 (RAMI 4.0)

Damit im Umfeld der digitalen Produktion die gesamte Wertschöpfungskette nachhaltig und konsensfähig dargestellt und verwaltet werden kann, ist es erforderlich, diese zu strukturieren und in standardisierten Referenzmodellen abzubilden. Im Rahmen von *Industrie 4.0* werden neben den Referenzmodellen auch Referenzarchitekturen benötigt, welche einen konzeptionellen Rahmen für die Systemkonstruktion bilden. Die Referenzmodelle beschreiben die zu diesem Rahmen gehörenden Bauprinzipien. Die für I4.0-Systeme relevante Referenzarchitektur ist im *RAMI 4.0-Modell* fixiert (Bild 2.7) und als DIN SPEC 91345 veröffentlicht [19]. In diesem Architekturmodell bilden *technische Assets* die Grundlage und werden daher in den folgenden Abschnitten näher betrachtet.

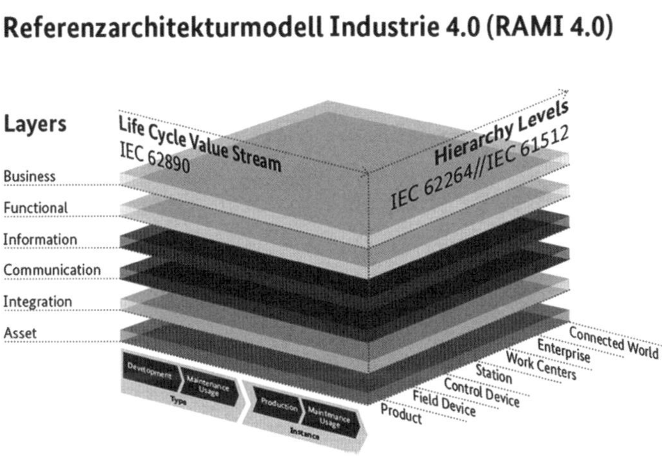

Bild 2.7 Die Referenzarchitektur des RAMI 4.0 (nach [19])

Für das Verständnis dieses Modells ist wichtig, dass es technische Assets nach Kategorien über den gesamten Lebenszyklus und ihren Rollen darstellt. In [16] wird der Aufbau des RAMI 4.0 wie folgt erläutert:

- **Achse „Hierarchie Levels"**

  Diese in der IEC 62264 standardisierten Hierarchiestufen stellen die unterschiedlichen Funktionalitäten in einer Fabrik dar. Das zu fertigende Produkt stellt dabei die unterste und das Internet der Dinge und Dienste als *Connected World* die höchste Hierarchiestufe dar.

- **Achse „Life Cycle & Value Stream"**

  Diese Darstellung repräsentiert den Lebenszyklus von Anlagen und Produkten auf Basis der IEC 62890 „Life-Cycle-Management". Unterschieden wird zusätzlich zwischen *Typ* und *Instanz*. Aus einem Typ wird eine Instanz, wenn die Entwicklung und Prototypenfertigung abgeschlossen ist und in der Fertigung das eigentliche Produkt hergestellt wird.

- **Achse „Layers"**

  Mithilfe der sechs Schichten auf der vertikalen Achse des Modells wird die IT-Repräsentanz, das heißt das digitale Abbild von beispielsweise einem Produkt oder einer Maschine Schicht für Schicht strukturiert beschrieben.

Das RAMI 4.0-Modell vereint somit die unterschiedlichen Nutzerperspektiven und schafft ein gemeinsames Verständnis für Industrie 4.0-Technologien. Damit ist es die Grundlage für alle weiter erforderlichen Entwicklungen und Normungen im Hinblick auf Identifikationsmodelle, einheitliche Semantik, einheitliche Kommunikationsprotokolle und die *Quality of Services* (QoS), die für die Zeitsynchronisation, Echtzeitfähigkeit oder Ausfallsicherheit von Industrie 4.0-Komponenten von Bedeutung sind [16].

Für Hersteller von Gerätetechnik und Softwarekomponenten, die im Umfeld einer digitalen Produktion betrieben werden sollen, ist das RAMI 4.0-Modell in seiner Gesamtheit sicher weniger relevant. Wichtig ist aber die Einordnung der Assets innerhalb dieses Modells und die Betrachtung der angrenzenden Schichten und Achsen. Gerätetechnik mit Funktionen zur IT-Security wird demzufolge im Layer *Communication* angesiedelt sein, wobei die Schnittstellen zu den Layers *Integration* und *Information* berücksichtigt werden müssen. Maschinen und Anlagen werden dagegen genau wie Produkte auf der untersten Ebene eingeordnet. Diese Einordnung gehört somit bei der Entwicklung einer I4.0-Komponente zu den ersten Designentscheidungen.

Im weiteren Verlauf werden wir uns daher vornehmlich auf diese Ebene konzentrieren, denn hier bestehen die engsten Zusammenhänge zur Automatisierungstechnik der technischen Produktionssysteme.

2.2.4.2 Technische Assets

Technische Gegenstände der realen Welt sind per Definition eindeutig identifizierbar und damit im Sinne der OOP eine Entität (siehe Abschnitt 2.2.1). Außerdem sind sie für einen bestimmten Zweck hergestellt und besitzen eine für den Produktionsprozess erforderliche Funktionalität. Das kann z. B. eine Maschine, ein funktionales Modul einer Maschine, eine Software oder ein zu fertigendes Produkt sein.

Prinzipiell durchlaufen technische Gegenstände einen *Lebenszyklus* und einen damit eng gekoppelten *Werteverlauf*. Entitäten, bei denen diese Aspekte eine Rolle spielen, werden als *technische Assets* oder einfach nur als *Assets* bezeichnet und in der untersten Ebene des RAMI 4.0-Modells dargestellt. Technische Assets können Teil der *physischen Welt* (materielle Assets) oder der *Informationswelt* sein (immaterielle Assets). Materielle Assets sind z. B. Maschinen, Komponenten, Werkzeuge, Computer und auch deren Speichermedien. Dagegen sind Pläne, Zeichnungen, Standards immaterielle Assets. Auch Klassenmodelle sind Assets, die instanziiert werden können. Beispielsweise ist eine in Serie gefertigte Maschine oder das Derivat eines funktionalen Moduls eine Instanz, da es gemäß den in einem Klassenmodell hinterlegten Plänen hergestellt wird.

Am Beispiel des Klebebinders kann die Maschine komplett als ein Asset betrachtet werden. Wird das Modul *Leimstation* zusätzlich an einer Dockingstation zur Herstellung der Betriebsbereitschaft (z. B. durch Vorheizen in der Hotmelt-Variante) betrieben, kann es für den Produktionsprozess interessant sein, ob es denn betriebsbereit ist oder nicht bzw. wie lange es noch bis zu diesem Zustand benötigt. In diesem Fall kann auch das Modul selbst als eigenständiges Asset verwaltet werden. Beispielsweise kann es sich im Energiesparmodus befinden, solange sich kein Produkt im Produktionszyklus befindet, welches mit dieser Technologie gefertigt werden soll. Ist das dann der Fall, so ergeht vom Produktionsleitsystem ein Dienstaufruf an das Modul, die Betriebsbereitschaft herzustellen, und wenn dies erreicht ist, erhält der Bediener den Dienstaufruf, den Klebebinder umzurüsten.[11]

In Bild 2.8 ist der Lebenszyklus eines technischen Assets schematisch dargestellt[12]. Er beginnt mit einem *Auftrag* für die Fertigung eines Produktes, z. B. eines Klebebinders. Nach dem anschließenden *Herstellungsprozess* (Entwicklung, Konstruktion, Beschaffung, Fertigung, Qualitätskontrolle etc.) existiert die Maschine, sie ist grundsätzlich funktionsfähig, aber noch nicht funktionsbereit. In der anschließenden *Bereitstellungsphase* erfolgt die Lieferung, die Montage und Inbetriebnahme an ihrem endgültigen Bestimmungsort. Jetzt ist die Maschine betriebsbereit und kann ihren funktionalen Zweck erfüllen, es beginnt die Phase der *Nutzung* als technisches System im Produktionsprozess.

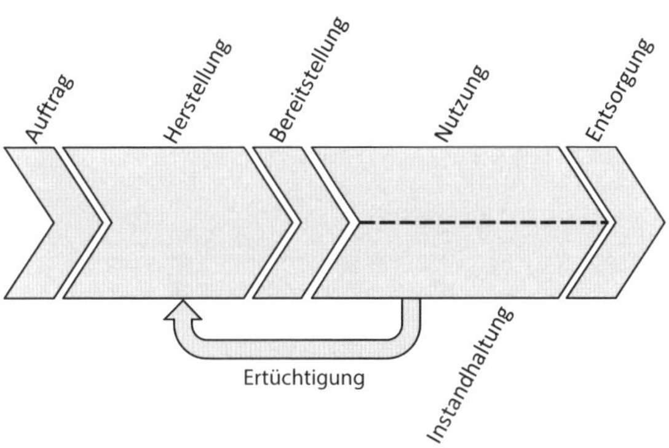

Bild 2.8 Darstellung des Lebenszyklus technischer Assets (nach [18])

Ab diesem Zeitpunkt ist die Maschine auch ein Fall für die *Instandhaltung*, aus deren Sicht sie weiterhin ein Produkt repräsentiert, das in seiner Funktionsfähigkeit erhalten werden muss. Dabei kann der Fall eintreten, dass die Maschine in einer Generalinstandsetzung grundlegend überholt oder modernisiert wird. Während dieser *Ertüchtigungsphase* werden vor Ort, von oder bei einem Dienstleister bzw. dem Hersteller, Handlungen verrichtet, die auch zu einer Rückführung in den Status der Herstellung führen können. Das technische Gerät kann sich somit im Verlauf seines Lebenszyklus durchaus auch mehrfach in einer solchen Schleife befinden. Erst wenn die Maschine vollends aus dem Produktionsprozess entfernt wird, nimmt sie den Status *Entsorgung* ein, der mit der endgültigen Demontage und Verschrottung endet.

An diesem Lebenszyklus ist auch der *Werteverlauf* eines Assets gekoppelt, der während der Herstellungsphase stetig ansteigt und in der Nutzungsphase durch Alterungseffekte abfällt, bis er schließlich nach der Entsorgung wieder bei null endet. Durch Instandhaltung und Ertüchtigung können innerhalb der Nutzungsphase wieder Wertsteigerungen erfolgen (Bild 2.9).

---

[11] An dieser Stelle wird ersichtlich, wie wichtig es ist, ganz am Anfang die Einordnung des Assets im RAMI 4.0 vorzunehmen.

[12] Im Bild werden die vier Phasen des RAMI 4.0 um die Phasen *Auftrag* und *Entsorgung* ergänzt.

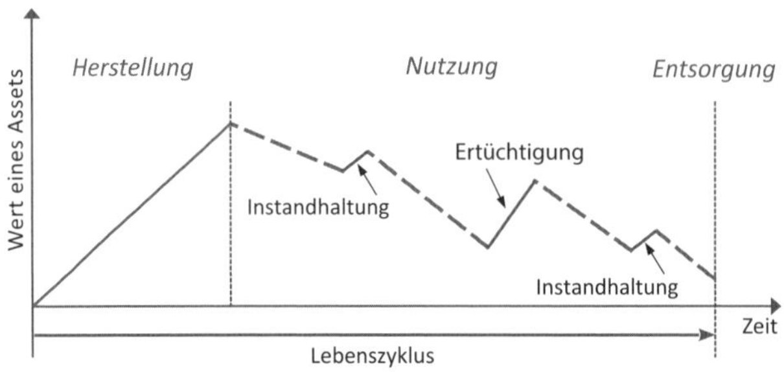

Bild 2.9 Werteverlauf technischer Assets über den Lebenszyklus (nach [18])

Die Darstellung der Assets erfolgt im RAMI 4.0-Architekturmodell auf der untersten horizontalen Ebene. Auf den Achsen dieser Ebene werden die Assets nach *Kategorien* und weiterführend in *Typen* und *Instanzen* geordnet dargestellt. Diese Zuordnung behält ein Asset über den gesamten Lebenszyklus (Bild 2.10).

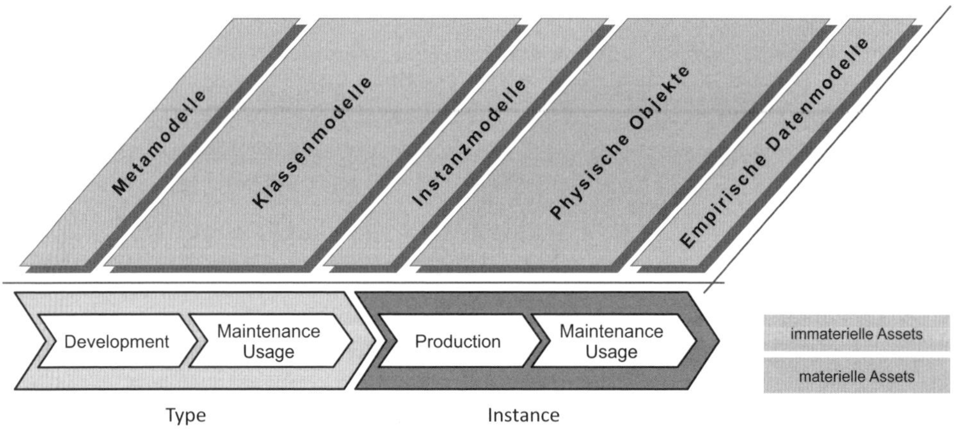

Bild 2.10 Asset-Kategorien innerhalb des RAMI 4.0-Modells (nach [18])

Anders ist es dagegen, wenn man ein Asset nach seiner *Rolle* in einem technischen System betrachtet. Dabei wird in zwei unterschiedliche Rollen unterschieden, je nachdem ob das Asset selbst Teil des technischen Systems ist oder dieses als Nutzer für eine Zustandsänderung an sich verwendet. Diese Betrachtung ist insofern von Bedeutung, als dass jedes technische System zunächst selbst ein Produkt ist und als solches behandelt werden muss.

Im RAMI 4.0-Modell werden die Assets entsprechend ihrer aktuellen Rollen eingeordnet (Bild 2.11). Dies erfolgt durch eine Zweiteilung. Der erste Teil enthält Assets in ihrer Rolle als *Nutzer* bzw. *Produkt*, der zweite Teil repräsentiert Assets in ihrer Rolle als *Einrichtungsgegenstände des technischen Systems*, wo sie auch verfeinert dargestellt werden [18]. Somit kann ein Asset in allen technischen Systemen umfassend als eine I4.0-Komponente verwaltet werden.

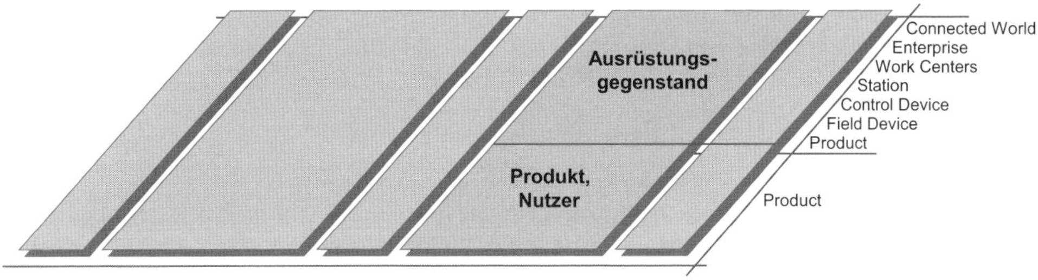

Bild 2.11 Rollenspezifische Einordnung von Assets im RAMI 4.0-Modell (nach [18])

Diese Sichtweise lässt sich am Beispiel eines *Walzwerkzeuges* als Bestandteil einer *Profilwalzmaschine* sehr gut erläutern, wenn in einem Produktionsbetrieb sowohl die Herstellung der Maschinen als auch die Fertigung und Wiederaufbereitung der Walzwerkzeuge erfolgt. In der Herstellungsphase des Walzwerkzeuges besitzt es wie die zugehörige Maschine die Rolle als *Produkt*. In der Phase der Nutzung werden beide zum *Ausrüstungsgegenstand*. Wird zu einem späteren Zeitpunkt das Werkzeug zur Aufarbeitung wieder an den Hersteller geschickt, wird es wieder ein *Produkt*. Erfolgt dies jedoch in der eigenen Werkstatt des Betreibers, bleibt es ein *Ausrüstungsgegenstand*. In beiden Rollen befindet sich das Werkzeug in der *Ertüchtigungsphase*, womit seine Position im Lebenszyklus klar definiert bleibt. Dagegen bleibt das individuelle Fotobuch über den gesamten Lebenszyklus in der Rolle eines Produktes.

Betrachten wir nun im folgenden Abschnitt die Abbildung der Assets in der Informationswelt.

2.2.4.3 Assets in der Informationswelt

Im RAMI 4.0 sind die physischen Assets vollständig auf der untersten Ebene eingeordnet. Alle Ebenen darüber sind der *Informationswelt* zuzuordnen. Im weiteren Verlauf werden wir uns auf die Betrachtung der nächstfolgenden drei Ebenen beschränken, die in [18] wie folgt erläutert werden:

- Die **Integrationsebene** beschreibt die verschiedenen Sichten auf die Assets in der Basisebene.
- Die **Kommunikationsebene** beschreibt die Kommunikationsbeziehungen zwischen den physischen Trägern und der Informationswelt sowie zwischen den Objekten der Informationswelt selbst. Dazu gehören beispielsweise alle Protokolle und Formate.
- Die **Informationsebene** umfasst alle Aspekte, die das Speichern, den Austausch oder das Verarbeiten von Informationen betreffen. Ein Beispiel dafür wäre die Kommunikation über einen RFID-Code oder im Falle einer kommunikationsfähigen Komponente über einen Server.

Für die Verwaltung der Assets in der Informationswelt ist zunächst die Tatsache von Bedeutung, dass deren Existenz und Identität so lange unbekannt ist, bis diese bekannt gegeben sind. Über Inhalt und Umfang, den für die Verwaltung erforderlichen *Bekanntheits-*

grad, wird im Systemdesign des konkreten technischen Systems entschieden. Für Assets werden in der *Integrationsebene* des RAMI 4.0 folgende Bekanntheitsgrade spezifiziert:

- **Nicht bekannt**

  Das Asset ist generell in der Informationswelt unbekannt.

- **Anonym bekannt**

  Der Informationswelt ist nur bekannt, dass ein Asset an einem bestimmten Platz existiert. Dem System sind zu diesem Asset keine Eigenschaften bekannt, aber es kann das Vorhandensein eines oder mehrerer dieser Gegenstände an einem bestimmten Ort abbilden.

- **Individuell bekannt**

  Das Asset besitzt einen eindeutigen, in der Informationswelt bekannten Namen und besitzt Eigenschaften. Es verfügt über ein geeignetes Verfahren, z. B. einen QR-Code oder einen RFID-Chip, mit dem es in der physischen Welt identifizierbar ist. Es kann auch durch eine geeignete Verfolgungsstrategie oder die Analyse charakteristischer physischer Eigenschaften identifizierbar sein. Voraussetzung ist, dass das Asset in der Informationswelt einem Namensobjekt eindeutig zugewiesen werden kann.

- **Als Entität verwaltet**

  Das Asset besitzt in der Informationswelt eigene Objekte zur Verwaltung und Nutzung. In der sogenannten *Verwaltungsschale* werden alle Informationen und Funktionen für die Verfolgung, den Lebenszyklus sowie zur operativen Steuerung und Kontrolle des Produktionsprozesses bereitgestellt. Im RAMI 4.0 wird grundsätzlich zwischen dem Asset an sich und seiner Verwaltung unterschieden.

Damit ist nicht die Bedingung fixiert, dass physische Komponenten eines technischen Systems wie Maschinen, Anlagen oder funktionale Module als I4.0-Komponenten aktiv über Kommunikationsschnittstellen in das System eingebunden werden müssen. Sollen sie jedoch in einem I4.0-Umfeld bzw. einer digitalen Fabrik aktiv als I4.0-Komponente kommunizieren, dann erfolgt die direkte Kommunikation mit dem technischen System über eine eigene Verwaltungsschale. Erst wenn ein Asset in der Lage ist zu kommunizieren, kann es als Teil des digitalen IT-Systems I4.0-konform fungieren. Für unseren Klebebinder bedeutet dieser Fakt, dass sowohl der Klebebinder selbst als auch die Leimstation als Entität verwaltet werden müssen und beide über eine jeweils eigene Verwaltungsschale kommunizieren.

Das in einem Klebebinder gefertigte Produkt kann dagegen unterschiedlich behandelt werden. Ist es beispielsweise das mit einem QR-Code ausgestattete individuelle Fotobuch, dann ist es als Produkt *individuell bekannt*. Erreicht es eine Bearbeitungsstation, kann dieser Code ausgelesen werden, und das Produktionssystem kann die erforderlichen Daten entweder anfordern oder sie sind bereits in diesem Code selbst enthalten. Werden in dem Klebebinder dagegen Taschenbücher als Serienprodukte gefertigt, dann ist das einzelne Produkt nur *anonym bekannt*.

Der *Bekanntheitsgrad* und die *Kommunikationsfähigkeit* werden durch die kombinierte *CP-Klasse* (Communication & Presentation) beschrieben (Bild 2.12).

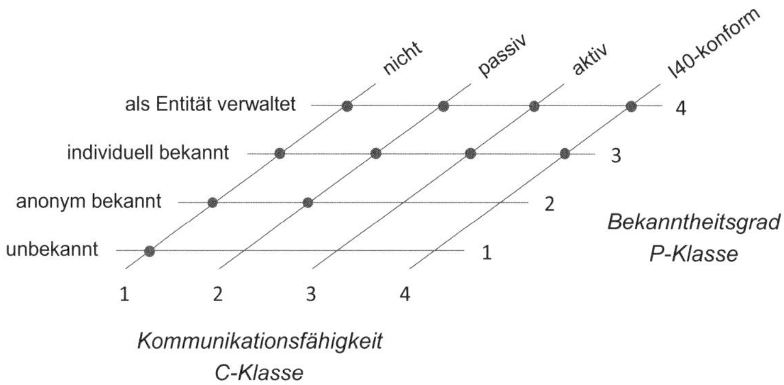

Bild 2.12 Darstellung der CP-Klassifikation (nach [10])

Daraus ist ersichtlich, dass die Klassifizierung eines Assets als CP24-, CP34- oder CP44-Gerät eine strukturelle Voraussetzung für die Teilnahme an einem I4.0-Kommunikationssystem ist. Ein Asset der CP-Klasse 33 wäre beispielsweise ein Feldgerät, welches nur die Aufgabe hat, Daten aufzunehmen und zur Verfügung zu stellen oder um eine Steuerungsaufgabe zu erfüllen.

Unter Berücksichtigung dieser Betrachtung kann jede Maschine und jedes autonome Modul als ein I4.0-konformes Objekt im digitalen Umfeld arbeiten. Wenn der Klebebinder in der Produktion von individuellen Fotobüchern eingesetzt wird, muss er beispielsweise die CP-Klasse 44 erfüllen und via OPC UA mit den beteiligten Produktionseinheiten sowie einem ERP-System[13] über seine dazu integrierte Verwaltungsschale kommunizieren. Das Fotobuch selbst hätte CP23, wenn es über einen QR-Code oder RFID-Chip verfügt, aus denen die Produktionseinheiten die erforderlichen technologischen Parameter lesen können. Der Sensor zur Erfassung von Daten für das Condition Monitoring hätte CP33, wenn er via OPC UA die Daten in eine Cloud sendet.

2.2.4.4 Die Verwaltungsschale

Aus den bisherigen Definitionen wird ersichtlich, dass die *Verwaltungsschale* ein zentraler Bestandteil zur virtuellen und aktiven Repräsentanz einer I4.0-Komponente darstellt [18]. Im Statusreport *Struktur der Verwaltungsschale - Fortentwicklung des Referenzmodells für die Industrie 4.0-Komponente* [10] wird neben den allgemeinen Anforderungen an eine Verwaltungsschale aus den Vorgaben der *digitalen Fabrik* insbesondere deren Struktur und Aufbau umfassend beschrieben. In den folgenden Ausführungen wollen wir nur die, für die Maschinen- und Anlagenautomatisierung relevanten, Merkmale der Verwaltungsschale aufgreifen.

[13] Ein ERP-System (*Enterprise Resource Planning*) dient der Steuerung von Geschäftsprozessen. Dazu gehören betriebliche Ressourcen wie Kapital, Personal oder Produktionsmittel.

Definition der Verwaltungsschale

In Bild 2.13 sind die grundsätzlichen Eigenschaften und Bestandteile der Verwaltungsschale symbolisch dargestellt.

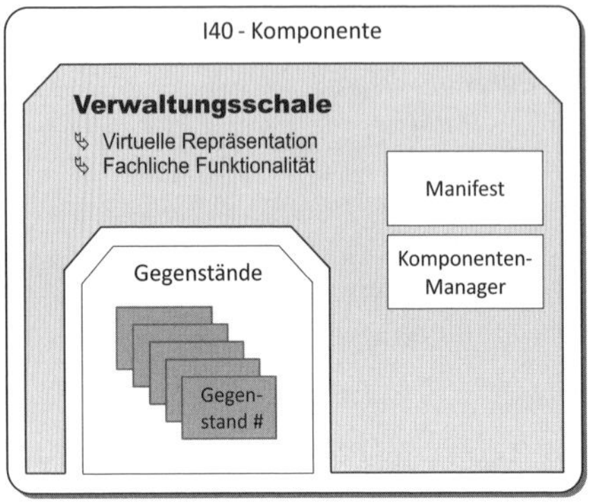

Bild 2.13 I4.0-Komponente mit einer Verwaltungsschale für Gegenstände (nach [10])

In ihrer Funktion als *zentrales Element einer I4.0-Komponente* enthält die Verwaltungsschale alle Informationen für ihre *virtuelle Repräsentanz* und die *fachliche Funktionalität.*

Das *Manifest* fungiert als ein Verzeichnis der einzelnen Dateninhalte zur *virtuellen Repräsentation*[14]. Es enthält außerdem verpflichtende Angaben zu der I4.0-Komponente, u. a. zur Verbindung mit den Gegenständen durch eine entsprechende Identifikationsmöglichkeit und mit den Mechanismen zur Datensicherheit (Security).

Der *Komponenten-Manager* stellt die Verbindung zu den IT-technischen Diensten der I4.0-Komponente dar, mit denen von außen auf die *virtuelle Repräsentation* und *fachliche Funktionalität* zugegriffen werden kann. Der Komponenten-Manager kann somit eine Service-orientierte-Architektur (SOA) anbinden.

Die Verwaltungsschale enthält einen *Body* und einen *Header* und kann sich auf ein oder mehrere Gegenstände beziehen. Während der Body Informationen zum jeweiligen Gegenstand enthält, sind es beim Header Informationen über dessen Verwendung.

Jeder Gegenstand besitzt wie die Verwaltungsschale selbst eine eindeutige ID[15].

Die Identifikation der Verwaltungsschale im und deren Kommunikation mit dem übergeordneten technischen System erfolgt über eine eindeutige und standardisierte *Semantik*[16].

---

[14] Siehe die Bemerkungen zur Bedeutung des *Manifestes* in Abschn. 2.2.3, wobei hier unabhängig davon der Inhalt aus dem aktuellen Statusreport „Struktur der Verwaltungsschale" [10] wiedergegeben werden soll, ohne die zukünftigen Entwicklungen aus dem Auge zu verlieren.

[15] Vgl. *Primärschlüssel*, Abschn. 2.2.1.

[16] Das Thema *Semantik* wird in [10] und [15] ausführlich thematisiert und ist in [17] als weiterer Forschungsbedarf eingeordnet. Bereits existierende semantische Beschreibungen sind in [35] zu finden.

Die Verwaltungsschale der I4.0-Komponente kann physisch in einer zentralen IT oder direkt im technischen Gerät verortet sein.[17]

Struktur der Verwaltungsschale

Die Struktur der Verwaltungsschale basiert auf etablierten Konzepten der Automatisierungs- und der Informationstechnik, wie sie für unterschiedliche Branchen bereits als Standards existieren und verwendet werden. Um ihrer Rolle gerecht zu werden, nimmt die Verwaltungsschale Daten und Funktionen zu den verschiedensten Anwendungsszenarien auf und stellt diese dem umgebenden technischen System zur Verfügung.

Um den unterschiedlichen Anforderungen aus Umgebung und Lebenszyklen gerecht zu werden, erfolgt die Zuordnung der *Merkmale* des verwalteten *Gerätes*[18] in *Sichten*[19]. Somit können auf eine bestimmte Sicht referenzierte Dienstanforderungen nur die Daten und Funktionen nutzen, die der jeweiligen Sicht zugeordnet sind, was wiederum dem Prinzip der *Kapselung*[20] entspricht. Welches Merkmal genau welcher Sicht zugeordnet wird, unterliegt der Designentscheidung für die spezielle Komponente, und es kann ein Merkmal in mehreren Sichten vorkommen. Andererseits muss jedes Merkmal, das für die I4.0-Umgebung relevant ist, mindestens einer Sicht zugeordnet sein. In der Tabelle 2.2 sind definierte *Basis-Sichten* aufgeführt, die in [10] festgelegt wurden, die aber bei Bedarf durch weitere Zusatzsichten ergänzt werden können.

---

[17] Es ist geplant, eine Verwaltungsschale auf Chipebene zu integrieren. Damit können auch Feldgeräte direkt als I4.0-Komponenten interagieren und die einfache Integration in die etablierten Steuerungssysteme stellt keine unüberwindbare Hürde dar.

[18] Vgl. Entitäten und deren Eigenschaften, Abschn. 2.2.1.

[19] Vgl. Bilanzräume, Abschn. 2.1.1.

[20] Vgl. Moduleigenschaft Kapselung, Abschn. 2.1.1.

Tabelle 2.2 Übersicht der definierten Basis-Sichten für die Verwaltungsschale (nach [10])

Basis-Sicht	Inhalt	Beispiele
Geschäftlich	Daten und Funktionen , welche die geschäftliche Eignung und Leistung einer Komponente zu den Lebenszyklusphasen Beschaffung, Konstruktion, Betrieb und Verwertung erlauben	Preise, Lieferbedingungen, Bestellcodes
Konstruktiv	Merkmale, die für den konstruktiven Einsatz der Komponente relevant sind, also für die Auswahl und Strukturbildung gemäß der Struktur-Klassifikation nach EN 81346. Enthält eine modulare Sicht auf Teil-Komponenten bzw. eine Geräte-Struktur. Erlaubt eine Automatisierungssicht mit Ein- und Ausgängen verschiedener Signaltypen	Merkmale zu physischen Dimensionen, Eingangs-, Verarbeitungs- und Ausgangsgrößen der Komponente
Leistung	Leistungs- und Verhaltensmerkmale, um eine summarische Beurteilung und Virtuelle Inbetriebnahme eines Gesamtsystems zuzulassen	Durchsatz, Material- und Energieverbrauch,
Funktional	Aussagen zur Funktion nach EN 81346 und zur Funktion der Teil-Komponenten. Hier erfolgt auch eine Verortung der Einzelfunktionen der Fachlichen Funktionalität	Auslegungs-, Inbetriebnahme-, Berechnungs- oder Diagnose-funktionen der Komponente.
Örtlich	Aussagen zu Positionen und örtlichen Zusammenhängen der Komponente oder ihrer Teile bzw. Ein- und Ausgängen	Platzierung im Materialfluss, Montagebedingungen
Security	Kann ein Merkmal als security-relevant kennzeichnen. Merkmale mit Bezug auf die Maschinensicherheit (Safety)	User-Daten Sicherheitsfunktionen
Netzwerk	Macht Aussagen zu der elektrischen, fluidischen, materialfluss-technischen und logischen Vernetzung der Komponente	Medienversorgung, IT-Netzwerk,
Lebenszyklus	Daten zum aktuellen Zustand und der historischen Verwendung im Lebenszyklus der Komponente	Zuordnung zur Produktion, Wartungsprotokolle, Verwendungszwecke
Mensch	Merkmale, Daten und Funktionen aus allen Sichten so aufbereitet, dass der Mensch einzelne Elemente verstehen, Zusammenhänge begreifen und Kausalketten beherrschen kann	Mensch-Maschine-Kommunikation (HMI)

Diese Basis-Merkmale werden durch *Pflichtmerkmale* ergänzt, die für die Teilmodelle der Verwaltungsschale verpflichtend und standardisiert sind [10]. Zusätzlich können noch *optionale Merkmale* existieren, die standardisiert, aber nicht verpflichtend sind. Schließlich sind noch *freie Merkmale* möglich, die z. B. herstellerspezifische Informationen enthalten[21].

Zusammenfassend lässt sich die Grobstruktur der Verwaltungsschale wie folgt beschreiben[22]:

- Im *Body* befindet sich der *Komponenten-Manager*, welcher einzelne *Teilmodelle* innerhalb der Verwaltungsschale verwaltet. Jedes Teilmodell verfügt über hierarchisch organisierte Merkmale, welche auf *individuelle Daten und Funktionen* referenzieren.
- Die Gesamtheit aller Teilmodelle bildet das *Manifest* als eindeutig aufzufindendes Inhaltsverzeichnis aller Daten und Funktionen ab. Die jeweiligen Merkmalsstrukturen liegen in einem strengen, einheitlichen Format[23] vor.

---

21 Siehe auch weitere ausführliche Beschreibungen zu den Merkmalen in [10].

22 Vgl. Bild und Text zu „Grobstruktur der Verwaltungsschale" in [10].

23 Empfohlen wird ein Aufbau gem. IEC 61360 [10].

- Die Verwaltungsschale kann *Laufzeit-Daten* des Gegenstandes aufnehmen und abbilden.
- Die Informationsmengen werden nach außen mittels *Sichten* dargestellt.
- Ein *I4.0-konformes, serviceorientiertes API* (Application Programmers Interface) stellt die Dienste des Komponenten-Managers nach außen zur Verfügung.
- Die Verwaltungsschale besitzt genau einen *Komponenten-Manager*[24]. Er kann auf jedem Knoten im Netzwerk oder auch, sofern es die Informationsspeicher- und -verarbeitungskapazität eines physischen Assets erlauben, auf diesem Asset selbst realisiert werden. Integrierte Komponenten-Manager ermöglichen die Selbstverwaltung und bilden die Grundlage für CPS- und IoT-Konzepte[25].

2.2.4.5 Interaktion von I4.0-Komponenten

In den vorangegangenen Abschnitten wurde mehrfach auf die *Dienstorientierung* als Grundprinzip der Interaktion von I4.0-Komponenten verwiesen[26]. In Bild 2.14 ist dargestellt, wie I4.0-konforme technische Geräte ausschließlich über ihre Verwaltungsschale interagieren.

Dabei muss sichergestellt sein, dass die ausgetauschten Informationen den jeweiligen Anforderungen der IT-Security entsprechen. Außerdem kann der Austausch operativer Daten, wie beispielsweise die Position des Werkzeuges eines Roboters oder ein positionssynchrones Signal für die Bilderkennung, in Echtzeit erforderlich sein, und es können auch Informationen zur Maschinensicherheit gehören, deren dienstorientierter Austausch zusätzliche Anforderungen an das Engineering und die sicherheitstechnischen Zulassungen generiert.

Es gehört daher zur Designentscheidung eines Assets oder auch der Struktur einer aus mehreren Assets bestehenden Produktionseinheit, welche Komponenten als I4.0-konforme Entität in die digitale Produktion direkt oder als Teilmodell innerhalb einer Verwaltungsschale eingebunden werden.

Die I4.0-konforme Interaktion bietet jedoch die Möglichkeit, mittels Dienstzugriffen auf die fachlichen Funktionalitäten von technischen Geräten zugreifen zu können und leistet damit einen wichtigen Beitrag zur branchenneutralen Kompatibilität für den Datenaustausch[27].

---

[24] Der *Komponenten-Manager* wird in verschiedenen Quellen auch als *Ressourcen-Manager* oder -*Verwalter* bezeichnet, obwohl stets die gleiche Funktionalität vorausgesetzt wird.

[25] Diese Implementierungsdetails werden nicht von I4.0 vorgegeben und können von Fall zu Fall variieren.

[26] Vgl. Botschaften und Dienste, Abschn. 2.2.3.

[27] Vgl. Kompatibilität, Abschn. 2.1.4.

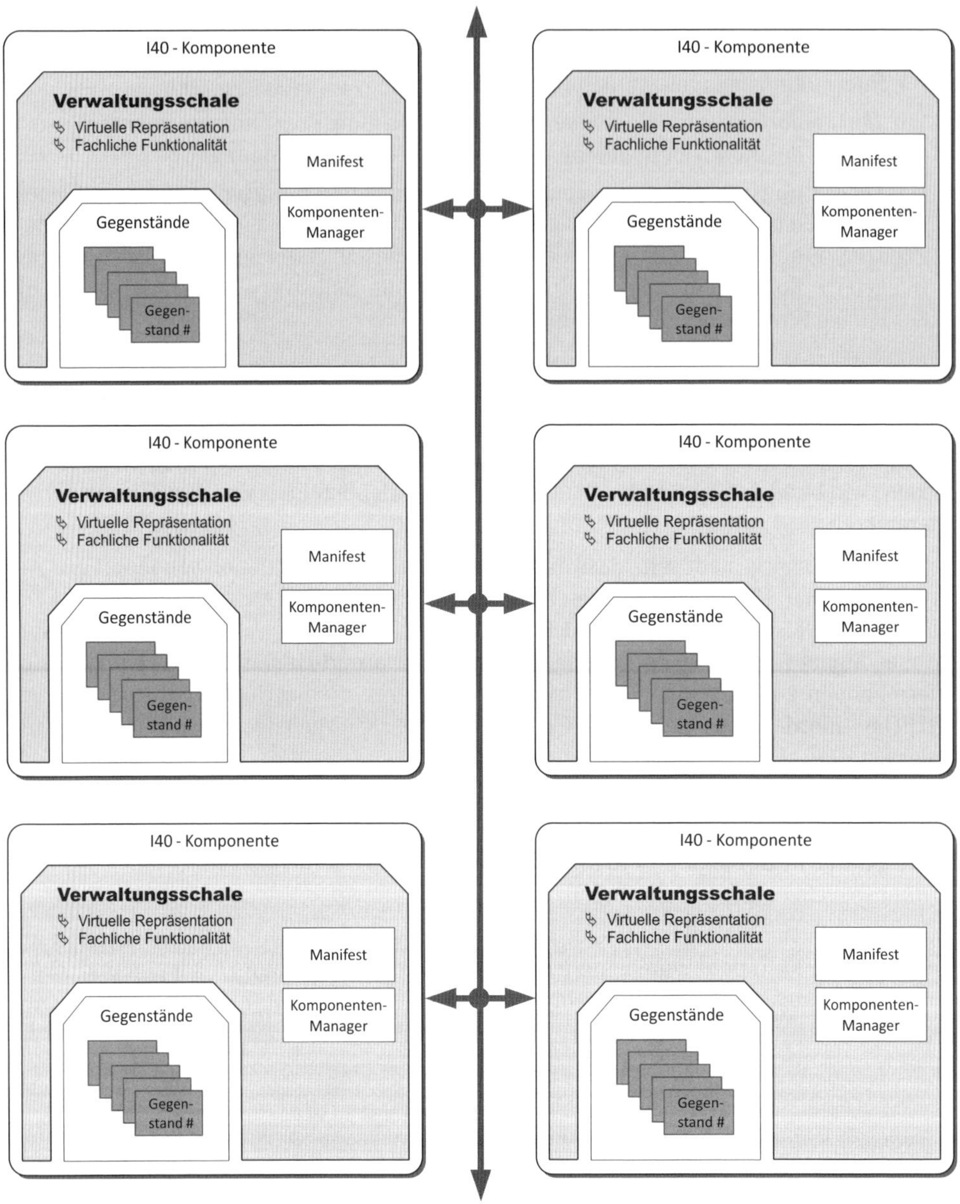

Bild 2.14 I4.0-konforme Kommunikation über die Verwaltungsschale (nach [10])

Die Entwicklung eines Modells zur Interaktion von I4.0-Komponenten wird in *Weiterentwicklung des Interaktionsmodells für Industrie 4.0-Komponenten* [11] ausführlich behandelt und ist weiterhin in *der Forschungsagenda Industrie 40* [17]. enthalten. Dabei zeichnet sich bereits zum gegenwärtigen Stand ab, dass dienstorientierte Protokolle wie OPC UA [20], der Kommunikationsstandard *PackML* [21] sowie Datentypen der *OOP* (JSON oder rdf-Formate) die Basis für ein standardisiertes Interaktionsmodell bilden werden. Mit der Verfügbarkeit und Verbreitung von OPC UA TSN wird auch eine für viele Produktionsprozesse ausreichende Echtzeitfähigkeit der Interaktion inklusive sicherheitsrelevanter Applikationen möglich sein [22], [23].

In [11] ist noch eine weitere Aufgabe der Verwaltungsschale definiert. Sie betrifft das Prozedere zur Verwaltung von Diensten auf der Basis von *Angebot und Nachfrage*[28]. Darunter ist zu verstehen, dass ein Asset einen Dienstanbieter zunächst anfragt, ob die Nutzung eines erforderlichen und von ihm angebotenen Dienstes technisch und organisatorisch möglich ist. Es wird daher zuvor eine Dienstnutzung verhandelt. Bild 2.15 zeigt schematisch diesen Vorgang auf Basis der Produktionsebene. Dabei fragt das Produkt über einen Prozessoperator im dargestellten Fall bei der I4.0-Komponente Bohrmaschine an, ob seine Bearbeitung mit den entsprechenden Merkmalen möglich ist. Ist das der Fall, wird der Operator die Ressource zuweisen und ggf. andere Komponenten darüber informieren bzw. weitere Dienste, z. B. einen Transportauftrag, verhandeln.

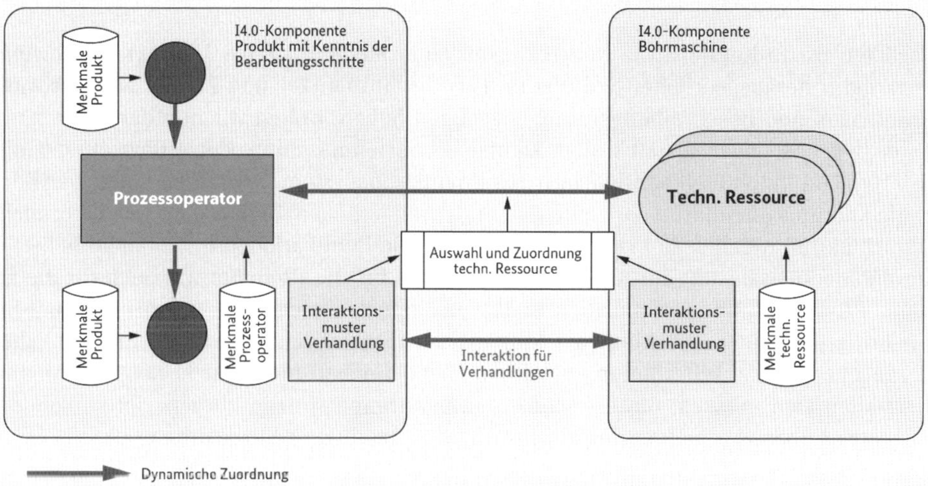

Bild 2.15 I4.0-Komponenten legen durch Verhandlung die Zuordnung von Prozessoperator und technischer Ressource fest (nach [11])

Projizieren wir diese Handlungsweise auf den *Klebebinder*, dann könnte das Transportsystem nach der Übergabe des Buchblockes aus der Zusammentragmaschine und Identifikation via QR-Code beim Prozessoperator (z. B. einem ERP-System) nachfragen, zu welcher nächsten Station es den Buchblock transportieren soll. In diesem Beispiel besitzt das ERP-System als übergeordnete I4.0-Komponente die Kenntnis der Bearbeitungsschritte und wird mit einem der vorhandenen Klebebinder in Verhandlung treten. Möglicherweise antwortet dieser mit der Information, dass sich die für den technologisch erforderlichen Bearbeitungsschritt notwendige Variante der Leimstation in einer Dockingposition befindet, und diese teilt mit, dass sie erst in 10 Minuten betriebsbereit sein kann. Wäre dies der

[28] Der Punkt der Selbstorganisation von Produktionssystemen auf der Basis von Angebot und Nachfrage ist gegenwärtig noch Forschungsstand. Auch darin gehen die Meinungen innerhalb der I4.0-Gremien etwas auseinander.

Fall, könnte das ERP-System den betreffenden Buchblock in eine Parkposition schicken und warten, bis der Klebebinder mit einer betriebsbereiten Leimstation umgerüstet wurde. Außerdem könnte das ERP-System aus seiner Auftragswarteschlange ermitteln, ob noch weitere Produkte mit dem gleichen Verfahren zu bearbeiten sind und zu einem späteren Zeitpunkt alle nacheinander zu diesem Klebebinder führen, um somit die Umrüstzeit zu minimieren.

Bevor wir die vorangestellten Definitionen und Aspekte an Beispielen weiter vertiefend erläutern wollen, soll noch gezeigt werden, welche Methoden zur Modularisierung von Maschinen und Anlagen für die praktische Arbeit geeignet erscheinen. Viele der vorangestellten Aspekte müssen auch an dieser Stelle Berücksichtigung finden.

2.3 Methoden der Modularisierung

Nachdem wir in Kapitel 1 die Notwendigkeit einer *modularisierten Maschinen- und Anlagenstruktur* herausgearbeitet und uns in den Abschnitten 2.1 und 2.2 die erforderlichen Grundlagen und Beschreibungsmittel angeeignet haben, wollen wir nun der Frage nachgehen, wie aus – oder anstatt – einer komplexen Serienmaschine oder Anlage ein modularisiertes und individuell konfigurierbares Produktionssystem[29] entstehen kann. Der Blick in die Literatur offenbart dazu vielfältige Entwurfsmethoden, je nachdem welche Branche betrachtet und welches Ziel verfolgt wird. Sehr viele Publikationen und Standards betreffen die Modularisierung im Automobilbau, sowohl für die Produkte wie auch für die gesamte Produktion und Organisation in dessen Umfeld. Gleiches gilt für das Software-Engineering, denn die Entwicklung objektorientierter Strukturen bedarf hier einer ähnlichen Herangehensweise. Wir können aus diesen Fachbereichen nicht nur lernen, wie Module beschaffen sein müssen, um als solche den erwarteten Nutzen zu generieren, sondern auch etwas über das Engineering zur Entwicklung modularer Strukturen erfahren.

Besonders interessant sind diverse Veröffentlichungen des *TCW Transfer-Centrum für Produktions-Logistik und Technologie-Management GmbH & Co. KG, München* sowie der *ITQ-GmbH Garching* und die folgenden ausgewählten Quellen:

- *Modularisierung in Organisation, Produkten, Produktion und Service* [1]

  Grundlegende Aussagen zu Strategien der Modularisierung mit dem Schwerpunkt Automobilbau[30]
- *Konzept zur funktionsorientierten systematischen Wiederverwendung im Engineering automatisierter Anlagen der Prozessindustrie* [24]

  Engineering automatisierter Anlagen auf der Basis wiederverwendbarer Einheiten
- *Namur-Empfehlung 148: Anforderungen an die Automatisierungstechnik durch die Modularisierung verfahrenstechnischer Anlagen* [5]

---

29 Sofern nicht explizite Gründe für eine Unterscheidung bestehen, wollen wir im weiteren Verlauf den Begriff „Produktionssystem“ für „Maschine oder Anlage“ verwenden.

30 Interessant ist in diesem Werk der Begriff „Modularisierung 4.0“. Die Autoren versichern, dass sie diesen erst nach der Festlegung des eigenen Buchtitels im Rahmen der Recherche entdeckt haben. Tatsächlich harmoniert dessen Betrachtungsweise ganz hervorragend mit dem Anliegen von „Automatisierung 4.0“.

Empfehlungen für den modularen Anlagenbau mit dem Schwerpunkt Automatisierungstechnik

- *Lehr- und Übungsbuch der Informatik, Band 3* [14]

  Die beschriebenen Techniken zur Entwicklung qualitativ hochwertiger Software wie z. B. die Objektorientierte Analyse (OOA), der Objektorientierte Entwurf (OOE) und das Objektorientierte Design (OOD) sind nicht nur sehr geeignet zum Software-Engineering, sondern können auch als Vorbild für die Modularisierung im Allgemeinen betrachtet werden.

Wir wollen dieses Wissen anwenden und uns in den weiteren Betrachtungen zur Modularisierung auf die Aspekte der Automatisierung eines modularisierten Produktionssystems beschränken. Daher werden an dieser Stelle keine Betrachtungen zur monetären Bewertung von Modulkonzepten angestellt, die aber – und das sei ausdrücklich betont – zu einem kompletten Modularisierungsprozess zwingend dazugehören. Gleiches gilt für die begleitende Organisation von Produktion und Service. Der folgende Abschnitt kann daher nur einen kleinen Ausschnitt der Problematik darstellen.

2.3.1 Etablierte Entwurfsmethoden

Soll ein modular strukturiertes Gebilde entstehen, so besteht die Hauptaufgabe darin, die Gesamtheit der Anforderungen an ein System schrittweise zu analysieren. Dabei wird in zwei wesentliche Methoden, die *Top-down-* und die *Bottom-up-Methode*, unterschieden.

Bei der *Top-down-Methode* erfolgt in der sogenannten schrittweisen Dekomposition die hierarchische Aufteilung eines Gesamtsystems in seine einzelnen Bestandteile. Dazu werden innerhalb der komplexen Struktur immer kleinere Bilanzräume definiert, bis sogenannte *atomare Teilsysteme* entstehen, die nicht mehr sinnvoll zerlegt werden können. Man kommt somit von einer Gesamtstruktur zu den Details. Im Ergebnis liegt ein Modell des modularen Gesamtsystems vor, indem Module mit ihren Funktionen, Schnittstellen und Assoziationen enthalten sind.

Die *Bottom-up-Methode* beginnt dagegen im Detail, indem zuerst die Teilelemente mit ihren Wechselwirkungen und Methoden definiert werden und daraus schrittweise das Gesamtsystem entsteht. Die Gefahr bei dieser Methode besteht darin, dass die Gesamtstruktur erst nach und nach entsteht und Erkenntnisse, die erst in einer späten Phase erlangt werden, iterationsweise in bereits bestehende Moduldefinitionen eingearbeitet werden müssen. Aus diesem Grund ist diese sogenannte schrittweise Aggregation nur dann sinnvoll, wenn bereits Teilelemente bestehen und wiederverwendet oder bestehende Gesamtkonzepte erweitert werden sollen.

In der Praxis haben beide Methoden ihre Berechtigung, wobei die *Top-down-Methode* für die Erstanalyse bestehender Systeme sicher am besten geeignet erscheint, denn das Verfahren basiert auf der Erkenntnis, dass der Mensch nicht mehr als sieben bis neun Probleme gleichzeitig aufnehmen kann. Außerdem erscheint ein großes zusammenhängendes Problem dem Menschen größer als die Summe der Komplexitäten seiner Einzelteile. Mit dem Prinzip „teile und herrsche" lässt sich dies jedoch bewältigen, indem durch die sukzessive Zerlegung des Großen immer kleinere, überschaubarere Teilaufgaben entstehen, die schließlich problemlos lösbar sind [13].

Dabei ist, wie bereits im Abschnitt 2.1.1 beschrieben, die *Definition der Bilanzräume* die wichtigste Aufgabe. Nach welchen Kriterien dies erfolgt, hängt allein davon ab, welche Art von System in eine modulare Struktur überführt und mit welcher Zielstellung dies erfolgen soll. Besteht z.B. das Ziel darin, eine recht voluminöse Maschine in geeignete Transporteinheiten zu gliedern, werden wahrscheinlich *konstruktive* Kriterien im Vordergrund stehen. Soll dagegen eine individualisierte Serienmaschine entstehen, werden das eher die *funktionalen* Argumente sein. Grundsätzlich ist jedoch von der Tatsache auszugehen, dass ein Modul sowohl über die konstruktiven als auch über die verfahrenstechnischen Funktionen definiert werden muss. Daher steht am Anfang jeder Modularisierung die Gewerke übergreifende Analyse des Ist- und die Definition des Sollzustandes, deren Ergebnisse in den folgenden Modellen[31] dargestellt werden und so direkt in ein *Lastenheft*[32] einfließen können.

Aus dieser Analyse entstehen in Anlehnung an die Modellierungssprache *Unified Modeling Language (UML)*[33] folgende Ansätze:

- **Funktionsdiagramm**
  Ermittlung der notwendigen sowie der zu erwartenden Funktionen und Darstellung ihres Ablaufes für die Bearbeitung des betrachteten Produktes bzw. Produkttyps
- **Klassendiagramm**
  Übersicht, der im System erkannten Objekttypen, deren äußeren Funktionalitäten und logische Beziehungen zueinander
- **Zustandsdiagramm**
  Darstellung des dynamischen Verhaltens eines Objekttyps[34]
- **Interaktionsdiagramm**
  Darstellung der Interaktion der Objekttypen untereinander sowie des Gesamtsystems zur Umgebung
- **Moduldiagramm**
  Darstellung der physischen Verteilung der einzelnen Objekttypen

Im folgenden Abschnitt wollen wir die einzelnen Arbeitsschritte genauer betrachten.

2.3.2 Zielanalyse der Anforderungen

Ein altes Sprichwort lautet „Aller Anfang ist schwer." Das gilt ganz sicher auch für den Entwurf eines jeden technischen Gerätes und erst recht für den Entwurf eines individuell konfigurierbaren Produktionssystems. Doch in diesem Fall gibt es einen überaus logischen Startpunkt – die Sicht auf das zu bearbeitende oder das entstehende *Produkt*[35]. Dem liegt

---

[31] In Anlehnung an die Methode von Booch [30].

[32] Siehe Kapitel 3.

[33] UML ist in der Norm ISO/IEC 19505 spezifiziert und dient standardmäßig als Beschreibungsmittel für die Software-Modellierung.

[34] Vgl. Abschn. 2.1.3.

[35] Weil auch das Produktionssystem ein Produkt ist, werden wir zur besseren Unterscheidung bei Bedarf den Begriff „Endprodukt" verwenden und meinen damit das in dem Produktionssystem zu fertigende Produkt.

die Erkenntnis zugrunde, dass alle denkbaren Produktionssysteme nur einen einzigen Zweck erfüllen, nämlich etwas zu produzieren. Ganz gleich ob Maschine, Anlage, Kraftwerk oder Backofen - in allen werden Produkte hergestellt. Im Klebebinder entsteht ein Buch, die Raffinerie verarbeitet Rohöl zu Treibstoff, das Kraftwerk erzeugt elektrische Energie, und in einem Ofen wird Brot gebacken. Was liegt also näher, als mit dem Blick auf das betreffende Produkt zu beginnen?

In den nachfolgenden Abschnitten wollen wir einige der wichtigsten Kriterien mit ihrer Relevanz für die gesamte Konstruktion und explizit für die Automatisierung darstellen, anhand derer die ersten und grundsätzlichen Anforderungen an das zu entwickelnde Produktionssystem ermittelt werden können.

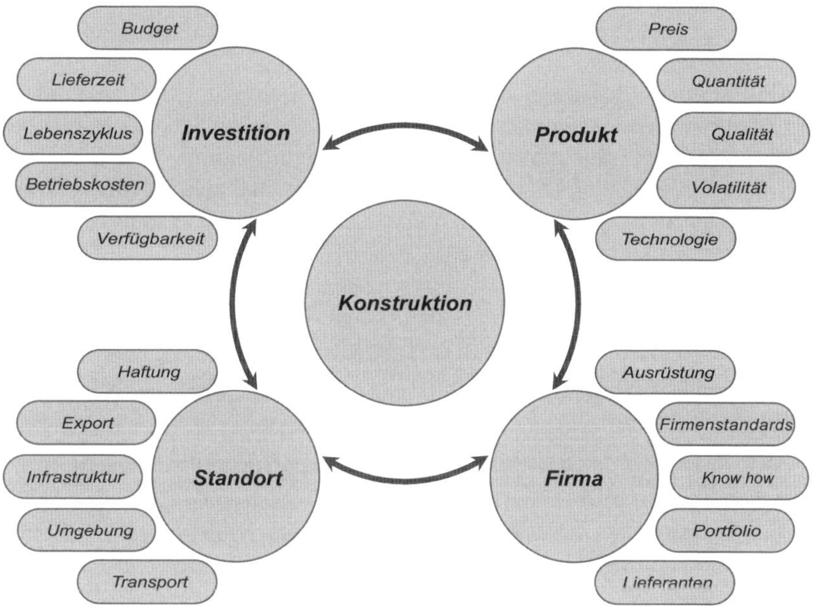

Bild 2.16 Übersicht der Anforderungen für das Lastenheft der Konstruktion

In der Übersicht aus Bild 2.16 wird sofort ersichtlich, dass die Anforderungsanalyse eine Gewerke übergreifende Teamarbeit ist, wozu Technologen und Konstrukteure genauso gehören wie Mitarbeiter aus Produktmarketing und Vertrieb. Und weil Prioritäten und Zuständigkeiten von Unternehmen zu Unternehmen sowie von Produkt zu Produkt ganz unterschiedlich gesetzt werden können, wird in den nachfolgenden Ausführungen bewusst auf die Zuordnung von Verantwortlichkeiten und die Darstellung einer Rangfolge verzichtet, und es soll auch kein Anspruch auf Vollständigkeit erhoben werden. Wir wollen als Produkt von einem herzustellenden Produktionssystem ausgehen und in jedem Punkt unmittelbar die Konsequenzen für den Konstruktionsprozess und die Gestaltung der Automatisierung aufzeigen (Bilder 2.17, 2.18, 2.19, 2.20).

2.3.2.1 Produktsicht

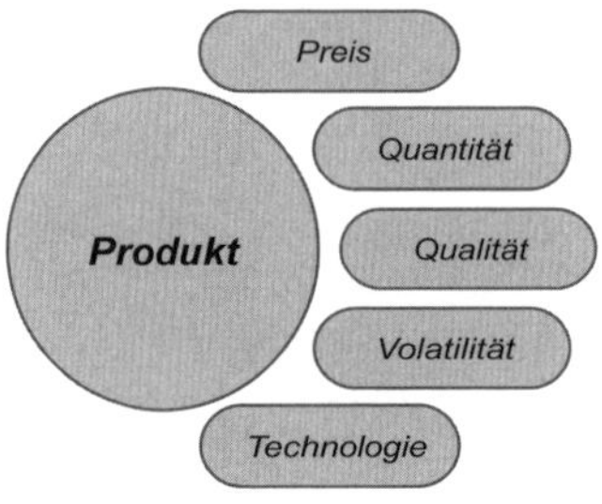

Bild 2.17 Kriterien für die Anforderungsanalyse aus Sicht des Produktes

Zielpreis des Produktes

Sicher ist dieser Punkt eines oder überhaupt der wichtigste, wenn ein beliebiges Produkt auf dem Markt platziert werden soll, denn er besitzt letztendlich eine Schlüsselrolle über alle anderen Aspekte hinweg. Ganz gleich ob die beabsichtigte Qualität, das zu verwendende Material, die erforderliche Technologie oder die zu produzierende Stückzahl pro Zeiteinheit – alle übrigen Entscheidungen leiten sich daraus ab, welcher Marktpreis mit dem Produkt erzielt werden kann oder muss.

Konstruktion

- Preissensibilität im gesamten Entwicklungs- und Herstellungsprozess des Produktionssystems
- Durch Modularisierung und Wiederverwendungsstrategien Investitionskosten reduzieren
- Maximale Effektivität in der Verwendung des Produktionssystems sichern

Automatisierung

- Mechanische Kompetenz in Software verlagern, um Produktionskosten zu reduzieren
- Ausrüstung für automatisierte Umrüstung vorsehen
- Intelligenten Service anbieten

Quantität (Produkte pro Zeiteinheit)

Die zu produzierende Menge pro Zeiteinheit ist für die Rentabilität von Produktionssystemen ein entscheidender Maßstab. Der erwartete Produktausstoß ist maßgeblich für die Auswahl der technologischen Verfahrensschritte, die Materialver- und -entsorgung und viele weitere Aspekte.

Konstruktion

- Zielvorgaben beachten und wenn möglich überbieten
- Hohe Geschwindigkeiten bedeuten auch höhere Beanspruchung der Mechanik

Automatisierung

- Leistungsfähige Steuerungs- und Antriebstechnik
- Höhere Anforderungen an die Gestaltung der Sicherheitstechnik
- Condition Monitoring für hochbelastete Antriebe vorsehen, um unvorhergesehene Stillstände zu vermeiden

Qualitätsmerkmale

Hierbei geht es nicht nur um die Qualität des Produktes im eigentlichen Sinne, sondern auch um dessen Absicherung. Handelt es sich z.B. um Produktionssysteme für die Lebensmittel- oder die Pharmabranche, müssen von Beginn an entsprechende Qualitätssicherungsaspekte in die Designentscheidungen einfließen.

Konstruktion

- Bestmögliche Reproduktionsquote durch geringe Toleranzen ermöglichen

Automatisierung

- Ausrüstung für integrierte Qualitätssicherung vorsehen
- Erreichte Qualitätsdaten sind zu speichern bzw. weiterzugeben

Volatilität (Vielfalt an Varianten)

Wie gestaltet sich der Lebenszyklus des Produktes? Welche Produktvielfalt und Typen sollen auf dem Produktionssystem gefertigt werden können? Handelt es sich um ein immer gleiches Massen- oder ein individuelles Serienprodukt und welche Veränderungen sind zu erwarten? Kommen unterschiedliche Materialien zum Einsatz?

Die Beantwortung dieser Fragen ist ausschlaggebend für die funktionale und konstruktive Gestaltung des Produktionssystems.

Konstruktion

- Hohe Volatilität erzwingt intelligente Umrüstung
- Adaption des Produktionssystems durch Modulkonzept ermöglichen

Automatisierung

- Rezeptsystem und Ausrüstung für automatisierte Umrüstung vorsehen
- Mechanische Modulkonzepte erfordern modulare Automatisierungstechnik
- Ggf. Einbindung in digitale Produktion

Herstellungstechnologie

In dieser Analyse werden alle Aspekte zur Herstellung des Produktes betrachtet. Dazu gehört auch die Erfassung der benötigten Ausgangs- und Hilfsmaterialien, die einzelnen Verfahrensschritte, die Kenntnis und die Behandlung der Abfallprodukte sowie die energetischen Anforderungen wie z.B. die zur Produktion benötigte elektrische Energie, Druckluft oder spezielle Gase. Wenn es sich um individuelle Serienprodukte handelt, müssen u.U. mehrere Technologien implementiert werden.

Konstruktion

- Einsatz neuer Technologien bedeutet zusätzlichen Aufwand im gesamten Lebenszyklus des Produktionssystems (Engineering, Produktion, Training, Service etc.)
- Wenn möglich auf bewährte Technologien und Verfahren zurückgreifen

Automatisierung

- Wenn möglich auf Technologiepakete der Hersteller zurückgreifen
- Einbindung externer Geräte in das Automatisierungssystem (operative Daten, Bedienung, Konfiguration, Diagnose etc.)

2.3.2.2 Investitionssicht

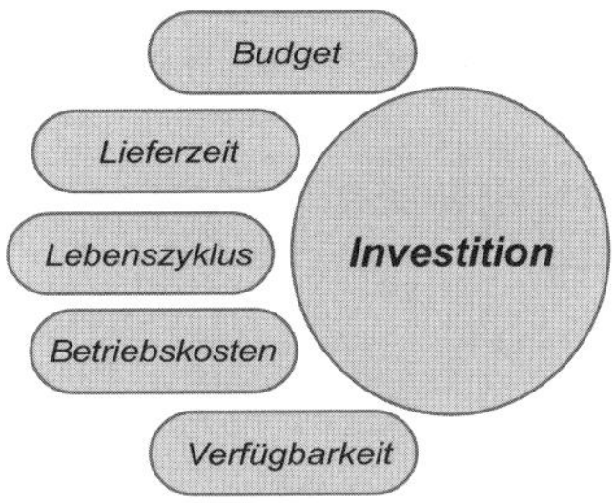

Bild 2.18 Kriterien für die Anforderungsanalyse aus Sicht der Investition

Investitionsbudget

Mitunter werden die Kosten für die Investition eines Produktionssystems schon recht frühzeitig durch die Kunden oder den Markt vorgegeben. Aber auch wenn dem nicht so ist, werden sich am Investitionsbudget die meisten Entscheidungen orientieren. Schließlich ist ein Produktionssystem selbst ein Produkt und unterliegt prinzipiell den gleichen Anforderungen wie das zu fertigende Erzeugnis.

Konstruktion

- Preissensibilität im gesamten Entwicklungs- und Herstellungsprozess des Produktionssystems
- Durch Modularisierung und Wiederverwendungsstrategien Investitionskosten reduzieren

Automatisierung

- Mechanische Kompetenz in Software verlagern, um Produktionskosten zu reduzieren
- Durch zusätzliche Funktionen und ansprechende Bedienkonzepte Mehrwert des Produktionssystems generieren

Lieferzeit und Herstellung der Gebrauchsfähigkeit

Die Zeit von der Auftragserteilung bis zur gebrauchsfertigen Übergabe des Produktionssystems an den Kunden ist ein verbindlicher Bestandteil eines jeden Liefervertrages und ist einzuhalten. Bei Verzögerungen sind häufig Vertragsstrafen fällig, und es leidet nicht nur das Image des Lieferanten, sondern auch seine Marge. Möglichst kurze Lieferzeiten bringen dagegen Imagegewinn und sichern die Effektivität des Herstellers. Zu beachten ist zudem, dass zur Herstellung der Gebrauchsfähigkeit auch Bedien- und Servicepersonal eingewiesen und geschult werden muss.

Konstruktion

- Durch Modularisierung und Wiederverwendungsstrategien die Lieferzeiten reduzieren und planbar machen
- Durch eigene Kompetenz die Abhängigkeit von Lieferanten reduzieren

Automatisierung

- Frühe Simulation und hohe Softwarequalität vermeidet Überraschungen in Produktion und Inbetriebnahme
- Durch Modularisierung und Wiederverwendung von Hard- und Software neue Entwicklungen vermeiden

Lebenszyklus

Ein Produktionssystem unterliegt Alterungsprozessen und Veränderungen. So ist der Wartungs- und Umrüstaufwand für sich verändernde Produkte von Beginn an zu berücksichtigen. Schließlich beeinflusst er auch den kumulierten Cashflow (CCF) maßgeblich.

Konstruktion

- Nachhaltigkeit der Investition durch wandelbare Konstruktion sichern
- Zukünftige Entwicklungen des Endproduktes frühzeitig analysieren und die Umrüstung durch modulares Konzept ermöglichen
- Modularität sorgt für Austauschbarkeit von Anlagenbestandteilen bei Verschleiß oder neuer Technologie

Automatisierung

- Condition Monitoring für kritische Komponenten vorsehen
- Durch modulare Gestaltung von Hard- und Software den Aufwand bei Veränderungen begrenzen

Betriebskosten

Dieser Aspekt ist für die Gesamtanlageneffizienz – auch *Overall Equipment Effectiveness (OEE)* – des Betreibers ein wichtiges Entscheidungskriterium. Dabei spielen nicht nur die Kosten für das benötigte Material, die Energie oder das erforderliche Personal eine Rolle, denn auch Stillstandszeiten durch Umrüstung oder Ausfall verursachen durch Produktionsausfall zusätzliche Kosten.

Konstruktion

- Neue technologische Möglichkeiten für reduzierten Material-, Energie- und Zeitverbrauch nutzen
- Ressourcenschonende Betriebsweisen ermöglichen, z. B. Standby-Modus
- Wartungsaufwand durch langlebige und wartungsfreie Komponenten minimieren

Automatisierung

- Neue technologische Möglichkeiten erfordern innovative Steuerungs- und Regelungsverfahren
- Energiesparende Komponenten verwenden

Verfügbarkeit

Die Betriebsweise eines Produktionssystems ist ein nicht zu unterschätzender Aspekt. Soll an 365 Tagen und rund um die Uhr oder nur im Einschichtsystem produziert werden? Initiiert ein Stillstand nur dieses Produktionssystems auch den Stillstand der gesamten Produktion des Werkes? Von diesen Kriterien hängt es ab, welche Ausrüstungsgegenstände und Ersatzteile entweder beim Lieferanten oder beim Betreiber vorgehalten werden müssen, ob und welche Mittel für ein Condition Monitoring einzusetzen sind oder ob für stark volatile Produkte eine automatisierte Umrüstung benötigt wird.

Konstruktion

- Ausrüstung für automatisierte Umrüstung vorsehen
- Zuverlässigkeit durch langlebige und wartungsfreie Komponenten erhöhen

Automatisierung

- Durch intelligente Konzepte effektive Bedienung ermöglichen und Fehlbedienung vermeiden
- Condition Monitoring für kritische Komponenten vorsehen
- Intelligenten Service anbieten

2.3.2.3 Standortsicht

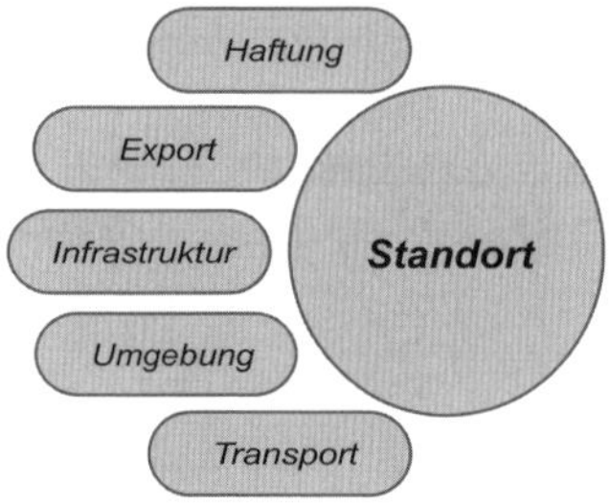

Bild 2.19 Kriterien für die Anforderungsanalyse aus Sicht der Verwendung am Produktionsstandort

Produkthaftung

Dieser Aspekt betrifft das Endprodukt ebenso wie das Produktionssystem. Beides muss norm- und rechtskonform angeboten und betrieben werden. Exportorientierte Hersteller haben dazu eine Vielzahl internationaler und nationaler Vorschriften zu beachten. Dazu kommen unterschiedliche Rechtsauffassungen, wie z.B. ein Produktionsausfall, ein Arbeitsunfall, eine einzelne oder systematische Qualitätsabweichung juristisch bewertet wird. Das gilt auch für den Schutz des eigenen Knowhow.

Konstruktion

- Einhaltung aller Normen, Vorschriften und Gesetze
- Sorgfältige und rechtskonforme Entwicklung, Produktion und Dokumentation ■

Automatisierung

- Ggf. erhöhter Aufwand für die Erfassung, Speicherung und Weiterleitung von Qualitätsdaten
- Ggf. werden bestimmte Programmiersprachen und Formen der Dokumentation verlangt
- Maßnahmen zum Knowhow-Schutz ■

Exportbestimmungen

Leider existieren für Investitionsgüter weltweit zahlreiche Zollschranken und Embargobestimmungen, die schon im Engineering-Prozess berücksichtigt werden müssen.

Konstruktion

- Rechtskonforme Auswahl der einzelnen Komponenten und Technologien ■

Automatisierung

- Häufig sind nur Produkte der Automatisierungs- und Informationstechnik von Embargos betroffen, sodass mitunter auch bestimmte technologische Anforderungen nicht erfüllt werden können

Infrastruktur

Die Material- sowie die Medienversorgung wie z. B. Gase, Fluide oder Druckluft sind in der Regel technologisch bedingt und stellen bei entsprechender Ausgestaltung des Liefervertrages kein besonderes Problem dar. Schließlich ist der Anlagenbetreiber an deren lückenloser Belieferung selbst interessiert und dafür verantwortlich. Sollen Produktionssysteme darüber hinaus in die digitale Produktion eingebunden oder Fernwartung eingesetzt werden, muss das jeweilige System einen Zugang zur IT-Infrastruktur erhalten. Auch dies liegt im Ermessen und der Verantwortung des Betreibers, sofern der Hersteller die entsprechenden Schnittstellen am Produktionssystem bereitstellt und die Interaktion wie vereinbart ausgeführt wurde. Auch die Zuständigkeit für die IT-Security liegt üblicherweise beim Betreiber, wobei hier die Grenzen etwas unschärfer sind. Die Hersteller der Produktionssysteme sind daher gut beraten, eigene Maßnahmen wie z. B. eine Firewall in Hard- und/oder Software dafür bereitzustellen[36].

Anders sieht es dagegen mit der Versorgung elektrischer Energie aus. Plötzliche Stromausfälle sind in vielen Regionen keine Seltenheit und können ohne entsprechende Vorkehrungen zu ernsthaften Beschädigungen an Produktionseinrichtungen und fast fertigen Produkten führen.

Konstruktion

- Klärung der Medienversorgung
- Konstruktive Vorkehrungen treffen, um bei einem plötzlichen Energieausfall Beschädigungen an Produktionssystem und Endprodukt zu verhindern

Automatisierung

- Angemessene Überwachung der technologisch bedingten Medienversorgung durch geeignete Sensorik/Aktorik
- Für die Einbindung in die IT-Infrastruktur geeignete Schnittstellen, Kommunikationsprotokolle und Maßnahmen zur Datensicherheit (Security) vorsehen
- Bei einem plötzlichen Energieausfall können in Maschinen mit bewegten Achsen durch Rückgewinnung mechanischer Energie gezielt und technologiekonform zum Stillstand gebracht werden

[36] Siehe Abschn. 4.4.5.

Umgebung

Unter diesem Punkt sind alle Randbedingungen in Bezug auf die unmittelbare Produktionsumgebung zu verstehen. Dazu gehören zunächst alle Informationen zum Aufstellungsort. Zu klären ist, ob das Produktionssystem z. B. in einer klimatisierten Werkhalle stehen wird oder ob der Betrieb in einer Freiluftanlage erfolgt. Es folgen Angaben zu Umgebungstemperaturen, Luftfeuchtigkeit, Bodentragfähigkeit und Vibrationen sowie speziell in chemischen und verfahrenstechnischen Anlagen die Berücksichtigung von Gefährdungen durch austretende Stoffe und die Anforderungen an den Explosionsschutz. Die Verfügbarkeit und Qualifikation des vorgesehenen Bedien- und Servicepersonals muss in diesem Punkt ebenfalls betrachtet werden.

Konstruktion

- Exakte Aufnahme der Umgebungsbedingungen und dementsprechend angepasste Konstruktion

Automatisierung

- Sorgfältige Geräteauswahl und spezielle Maßnahmen zum Schutz vor hohen Temperaturen, Feuchtigkeit, Stäuben sowie Korrosion und Explosion
- Entwicklung geeigneter Bedienkonzepte

Transport

Es mag vielleicht etwas verwundern, aber auch der Transport eines Produktionssystems vom Hersteller zum Betreiber muss bei der Konstruktion berücksichtigt werden. Es ist eben ein Unterschied, ob die eher kleine Maschine in eine Kiste passt und mit jedem Spediteur an beliebige Orte der Welt transportiert werden kann oder ob ein sehr voluminöses Produktionssystem zuerst beim Hersteller montiert, vom Kunden verifiziert und dann teilweise wieder demontiert auf die Reise geschickt werden muss. Dazu müssen geeignete Konstruktionen und Szenarien entwickelt werden, um am Zielort den Montage- und Inbetriebnahmeaufwand nicht unnötig zu strapazieren. Ebenso sind die Versandwege zu beachten (LKW, Schiff, Flug etc.), und es sind z. B. geeignete Verpackungen, Transportsicherungen und passende Hebezeuge vorzusehen.

Konstruktion

- Transport und Versandoptionen in die Konstruktion einfließen lassen
- Auch aus diesem Grund modulare Strukturen bilden

Automatisierung

- Transport und Versandoptionen können auch die Geräteauswahl beeinflussen
- Bedingungen für die Montage und transportbedingte Demontage beachten
- Inbetriebnahme allgemein und speziell vor Ort ohne Entwicklungspersonal ermöglichen

2.3.2.4 Herstellersicht

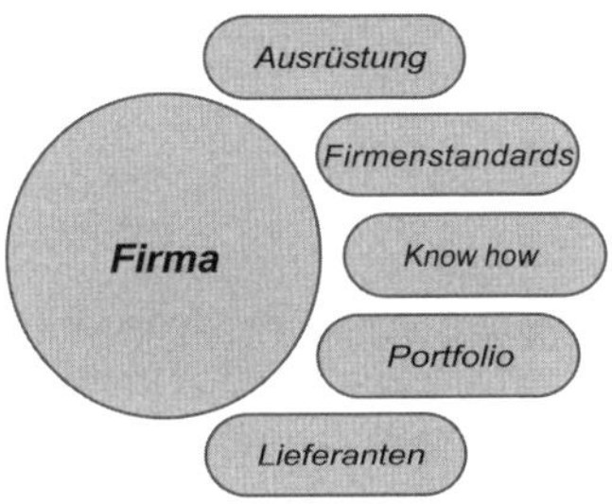

Bild 2.20 Kriterien für die Anforderungsanalyse aus Sicht des Herstellers eines Produktionssystems

Verfügbare Produktionsausrüstung

Dass die Produktionskapazität und -ausstattung des Herstellers mit Maschinenpark und entsprechendem Fachpersonal in jedes Systemkonzept einfließen muss, ist ein selbstverständlicher Aspekt. Die Grenzen der eigenen Wertschöpfung sind jedoch bei steigenden technologischen Anforderungen mitunter schneller erreicht als erwartet. So müssen fremde Ressourcen genutzt werden, um bestimmte Verfahren ins eigene System integrieren zu können. Was jedoch leicht unterschätzt wird, ist die Tatsache, dass die Fertigung eines Moduls oder einer komplexeren Komponente so abgestimmt werden muss, dass diese Teilsysteme anschließend rückwirkungsfrei und ohne Zusatzaufwand ins Gesamtsystem integriert werden können.

Konstruktion

- Für die Zulieferung sind exakte konstruktive und funktionale Vorgaben erforderlich

Automatisierung

- Für die Zulieferung exakte gerätetechnische und funktionale Vorgaben erarbeiten

Bestehende Firmenstandards

Außer den von außen vorgegebenen Vorschriften und Standards existieren zumeist auch firmeninterne Standards, die zusätzlich berücksichtigt werden müssen.

Konstruktion

- Entwicklung gemäß firmeninterner Vorgaben

Automatisierung

- Entwicklung gemäß firmeninterner Vorgaben

Firmen-Knowhow

Damit verhält es sich ähnlich wie mit der Produktionsausrüstung. Eine klare Strukturierung und Modularisierung der Entwicklungs- und Fertigungsprozesse kann die Herstellung eines Produktionssystems unempfindlicher gegen unerwarteten Ausfall oder teilweise nicht vorhandenes Knowhow machen. Erfolgt die Arbeit in Fachabteilungen und Projektgruppen mit entsprechendem Fachpersonal, lassen sich auch Entwicklungs- und Fertigungsprozesse modular strukturieren.

Konstruktion

- Auch den Entwicklungs- und Fertigungsprozess modularisieren
- Klare Abgrenzungen und Verantwortlichkeiten definieren

Automatisierung

- Aufgrund von deren Bedeutung ist eine ständige Fortbildung des Entwicklungspersonals erforderlich
- Auf Knowhow und Technologiepakete der Hersteller zurückgreifen ohne unnötige Abhängigkeiten zu generieren

Produktportfolio

Bei der Betrachtung des Produktportfolios eines Herstellers können Synergien erkannt werden, die in die Entwicklung einfließen können. Außerdem können eventuell Komponenten anderer Produkte verwendet werden (Plattformkonzept).

Konstruktion

- Wenn möglich wiederverwendbare Einheiten und Lösungen verwenden
- Firmenstandards müssen in jeder Richtung streng eingehalten werden

Automatisierung

- Identisch zur Konstruktion

Lieferantenbeziehungen

Die Problematik der Auswahl und Einbeziehung von Zulieferern wurde bereits eingangs thematisiert. An dieser Stelle ist weiterführend zu bewerten, inwiefern die materiellen und immateriellen Lieferantenbeziehungen zu den Vorgaben an die Investition und den zukünftigen Standort des Produktionssystems passen. Wird z. B. weltweit exportiert, dann muss auch der Lieferant in der Lage sein, zu den gleichen Bedingungen weltweiten Service zu leisten. Gleiches gilt für das Innovationsverhalten des Zulieferers. Er muss garantieren, dass Austauschgeräte im gesamten Lebenszyklus mit exakt gleichem äußeren Verhalten, also bau- und funktionskompatibel, bereitgestellt werden können. Innovationen z. B. durch Abkündigung von Bauteilen oder die Beseitigung von Fehlern müssen dagegen möglich sein.

Konstruktion

- Verankerung der konstruktiven und funktionalen Eigenschaften in der Vertragsgestaltung

Automatisierung

- Identisch zur Konstruktion

2.3.3 Konstruktive Detailanalyse

Die Ergebnisse aus der Analyse aller Anforderungen können nun als Vorgaben für die Konstruktion in einem Lastenheft dargestellt werden. Bild 2.21 zeigt eine Auswahl der für die Automatisierung relevanten Kriterien, die im weiteren Entwicklungsprozess detailliert zu analysieren sind. Nachfolgend wollen wir diese im Einzelnen aus der Sicht der Automatisierung erläutern.

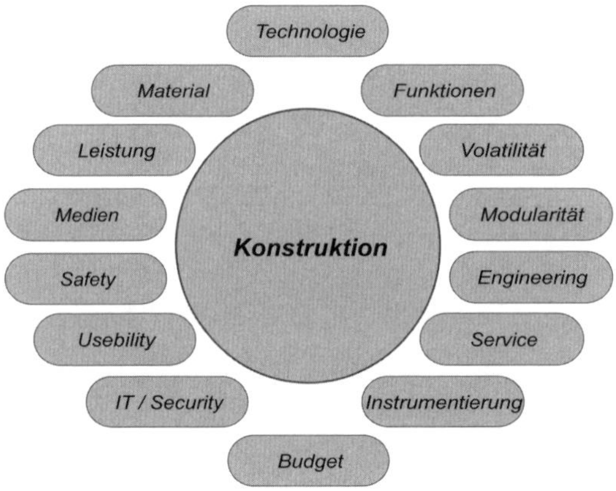

Bild 2.21 Kriterien der konstruktiven Detailanalyse eines Produktionssystems

Technologie

Am Anfang steht die Entscheidung für die Definition und die Auswahl der benötigten Fertigungstechnologien. Auch wenn diese bereits mit der Produktsicht weitgehend fixiert wurden, so muss an dieser Stelle die Detailplanung erfolgen. Daraus ergibt sich die grundlegende konstruktive Gestaltung des Produktionssystems, und es entstehen Vorgaben an die weitere mechanische und automatisierungstechnische Entwicklung.

Automatisierung

- Einbringen von Technologiepaketen der Automatisierungstechnik, um eine sinnvolle Reduzierung mechanischer Komponenten zu erreichen

Funktionen

Die Festlegung der technologischen Funktionen des Produktionssystems ist entscheidend für den gesamten weiteren Entwicklungs- und Konstruktionsprozess. Nach der Methode der schrittweisen Verfeinerung werden ausgehend von den äußeren Funktionen gegenüber dem Produkt sukzessive die inneren Funktionen separiert und spezifiziert.

Automatisierung

- Das entstehende Funktionsmodell bildet die Grundlage zur Hard- und Softwareentwicklung

Volatilität

Die Wandelbarkeit des Produktes wird auch durch die erforderliche Volatilität des Produktionssystems bestimmt. Speziell in Verbindung mit den Aspekten der Produktquantität und Anlagenverfügbarkeit müssen in diesem Konstruktionsschritt die erforderlichen Umrüstszenarien definiert werden. Dabei ist zu unterscheiden, in automatisierte Umrüstungen (z. B. diverse Formateinstellungen) und solche, die durch Bedienpersonal vorgenommen werden müssen. Das ist notwendig, wenn für bestimmte vorgesehene Produktionsschritte weiterführende technologische Veränderungen erforderlich sind (z. B. der Austausch von Fertigungseinheiten). Die Ergebnisse fließen in den gesamten übrigen Entwicklungs- und Konstruktionsprozess ein.

Automatisierung

- Preissensitive Auswahl der für die automatisierte Umrüstung erforderlichen Hardware
- Definition der Anforderungen an Interaktion und Datenhandling
- Bei Betrieb in einem digitalen Produktionsumfeld I4.0-Konfirmität festlegen

Modularität

Der Entwurf für einen modularen Aufbau des Produktionssystems setzt entsprechende Ergebnisse und Entscheidungen der vorangegangenen Analyseschritte insbesondere der Volatilität voraus. In diesem Schritt werden alle technologischen und konstruktiven Einheiten mit den entsprechenden Eigenschaften und Interaktionen definiert. Vorhandene Technologiemodule werden auf ihre Eignung geprüft und in ein Modulkonzept integriert, und erst dann erfolgt der Entwurf für erforderliche neue mechatronische Einheiten.

Automatisierung

- Entwurf bzw. Weiterentwicklung eines modularen Hard- und Softwarekonzeptes
- Dezentrale Instrumentierung von Antrieben, Safety-Komponenten, Bedieneinheiten
- Mechatronische Einheiten von Zulieferern erfordern besondere Berücksichtigung der erforderlichen Echtzeit-, Kompatibilitäts- und Interaktionsanforderungen

Engineering

Auswahl und Festlegung der Projektteams und der erforderlichen Werkzeuge unter Beachtung des vorhandenen und extern verfügbaren Knowhows[37].

Automatisierung

- Auswahl der geeigneten Werkzeuge für die Elektrokonstruktion und die Softwareentwicklung
- Verkürzung der Entwicklungszeiten durch frühzeitige Simulation

[37] Siehe Kapitel 3 „Projektierung modularer Maschinen“.

Material

Die Kenntnisse, welche Materialien und Hilfsstoffe für die gewählten Technologien erforderlich sind, sind wichtig, um die entsprechenden Ver- und Entsorgungssysteme zu planen. Dazu zählen z.B. Handling Systeme, Fördereinrichtungen, aber auch Rohrleitungen mit Schiebern, Ventilen, Pumpen u.v.a.m. Dabei sind auch die entsprechenden Maßnahmen zur Qualitätskontrolle der Ausgangsmaterialien festzulegen.

Automatisierung

- Vor- und nachgeordnete Systeme sind möglicherweise Zulieferungen und müssen über entsprechende Schnittstellen in die Steuerung des Produktionssystems eingebunden werden

Leistung

Als Konsequenz aus der geforderten Quantität werden die dynamischen Anforderungen für alle Komponenten des Produktionssystems definiert.

Automatisierung

- Ermittlung der Anforderungen an die Echzeitfähigkeit des Automatisierungssystems

Medien

In diesem Punkt erfolgt die Planung der Versorgung des Produktionssystems mit Elektroenergie und weiteren Energieträgern wie z.B. Druckluft oder Hydraulik.

Automatisierung

- Ermittlung der Anforderungen an die erforderliche Mess- und Steuerungstechnik zur Mengenerfassung, Dosierung und Überwachung

Safety

Um Gefährdungen für Menschen, Produktionseinrichtungen, Produkte und Umwelt auszuschließen, ist für das gesamte Produktionssystem eine Gefährdungsanalyse durchzuführen. Danach sind in einem standardisierten Prozess sowohl mechanische als auch automatisierungstechnische Maßnahmen zur Risikominimierung festzulegen[38].

---

[38] Detaillierte Beschreibung dieses Prozesses u.a. in [29].

Automatisierung

- Mit intelligenter Sicherheitstechnik die Motivation zur Manipulation von Sicherheitseinrichtungen eliminieren und zugleich kostspielige konstruktive Maßnahmen vermeiden
- Intelligente Sicherheitstechnik ermöglicht neue technologische Verfahren und Funktionen

Usability

In diesem Prozessschritt erfolgt die Festlegung des Bedienkonzeptes für das gesamte Produktionssystem, ggf. weitere dezentrale Bedienstationen und -elemente. Dazu gehört auch die Festlegung der für die Bedienung erforderlichen Benutzerrollen und -rechte sowie der Möglichkeiten des Fernzugriffs.

Automatisierung

- Möglichkeiten moderner, effektiver und fehlersicherer Mensch-Maschine-Kommunikation in das Konzept einbringen
- Für die Bedienung erforderliche Interaktionen zu integrierten und übergeordneten Systemen definieren

IT/Security

Erarbeitung eines Konzeptes zum Schutz des Produktionssystems vor bewusster Manipulation durch den Menschen. Dazu zählt nicht nur die Datensicherheit bei Einbindung in ein IT-System, sondern auch die Handhabung von diversen zugänglichen Schnittstellen wie USB oder LAN und sonstigen Interfaces.

Automatisierung

- Möglichkeiten effektiver Security-Maßnahmen und -Mechanismen einbringen

Service

Für einen effektiven Service sind bereits im frühen Stadium der Entwicklung entsprechende Festlegungen zu treffen. Dazu gehören geeignete konstruktive Maßnahmen wie z.B. leicht und ohne Spezialwerkzeuge lösbare und gut zugängliche Verbindungstechnik, genauso wie Maßnahmen zur vorbeugenden Instandhaltung und leicht verständliche Bedienkonzepte.

Automatisierung

- Vorbeugende Instandhaltung mit Condition Monitoring - Konzept für kritische Komponenten unterstützen
- Übersichtliche und intuitive Bedienung des gesamten Produktionssystems ermöglichen
- Aussagekräftige Dokumentation erstellen und im Bediensystem verfügbar machen
- Gewährleistung der Ferndiagnose durch das Servicepersonal von Hersteller und Betreiber

Instrumentierung

Entsprechend der bisherigen Detailanalyse können die Teilkomponenten konstruiert und die erforderliche Gerätetechnik ausgewählt werden.

Automatisierung

- Anforderungsgerechte Auswahl der Hard- und Softwarekomponenten

Budget

Laufende Überwachung der Budgetvorgaben während des gesamten Entwicklungsprozesses.

Automatisierung

- Angebot an Funktionalität durch hohen Softwareanteil gewährleisten
- Durch geeignete Auswahl technologischer Komponenten und softwarebasierter Technologiepakete unnötige Baugruppen wie Adapter, Bridges oder Mess- und Regeltechnik vermeiden
- Frühzeitiger und konsequenter Einsatz von Simulationsmethoden und innovativen Entwurfswerkzeugen

2.4 Modellierung

In den bisherigen Ausführungen wurden die wichtigsten Methoden, Grundlagen und Beschreibungsmittel für den Entwurfsprozess modularer Produktionssysteme vorgestellt. Dazu wurden die grundlegenden Eigenschaften von Modulen in Form mechatronischer Einheiten erläutert und eine objektorientierte Darstellungs- und Beschreibungsmethode eingeführt. Um in naher Zukunft dem Anspruch der erforderlichen I4.0-Konfirmität genügen zu können, wurden dazu die wichtigsten Anforderungen analysiert sowie bereits standardisierte bzw. in Entwicklung befindliche Lösungen vorgestellt. Schließlich erfolgte die Darstellung eines methodischen Ansatzes zur Entwicklung modularer Produktionssysteme mit dem Fokus auf die Anforderungen zukunftsfähiger Automatisierungssysteme. Doch wie entsteht nun daraus das modulare Modell eines Produktionssystems?

Grundsätzlich beginnt der Modellierungsprozess wieder mit der Fragestellung nach dem ursächlichen Ziel für die modulare Gestaltung. Verfolgt die Modularisierung die Zielsetzung, dass ein voluminöses Produktionssystem nur zum Zweck eines einfacheren und effizienten Transportes in handhabbare Teile aufgespalten werden soll, werden eher mechanische Aspekte eine Rolle spielen. Geht es jedoch um die Gestaltung eines flexiblen und individualisierbaren Produktionssystems im Umfeld der digitalen Produktion, sind es eher funktionale Argumente. Um dem Anliegen dieses Buches gerecht zu werden, betrachten wir diesen Aspekt näher. Dazu verwenden wir wieder das Beispiel eines *Klebebinders*, wobei anzumerken ist, dass es sich im Interesse des allgemeinen Verständnisses nur um stark vereinfachte Ausschnitte des Entwurfsprozesses handeln kann. Eine komplette Darstellung würde den Rahmen dieses Buches sprengen.

2.4.1 Entwurf einer funktionalen Struktur

Wie schon im Abschnitt 2.3.3 unter „Funktionen" festgehalten wurde, bestimmt die *funktionale Analyse* von Grund auf den gesamten Entwicklungs- und Konstruktionsprozess. Das Ziel dieser Analyse ist die Modellierung einer funktionalen Struktur, wobei die einzelnen Funktionen weitestgehend abstrakt dargestellt werden. Der Entwurfsprozess startet daher mit der Analyse des technologischen Prozesses und der Festlegung der erforderlichen Funktionen.

2.4.1.1 Das Funktions- und Klassendiagramm

Werden die technologischen Funktionen in ihrer logischen Abfolge dargestellt, entsteht ein erstes *Funktionsdiagramm*[39] des Produktionssystems. Bild 2.22 zeigt für das Beispiel des Klebebinders den technologischen Prozess. Dieser besteht aus drei Teilprozessen: der *Buchblockbearbeitung*, der *Einbandzufuhr* und der *Finalisierung*. In dieser Darstellung ist bereits zu erkennen, dass die Prozesse *Buchblockbearbeitung* und *Einband* parallel ablaufen können.

[39] Vgl. Abschn. 2.3.1.

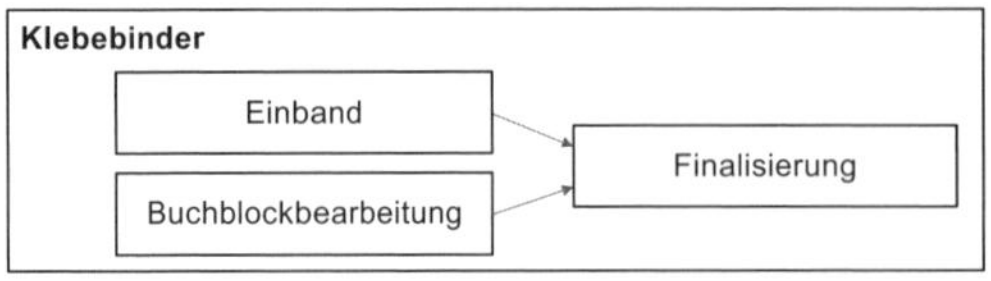

Bild 2.22 Darstellung der Basisfunktionen für einen Klebebinder

Nachfolgend werden die Prozessschritte weiter in ihre Bestandteile zerlegt, und es entsteht ein Diagramm mit den notwendigen Basis- sowie allen optionalen Funktionen. Bild 2.23 zeigt das Ergebnis für den Klebebinder.

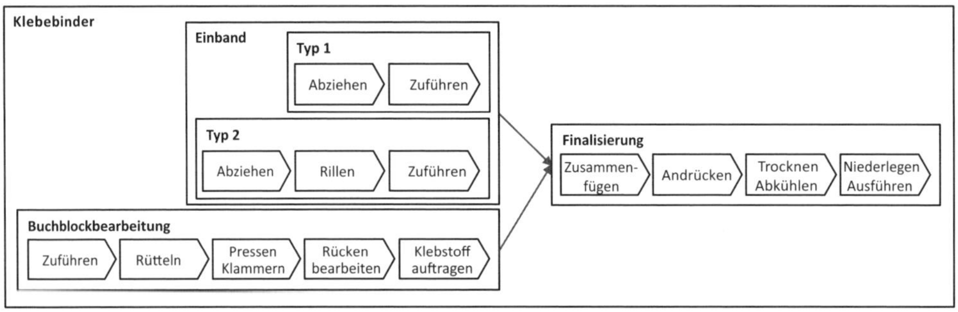

Bild 2.23 Funktionsdiagramm für einen Klebebinder

Bei der Buchblockbearbeitung sind nun die Funktionen *Zuführen* des Buchblockes, *Rütteln* (für eine homogene Blockstruktur), *Pressen* (damit die Luft aus dem Block entweicht) sowie *Klammern* (zur Fixierung des ausgerichteten Buchblockes für den weiteren Bearbeitungsprozess) eingefügt. Im Prozessschritt *Rückenbearbeitung* werden die Bundstege der gefalzten Einzelbögen ganz oder teilweise mit einer rotierenden Fräse aufgetrennt, und im anschließenden *Klebstoffauftrag* wird in der Leimstation Klebstoff auf den Blockrücken und die Seiten aufgetragen. Je nach geforderter Bindetechnologie sind noch weitere Bearbeitungsschritte erforderlich, bevor der so vorbereitete Buchblock die Finalisierung erreicht. Parallel dazu wird der *Einband* von einem Stapel *abgezogen* und für den weiteren Prozess bei Bedarf vorbereitet. So muss ein Softcovereinband für eine exakte Falzung und ein besseres Aufschlagverhalten des fertigen Buches noch *gerillt* werden. Anschließend wird der Einband der Finalisierung zugeführt, wo er im ersten Schritt an den vorbereiteten Buchblock *angelegt* und *ausgerichtet*[40] wird. Anschließend wird der Einband an Rücken und den Seiten *angedrückt*, und damit der Klebstoff *auskühlen* bzw. *trocknen* kann, um eine für den weiteren Transport erforderliche Mindesthaftung zu erreichen, muss das Buch dann noch eine gewisse Zeit in diesem Zustand verweilen. Die Länge der Verweilzeit richtet sich nach der Technologie des Klebens (Klebstoffart und -menge) bevor es dann *niedergelegt* und *ausgeführt* wird. Der letzte Prozessschritt für die Herstellung einer Broschur ist der Dreiseitenbeschnitt, bei dem die gefertigten Produkte ihre endgültige Form erhalten. Der dazu erforderliche Dreiseitenschneider ist jedoch eine separate Maschine

[40] Wir fassen mit dem Begriff *Zusammenfügen* diese beiden Prozessschritte zusammen.

und wird daher nicht weiter betrachtet. Bild 2.24 zeigt die Klebebindung für eine Broschur mit Softcover als 4-fach gerilltem Einband und Blockseitenbeleimung vor dem Beschnitt.

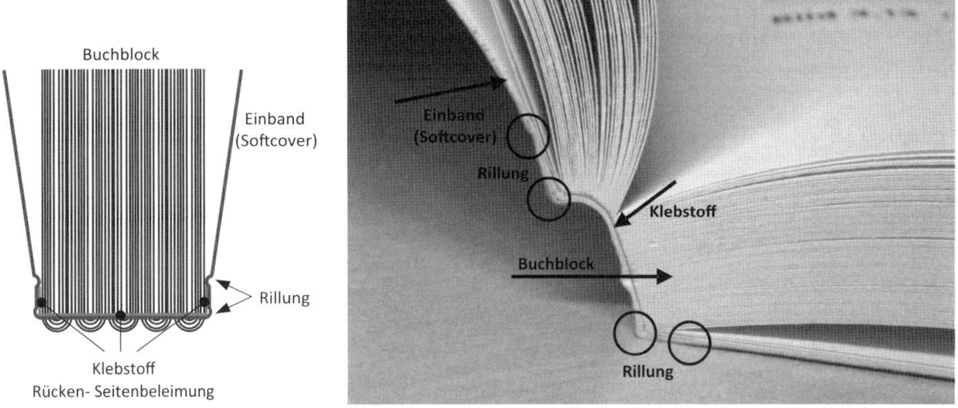

Bild 2.24 Klebebindung eines Taschenbuches mit 4-fach gerilltem Einband und Blockseitenbeleimung

Im Prozess *Einband* erkennen wir bereits einen Sonderfall. Es wäre natürlich möglich, diesen nur als einen Block darzustellen, denn prinzipiell muss es aus funktionaler Sicht gleichgültig sein, was sich dahinter verbirgt. Hier sollen aber zusätzlich zwei Sachverhalte dargestellt werden. Zum einen ist für die Buchherstellung grundsätzlich ein Einband erforderlich. Das sollen in unserem Beispiel verschiedene Typen wie beispielsweise ein einfacher Softcover und ein Spezialkarton sein. Somit gibt es zwei Optionen für diesen Teilprozess, und es ist dargestellt, dass die Zufuhr eines Softcovers mit dem Rillen einen zusätzlichen Prozessschritt enthält. Wir nehmen für die weitere Darstellung zunächst an, dass diese beiden Varianten als Derivate ausgeführt und optional je nach Produktanforderung in die Maschine eingehängt werden.

Des Weiteren nehmen wir an, dass in Abhängigkeit dieser beiden Optionen auch die Verfahren im Bereich Rückenbearbeiten, Klebstoffauftragen und Zusammenfügen eine unterschiedliche Charakteristik aufweisen müssen und dass außerdem für bestimmte Klebebindeverfahren vor dem Zusammenfügen noch weitere Arbeitsschritte erforderlich sind. Beispielsweise muss für eine Flexstabilbindung[41] in einem Zwischenschritt zusätzlich ein Papierstreifen über den gefrästen Bereich geklebt werden und anschließend ein weiterer Klebstoffauftrag erfolgen. Somit sind für einige Prozesse Derivate erforderlich. In Bild 2.25 sind diese Zusammenhänge eingetragen (mögliche Optionen sind schraffiert).

[41] Siehe die Darstellung unterschiedlicher Verfahren der industriellen Buchbinderei in [34] oder [33].

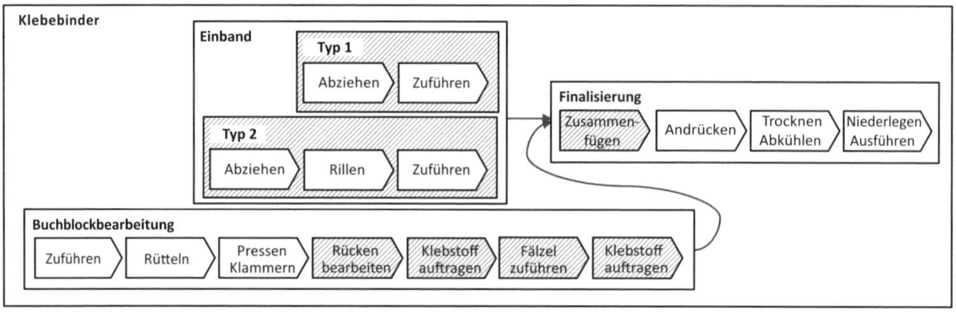

Bild 2.25 Funktionsdiagramm für einen Klebebinder mit Darstellung der Grundfunktionen und ausgewählter Optionen

Bevor diese Basisfunktionen in weiteren Schritten mit den inneren Funktionen dargestellt werden, sind noch weitere Betrachtungen zum Ablauf der Technologieschritte zu klären, denn die bisherigen Fließschemen enthalten noch keine Funktionen zu den Hilfsprozessen. In Bild 2.26 sind nun beispielhaft die Versorgung mit Elektroenergie, Saug- und Druckluft sowie der Materialtransport als nebengeordnete Funktionen dargestellt. Welche Grundfunktionen konkret auf diese Prozesse zugreifen müssen, wird später in den zugehörigen ERD-Diagrammen gekennzeichnet.

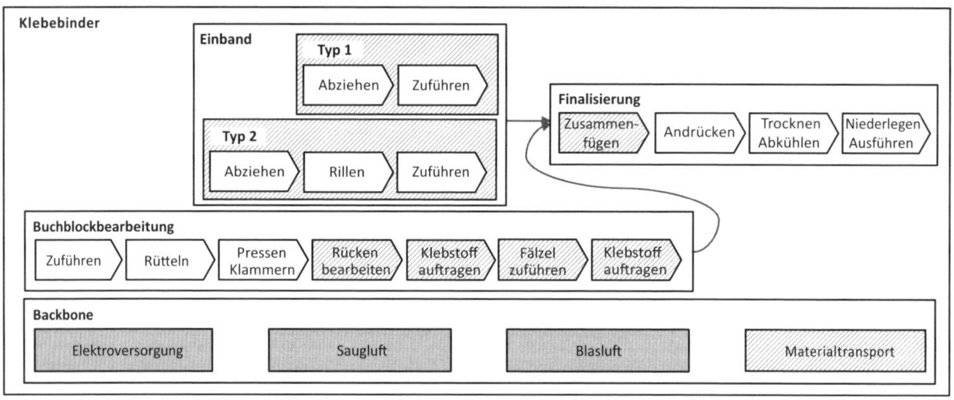

Bild 2.26 Weiterentwickeltes Funktionsdiagramm für einen Klebebinder mit zusätzlicher Darstellung der Hilfsfunktionen

In der weiteren *funktionalen Dekomposition* werden nun Schritt für Schritt alle Grundfunktionen in ihre *atomaren Bestandteile* zerlegt und so sukzessive die inneren Funktionen mit ihren Eigenschaften und Beziehungen definiert. Da wir ein modulares Produktionssystem entwickeln, können für die Darstellung in einem ERD die einzelnen Grundfunktionen bereits als Entitäten betrachtet werden. In Bild 2.27 sind unter der äußeren Funktion *Rücken bearbeiten* nun die inneren Funktionen eingetragen, und Bild 2.28 zeigt das zugehörige ERD als Teil des *Klassendiagramms*.

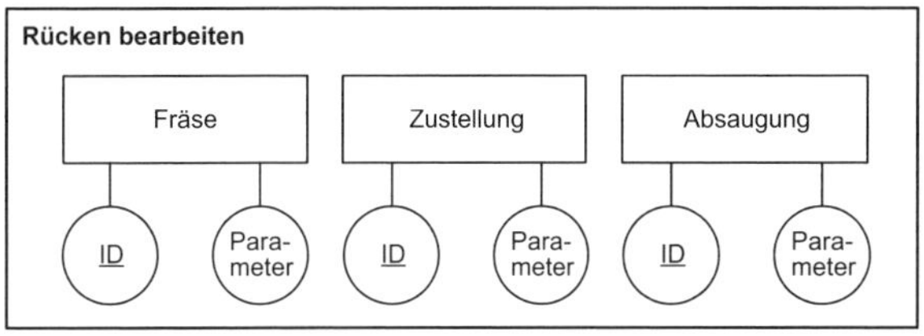

Bild 2.27 Darstellung der inneren Funktionalitäten der mechatronischen Komponente Rückenbearbeitung

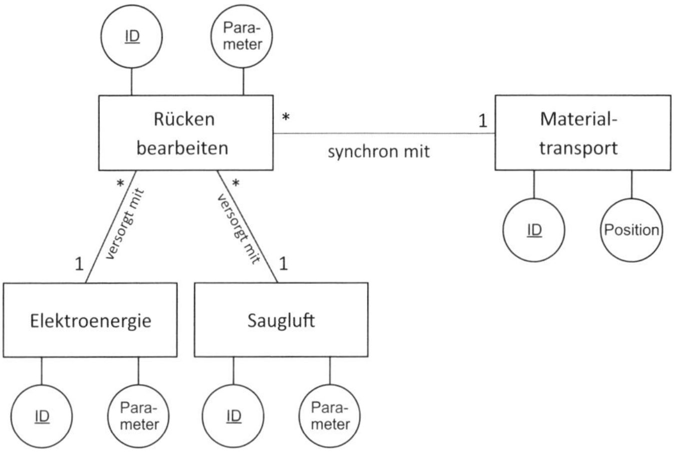

Bild 2.28 Darstellung der inneren Funktionalitäten der mechatronischen Komponente Rückenbearbeitung

2.4.1.2 Das Zustandsdiagramm

Nachdem in unserem Beispiel alle funktionalen Komponenten ermittelt sind, können nun die Methoden definiert und in einem *Zustandsdiagramm* dargestellt werden. Das beginnt wieder mit den äußeren Funktionen nach der *Top-down-Methode*.

Zum näheren Verständnis soll an dieser Stelle der Fräsvorgang näher erläutert werden (Bild 2.29). Der Fräskopf befindet sich in den Zuständen *AUS* und *Energiesparen* in der Position *ruhe*. Um im normalen Produktionsprozess optimierte Taktzeiten zu ermöglichen, soll sich der Fräskopf im Zustand *bereit* in einer Position befinden, aus der er mit minimalem Zeitaufwand die Fräsposition erreicht. Das ist direkt unterhalb der Referenzposition η. Erreicht ein Buchblock mit seiner Vorderkante die Bearbeitungsstation wird mittels eines Sensors ein Triggersignal generiert, und der Fräsvorgang startet synchron zur Geschwindigkeit des Transportsystems. Je nach Art des Bindeverfahrens wird der Fräskopf in Abhängigkeit von den technologischen Parametern a_1 und Z in die Position *arbeit* gefahren. Mit der Bewegung des Transportsystems wird nun der Buchrücken so lange mit einer Solldrehzahl ω abgefräst, bis der Fräskopf in Abhängigkeit von Parameter a_2 wieder in die Position *bereit* einschwenkt. Alternativ kann der Fräskopf auch konstant auf der Position *arbeit* stehen bleiben. In diesem Fall wird immer der gesamte Buchrücken gefräst, wie es für die Herstellung von Taschenbüchern typisch ist.

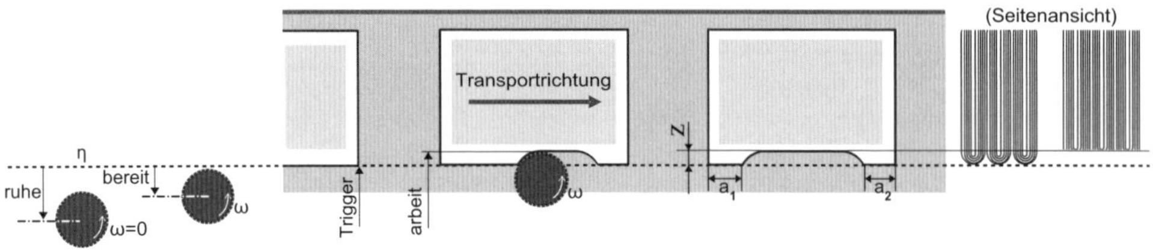

Bild 2.29 Technologischer Ablauf des Fräsvorganges am Beispiel der Flexstabilbindung

In Bild 2.30 und Tabelle 2.3 sind die einzelnen Zustände mit ihren Eigenschaften für die Steuerung der *Rückenbearbeitung* aus der Perspektive des *Klebebinders* in vereinfachter Form dargestellt. Die exakten Werte *x* und *y* für das Ein- und Ausschwenken des Fräskopfes ergeben sich aus den Parametern a_1 und a_2, der möglichen Zustellgeschwindigkeit des Fräskopfes sowie der Transportgeschwindigkeit des Buchblockes[42].

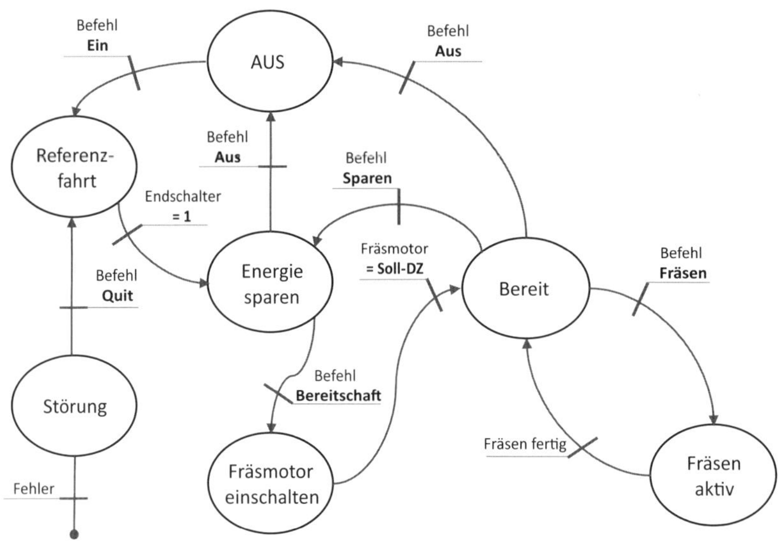

Bild 2.30 Vereinfachter Moore-Automat für das Modul Rückenbearbeitung

42 Für die Berechnung und Steuerung dieses Vorganges wird in der Praxis entweder die Technologie des *Dynamisch Totzeitkompensierten Nockenschaltwerkes* oder, wenn es sich bei der Fräskopfzustellung um einen Servoantrieb handelt, eine *elektronische Kurvenscheibe* verwende.

Tabelle 2.3 Übersicht der Zustände und Aktionen des Moduls Rückenbearbeitung

Zustand	Eigenschaften							Aktionen		Übergangs-bedingung	Folgezustand
	Eingänge					Ausgänge					
	Position Fräse	Position Master	Trigger-signal	End-schalter	DZ Fräs-motor	Zustell-motor	Fräsmotor	Eingang	Ausgang		
AUS	x	x	x	x	x	0	0	Fräsmotor = aus Zustellmot. = aus Absaugung = aus	x	Befehl **EIN**	Referenz -fahrt
Referenz -fahrt	x	x	x	= 1 ?	= 0	Fahrt negativ	0	Zustellmotor rückwärts	Zustellmotor aus	Endschalter = 1	Energie sparen
Energie sparen	= ***ruhe***	x	x	1	x	x	0	Fräsmotor = aus Fräse in Position ***ruhe*** fahren	x	Befehl **AUS**	AUS
										Befehl **Bereit**	Fräsmotor einschalten
Fräsmotor einschalten	x	x	x	x	= soll ?	x	1	Fräsmotor = ein	Fräse in Position bereit fahren	Fräsmotor auf Solldrehzahl	Bereit
Bereit	= ***bereit***	x	x	0	x	Richtungs-Fahrt	1	x	Fräse in Position ***ruhe*** fahren	Befehl **Aus**	AUS
										Befehl **Energie sparen**	Energie sparen
						x			x	Befehl **Fräsen**	Fräsen aktiv
Fräsen aktiv	= ***arbeit***	Synchron-Position	= 1 ?	0	= soll	Richtungs-Fahrt	0	Bei Masterpos. ***Trigger + x*** Fräse in Position ***arbeit*** fahren Absaugung = ein	Bei Masterpos. ***Trigger + y*** Fräse in Position ***bereit*** fahren Absaugung = aus	Fräse in Position ***bereit***	Bereit
Störung	x	x	x	x	0	0	0	Fräsmotor = aus Zustellmot. = aus	x	Befehl **Quit**	Referenz -fahrt

2.4.1.3 Das Interaktionsdiagramm

Die Darstellung des Moore-Automaten zeigt in der gewählten Beschreibungsform bereits sehr detailliert die einzelnen Interaktionen, die über Ein- und Ausgänge bzw. Dienstaufrufe (in Tabelle und Zustandsdiagramm als *Befehl* bezeichnet) erfolgen und von den einzelnen Funktionen benötigt werden. Für den Entwurf eines Interaktionsdiagramms sind nun die einzelnen Dienstaufrufe zu extrahieren und die benötigten Dienstein- und -ausgangsdaten zu definieren.

Tabelle 2.4 zeigt für das Modul *Rückenbearbeitung* auszugsweise die Dienstaufrufe für die äußeren Funktionen und die dazugehörigen inneren Funktionen. In der konkreten Umsetzung muss diese Übersicht noch durch die Kennzeichnung der Diensttypen und -identifier ergänzt werden.

Tabelle 2.4 Übersicht der Dienstaufrufe des Moduls Rückenfräse

Dienstaufruf	**Dienstein-gangsdaten**	**Funktionalität**	**Dienstaus-gangsdaten**
Modul Einschalten	keine	Führt einen Systemtest durch und bewegt den Fräskopf in die Ruheposition.	*OK* oder *Fehlercode*
Modul Ausschalten	keine	Bewegt den Fräskopf in die Parkposition.	*OK* oder *Fehlercode*
Modul in Energiesparmodus	keine	Bewegt den Fräskopf in die Ruheposition und schaltet den Fräsmotor ab.	*OK* oder *Fehlercode*
Modul in Bereitschaftsmodus	keine	Schaltet den Fräsmotor ein und bewegt den Fräskopf in die Bereitschaftsposition.	*OK* oder *Fehlercode*
Fräsen	technologische Parameter a1, a2, z	Führt bei Eintreffen eines Produktes den Fräsvorgang synchron zur Masterposition mit den technologischen Sollparametern aus. Danach wird der Fräskopf wieder in die Bereitschaftsposition bewegt.	OK + Istparameter oder *Fehlercode*
Störung quittieren	User-ID	Wechsel in den Zustand *Referenzfahrt* und das Erreichen des Zustandes *Bereit* abwarten.	*OK* oder *Fehlercode*

Tabelle 2.5 enthält beispielhaft den Dienstaufruf, mit dem ein Klebebinder mit der Verarbeitung eines individuellen Produktes beauftragt werden könnte. Darin wären in den Diensteingangsdaten neben der ID des konkreten Produktes auch die Identifier der zugehörigen Materialien (Buchblock, Einband, Klebstoffart) wie auch die Fertigungsparameter enthalten.

Tabelle 2.5 Auszug aus dem Dienstaufruf für die Ausführung einer Klebebindung

Dienstaufruf	Diensteingangsdaten	Funktionalität	Dienstausgangsdaten
Produkt binden	Produkt-ID Buchblock-ID Umschlag-ID Klebstoff-ID technologische Parameter	Dienstaufrufe an Module: - ... - Rückenbearbeitung *Rücken fräsen* - Leimstation *Klebstoff auftragen* - ...	*OK + Istparameter* oder *Fehlercode*

Die Funktionalität dieses Dienstaufrufes lässt sich im *Interaktionsdiagramm* des Klebebinders wie folgt beschreiben (Bild 2.31). Dabei wird wieder angenommen, dass er im Umfeld der digitalen Produktion als eine I4.0-Komponente eingebunden ist und als Entität verwaltet wird (CP-Klasse 44).

Die vereinfachte Darstellung zeigt die Verwaltungsschale des Klebebinders mit dem Komponenten-Manager in Form eines *Schedulers*, der die technologische Reihenfolge des Prozesses anhand der im Manifest hinterlegten Informationen steuert. Der Ablauf beginnt mit einem Dienstaufruf, ein Produkt mit individuellen Parametern zu fertigen. Im ersten Schritt erfolgt ein Abgleich, ob die Maschine technisch und organisatorisch bereit ist. Dazu gehört u. a. die Feststellung, ob alle benötigten Fertigungsschritte entsprechend der Vorgaben des Produktes erfolgen können. Das wäre z. B. die Prüfung, ob sich das für die Bindung mit Hotmelt-Kleber entsprechende Derivat der Leimstation im System befindet. Ist dies nicht der Fall, wird der Auftrag mit einer entsprechenden Statusmeldung abgelehnt[43]. Bei Auftragsannahme werden der Reihe nach alle vorgegebenen Prozessschritte durch Dienstaufrufe aktiviert und nach deren Erledigung mit einer Statusmeldung bestätigt.

Ob diese Meldungen, wie hier dargestellt, an das Produktionsleitsystem weitergegeben werden, ist eine Designentscheidung in der konkreten Umsetzung. Nicht dargestellt ist die komplette Fehlerbehandlung, für die im Sinne einer besseren Übersichtlichkeit eigene Darstellungen des Interaktionsdiagramms praktikabel sind.

[43] Auf der Produktionsleitebene muss in diesem Fall entschieden werden, ob evtl. weitere Klebebinder angefragt werden oder ob an das Servicepersonal ein Dienstaufruf zur Umrüstung zu senden ist.

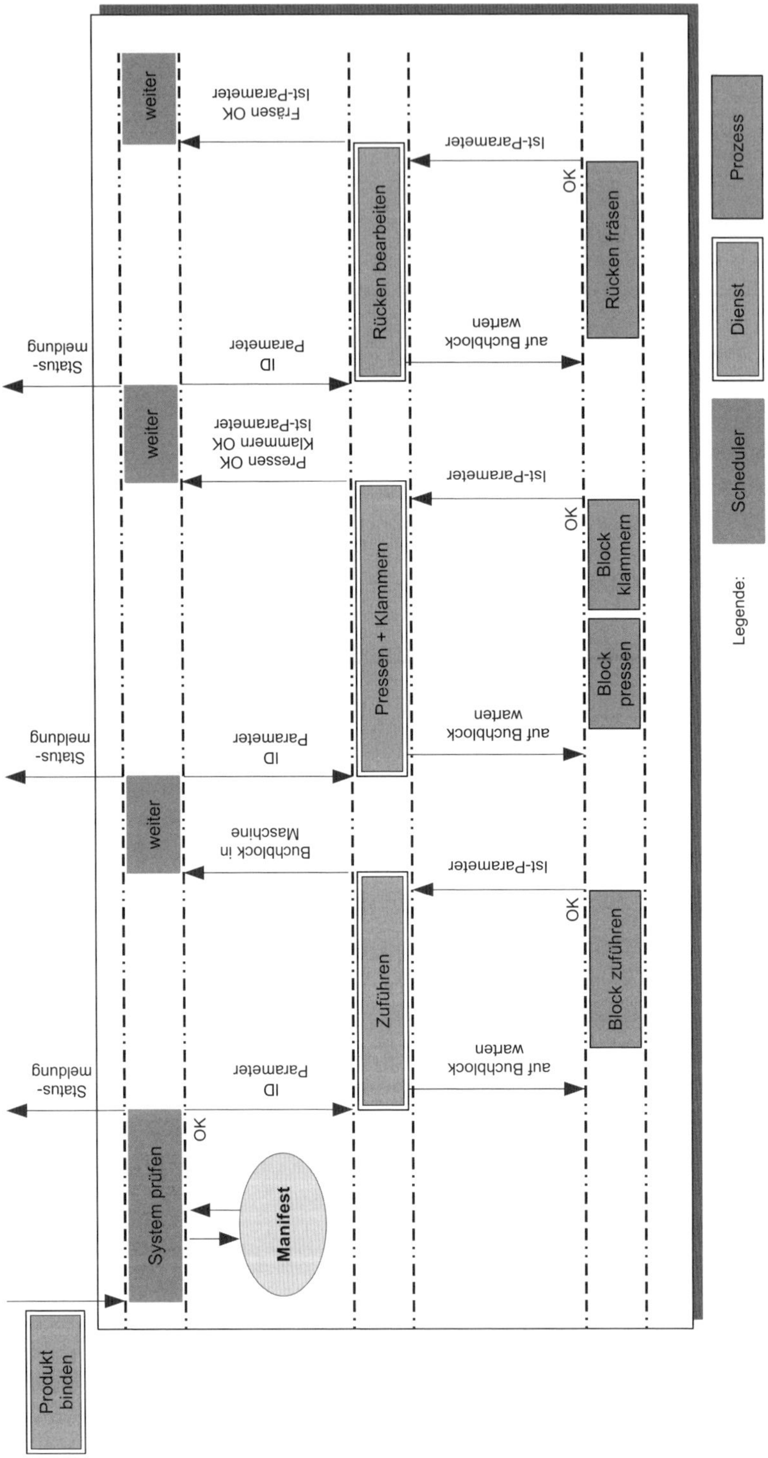

Bild 2.31 Ausschnitt eines Interaktionsdiagramms für den Prozess des Klebebindens

2.4.2 Entwurf einer modularen Konstruktion

In das Modell der *funktionalen Struktur* müssen nun die konstruktiven Aspekte in den Entwurfsprozess einfließen. Dazu werden die Funktionselemente in ihrer technologischen Sequenz betrachtet und entsprechend konstruktiv untersetzt. Im Ergebnis entsteht das konkrete Modell eines individuellen Produktionssystems, welches aus der Menge der Basismodule und deren Derivaten gebildet wurde.

2.4.2.1 Das Moduldiagramm

Während die vorgenannten Diagramme insbesondere als Vorstufe für das Software-Engineering verwendet werden sollten, bedient das *Moduldiagramm* der in diesem Buch zugrundeliegenden Betrachtungsweise eher die konstruktiven Aspekte. Wir wollen in diesem Schritt die eigentliche modulare Struktur entwerfen und jede technologische Funktion konkreten mechatronischen Einheiten zuordnen. Dabei sind auch Festlegungen zum Charakter der einzelnen Module zu treffen, also, ob beispielsweise eine Funktion allein als mechatronische Einheit ausgeführt werden soll oder Bestandteil eines komplexeren Moduls sein kann. Ebenso ist die Frage zu klären, ob die Module integrierbar, autonom oder selbst modular ausgeführt werden sollen, und schlussendlich sind alle Einheiten gemeinsam mit den Komponenten des *Backbones* zusammenzubringen.

Ausgangspunkt dieser Überlegungen sind jetzt neben den einzelnen Grundfunktionen auch die einzelnen Ergebnisse der Zielanalyse nach Bild 2.16 bis Bild 2.21. Nachfolgend einige ausgewählte Aspekte, die für unser Beispiel *Klebebinder* betrachtet und im weiteren Verlauf vertieft werden sollen.

Produkt: Volatilität und Quantität

Die Ergebnisse dieser Betrachtung führen zur Definition einer minimalen und einer durchschnittlichen Losgröße der Produkte. Da wir uns im Kontext zu Industrie 4.0 bewegen, wollen wir annehmen, dass wir zwar individuelle Produkte in Losgröße 1 fertigen wollen, aber wie weit führt diese Angabe? Bedeutet es, dass wirklich jedes einzelne Produkt andere Formate, Bindeverfahren und Einbände besitzt, oder können vom Produktionsleitsystem größere Lose mit gleichem Format und identischem Bindeverfahren gebildet werden? In letzterem Fall entstehen auch individuelle Produkte, die sich jedoch allein durch die Inhalte und die Anzahl der Seiten unterscheiden. In der Folge ist aber der Umrüstaufwand geringer, und mit einer automatisierten Formatumstellung kann auch der quantitative Produktdurchsatz entsprechend hoch sein.

Sind Volatilität und geforderte Quantität jedoch so hoch, dass man davon ausgehen kann, dass keine sinnvoll größeren Losgrößen gebildet werden können, wäre es kontraproduktiv, wenn beispielsweise die *Leimstation* ständig durch einen Bediener ausgetauscht werden müsste. In diesem Fall könnte die parallele Integration der verschiedenen Derivate aller betreffenden Funktionseinheiten und die Ausprägung eines intelligenten Materialflusssystems innerhalb der Maschine in Erwägung gezogen werden.

Produkt: Qualität und Quantität

Für unser Beispiel Klebebinder wollen wir annehmen, dass die Verweildauer nach dem *Zusammenfügen* und *Andrücken* entscheidend für die Haltbarkeit des finalen Produktes ist. Wenn das gebundene Buch beispielsweise zu früh aus der Andrückvorrichtung entfernt wird, könnte der Kleber nicht genug ausgehärtet sein, und es würden im nachfolgenden Handling erste Risse und Ablösungen entstehen. Damit steht die Produktivität des Klebebinders mit der Qualität in direktem Zusammenhang, denn eine größere Verweildauer bedeutet ohne entsprechende konstruktive Maßnahmen eine Leistungsreduzierung.

Investition und Umfeld: Verfügbarkeit in digitaler Produktion

Hohe Produktvolatilität und digitales Umfeld erfordern auch höchste Verfügbarkeit des Produktionssystems. Daher sind aufwendige Umrüstungen zu vermeiden sowie bei Erfordernis durch intelligente Einrichtszenarien abzufedern.

Firma: Herstellung von Klebebindern nach individuellem Kundenwunsch

Ein breites Portfolio unterschiedlicher Typen erfordert rationelle Fertigung der Maschinen. Diese Auswahl an Kriterien soll nun bei zwei Klebebindern für die Produktion von individuellen Fotobüchern angewandt werden.

Beispiel 1: Individueller Klebebinder für hohe Produktivität bei geringerer Produktvolatilität

- Es können durch Zusammenfassung von typgleichen Produkten größere Losgrößen mit gleicher Bindetechnologie gebildet werden.
- Es sollen nur Bücher gleichen Typs mit Softcover aber unterschiedlichen Klebstoffen gefertigt werden.
- Es sind nur ausgewählte und vordefinierte Formate möglich.
- Der Fokus liegt auf höchster Produktivität und Produktqualität.
- Die Einbindung in einer digitalen Produktion erfordert CP-Klasse 44.
- Die Ausprägung individueller Maschinen bei gleichzeitig kurzer Lieferzeit und niedrigem Investitionsbudget erfordert eine rationelle Fertigung.

Beispiel 2: Individueller Klebebinder für hohe Produktivität und sehr hoher Produktvolatilität

- Es soll Losgröße 1 für alle Formate und Bindeverfahren möglich sein.
- Es können Bücher mit verschiedenen Einband-Varianten gefertigt werden.
- Innerhalb von technologischen Grenzen sind beliebig viele frei definierte Formate möglich.
- Der Fokus liegt auf höchster Produktvolatilität und -qualität.
- Die Einbindung in einer digitalen Produktion erfordert CP-Klasse 44.
- Die Ausprägung individueller Maschinen bei gleichzeitig kurzer Lieferzeit erfordert eine rationelle Fertigung.

Die Beispiele sind bewusst so gewählt, dass Überschneidungen in den Anforderungen existieren[44]. Dazu zählen das Umfeld der digitalen Produktion, eine hohe Produktivität und die individuelle Konfiguration der Maschinen bei zugleich kurzen Lieferzeiten[45].

Wir haben bisher gezeigt, dass besonders Letzteres die Anforderung an eine modulare Konstruktionsweise generiert. Am Beginn der Überlegungen muss daher die Zuordnung der technologischen Funktionen zu einzelnen Modulen erfolgen. Als Grundlage dazu dienen die ERD der einzelnen Funktionen (vgl. Beispiel Rückenfräsen, Bild 2.28). Danach ist zu entscheiden, welche Modulausprägungen für die einzelnen Teilmodule praktikabel sind und wie die konstruktive Kompatibilität untereinander und in Bezug auf den Backbone gesichert werden soll. In Tabelle 2.6 ist das für den Bereich *Buchblockbearbeitung* an einem Klebebinder exemplarisch dargestellt.

[44] Es ist eher gängige Praxis, dass in einem Unternehmen gleichzeitig Fertigungsaufträge mit unterschiedlichen und zugleich überdeckenden Anforderungen bearbeitet werden müssen.

[45] Dieser Fakt kann auch als ein Anspruch an das herstellende Unternehmen sein, um am Markt ein Alleinstellungsmerkmal zu bilden.

Tabelle 2.6 Übersicht der Modulklassifikation für einen Klebebinder, Bereich Buchblockbearbeitung

	Modul	Modultyp	Funktionalität	Anz. Typ	Interaktionsmerkmale							
					Montage	Materialfluss	Elektro	Saugluft	Blasluft	Safety	HMI	I40
Buchblockbearbeitung	Blockzufuhr	integriert	Zuführen	1	fest lösbar	synchron mechanisch	80 VDC 10 A 24 VDC 3,5 A	0,3 l/Prod	0,2 l/Prod	Safe Torque Off	x	CP12
	Rüttelstation	integriert	Rütteln	1	fest lösbar	x	400 VAC 16 A	x	x	Safe Torque Off	x	CP12
	Pressstation	integriert	Pressen Klammern	1	fest lösbar	asynchron elektrisch	80 VDC 10 A 24 VDC 0,8 A	x	x	Safe Torque Off	Tasten	CP12
	Rücken- bearbeitung	integriert	Rücken bearbeiten	2	mobil rastend	synchron elektrisch	400 VAC 16 A 80 VDC 10 A 24 VDC 3,5 A	2,5 l/Prod	x	Safe Motion	Mini- display	CP23
	Leimstation	autonom modular	Klebstoff auftragen	3	mobil rastend	synchron elektrisch	400 VAC 16 A 24 VDC 2,5 A	x	0,2 l/Prod	Safe Motion	5,7" Touch	CP44
	Fälzelstation	autonom	Fälzel zuführen	1	mobil rastend	synchron elektrisch	80 VDC 10 A 24 VDC 2,0 A	0,3 l/Prod	0,5 l/Prod	Safe Motion	Mini- display	CP23

Die Einträge haben folgende Bedeutung:

Moduldefinition

Es werden Modultypen definiert und deren Basisfunktionalität zugeordnet.

Anzahl der Typen (Derivate)

Es wird vermerkt, ob Derivate des Moduls existieren.

Die *Ziffer Eins* bedeutet, dass es genau eine Ausprägung dieses Moduls gibt und es demzufolge nur in unveränderter Form verwendet werden kann. Eine *größere Zahl* sagt aus, dass von diesem Modul verschiedene Derivate erforderlich sind. Das heißt aber nicht, dass alle Derivate in einer Maschine vorkommen müssen (siehe Kardinalitäten im ERD, Bild 2.4).

Montage

Hier ist prinzipiell festgelegt, wie das Modul in das Produktionssystem eingegliedert wird.

Fest bedeutet, dass es dauerhaft montiert wird und kein Austausch im Sinne einer technologieabhängigen Umrüstung vorgesehen ist. Diese Montage kann lösbar (z. B. als Schraubverbindung) oder unlösbar (z. B. als Schweißverbindung) ausgeführt werden.

Eine *rastende* Montage deutet darauf hin, dass ein mobiles Modul sehr einfach durch Bedien- oder Servicepersonal ein- und ausgebaut werden kann, wie es z. B. für eine Umrüstung erforderlich sein kann.

Materialfluss

Es wird die Zugriffsart auf das durchlaufende Material festgelegt.

Mechanisch sagt aus, dass das Modul mit dem Transportsystem (z. B. eine Sammelkette) über einen starren Abtrieb (z. B. ein mechanisches Getriebe) verbunden ist. Die Koordination erfolgt dabei in der Regel synchron.

Handelt es sich um ein elektrisches Getriebe mit Servo-Antriebstechnik, wird in der Regel eine *synchrone* Koordination erforderlich sein. *Asynchron* bedeutet, dass z. B. anstatt einer Positions- nur eine Geschwindigkeitssynchronisation erforderlich ist. Diese Aussage hat erheblichen Einfluss auf die konstruktive und dynamische Auslegung des Automatisierungssystems. Es wäre an dieser Stelle auch möglich, die dynamischen Anforderungen wie z. B. Drehzahl und Positionsgenauigkeit mit zu notieren.

Medienversorgung

Es werden für alle *Versorgungsmedien* die Kennwerte angegeben.

Safety

Für die Auslegung des Automatisierungssystems sind die *sicherheitstechnischen Anforderungen* der einzelnen Module anzugeben. Dabei kann es sich im Falle eines Notaus um eine einfache Stillsetzung der Antriebe (Safe Torque Off) oder um komplexere sichere Antriebsfunktionen wie z. B. Sichere Reduzierte Geschwindigkeit (Safe Limited Speed) handeln.

Bedienen und Beobachten (HMI)

Wenn für die *Bedienung* der einzelnen Module eigene lokale Komponenten erforderlich sind, so hat dies ebenfalls nicht unerheblichen Einfluss auf die Gestaltung des Automatisierungssystems. Somit ist die Überlegung wichtig, ob eine Bedienung z. B. nur über einzelne Tasten oder mittels einer grafischen Benutzeroberfläche erfolgen soll.

I4.0-Eigenschaften

Wird das Produktionssystem in einer digitalen Produktion betrieben, ist an dieser Stelle anzugeben, ob und wie das jeweilige Modul bekannt ist und kommuniziert. Am Beispiel der Leimstation nehmen wir an, dass diese an einer externen Dockingstation durch Vorheizen in Bereitschaft gehalten werden soll. Weil es für die Produktionssteuerung wichtig ist, ob es eine betriebsbereite Leimstation gibt oder, ob diese erst noch weiter vorgeheizt werden muss, wird dieses Modul als autonomes Modul mit der *CP-Klasse* 34 und damit I4.0-konform ausgeführt.

In einer weiteren Darstellung müssen nun die Modulderivate spezifiziert werden. In Tabelle 2.7 ist das für die Module Rückenfräse und Leimstation dargestellt.

Tabelle 2.7 Klassifikation und Eigenschaften einiger Modulderivate für einen Klebebinder

	Modul	Modultyp	Typ	Beschreibung	Funktionalität	Interaktionsmerkmale							
						Montage	Materialfluss	Elektro	Saugluft	Blasluft	Safety	HMI	I40
Derivate	Rücken-bearbeitung	integriert	1	nur vollständiges Fräsen des Buchblockes möglich	Vollfräsen	mobil rastend	x	400 VAC 16 A 24 VDC 1,5 A	2,5 l/Prod	x	Safe Motion	Stell-schrauben	CP23
			2	vollständiges und partielles Fräsen des Buchblockes möglich	Vollfräsen Partiellfräsen	mobil rastend	synchron elektrisch	400 VAC 17 A 80 VDC 10 A 24 VDC 3,5 A	2,5 l/Prod	x	Safe Motion	Mini-display	CP23
	Leimstation	autonom modular	1	Rücken- und Seitenbeleimung des Buchblockes mit Schmelzklebstoff	Klebstoffauftrag	mobil rastend	synchron elektrisch	400 VAC 16 A 24 VDC 2,5 A	x	0,2 l/Prod	Safe Motion	5,7" Touch	CP34
			2	Rücken- und Seitenbeleimung des Buchblockes mit Polyurethan-klebstoff		mobil rastend	synchron elektrisch	400 VAC 16 A 24 VDC 2,5 A	x	0,2 l/Prod	Safe Motion	5,7" Touch	CP34
			3	Rücken- und Seitenbeleimung des Buchblockes mit Dispersionsklebstoff		mobil rastend	synchron elektrisch	400 VAC 16 A 24 VDC 2,5 A	x	0,2 l/Prod	Safe Motion	5,7" Touch	CP34

Die Einträge haben folgende Bedeutung:

Rückenbearbeitung

Die Varianten unterscheiden sich in den Möglichkeiten der Fräsverfahren. Mit einem Typ 1 kann nur der gesamte Buchrücken gefräst werden. Das bedeutet, dass technologisch keine *Flexstabilbindung* möglich ist und damit die technische Ausführung durch den Wegfall einer positionsabhängigen Zustellung des Fräskopfes deutlich einfacher und damit preisgünstiger gestaltet werden kann. Dagegen ist Typ 2 für beide Bindeverfahren geeignet, denn mit den Parametern $a_1 = a_2 = 0$ ist das Vollfräsen und mit $a_1, a_2 > 0$ jede andere Fräsung möglich.

Es zeigt sich noch ein weiterer Sachverhalt. Im Abschnitt 2.1.4 haben wir erfahren, dass Module nur uneingeschränkt getauscht werden können, wenn sie funktions- und anschlusskompatibel ausgeführt sind. Die *funktionelle Kompatibilität* der Rückenbearbeitung zeigt sich darin, dass beide Derivate den Dienst *Rücken bearbeiten* ausführen können. Der einzige Unterschied besteht darin, dass bei Typ 1 der Dienstaufruf nur angenommen wird, wenn die Parameter $a_1 = a_2 = 0$ sind. Anschlusskompatibel sind die Modultypen durch die gleichen Interaktionen, auch wenn Typ 1 nur eine Untermenge von Typ 2 benötigt, denn es ist für die Kompatibilität unerheblich, ob und wie ein angebotener Dienst genutzt wird oder nicht.

Leimstation

Bei diesem Modul bestehen nach außen weder funktionell, noch konstruktive Unterschiede. Lediglich der innere Aufbau und die inneren Funktionen zur Verarbeitung und Dosierung der verschiedenen Klebstoffarten sind verschieden.

2.4.2.2 Qualitatives Modulschema

Mit den bisher ermittelten Informationen ist es nun möglich, ein qualitatives Modulschema zu entwerfen. Dazu werden die Platzierungen der einzelnen Module zueinander und in Bezug auf Backbone und Transportsystem skizziert. Bild 2.32 zeigt ein Modulschema für Fallbeispiel 1.

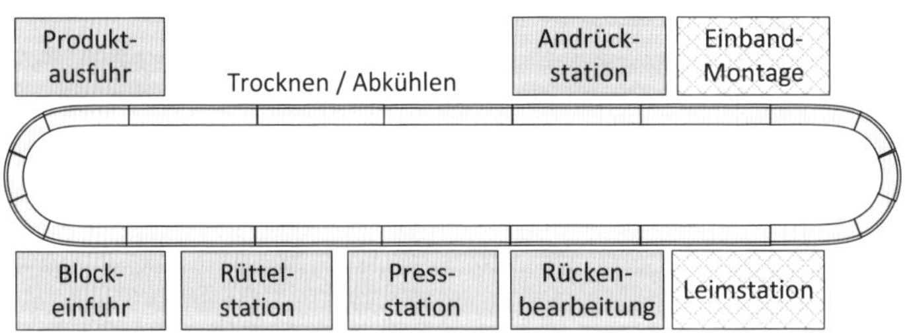

Bild 2.32 Qualitatives Modulschema für einen Klebebinder mit einer Sammelkette als Transportsystem

Das Material-Transportsystem könnte im dargestellten Beispiel als umlaufende Transportkette ausgeführt sein, an die alle Module entsprechend ihren Vorgaben (Tabelle 2.4) gekoppelt werden. Die Backbone-Komponenten befinden sich innerhalb des Maschinenrumpfes.

Die Module *Leimstation* und *Einbandbearbeitung* sollen bei einem Technologiewechsel durch Derivate für verschiedene Klebstoffe bzw. Umschläge getauscht werden können. Obwohl für die Rückenbearbeitung zwei Derivate zur Verfügung stehen, wird in dieser Konfiguration nur Typ 1 für das Vollfräsen verwendet und ist daher im Gegensatz zu Leimstation und Einbandbearbeitung mit dem Attribut fest versehen (im Bild hell dargestellt).

In diesem Schema sind die Vor- und Nachteile einer durchgehenden Sammelkette als Transportsystems sehr gut erkennbar. Der grundsätzliche Vorteil dieser Konfiguration ist sicher der Preis des Transportsystems. Eine durchgehende Sammelkette mit einem Hauptantrieb und dazugehöriger Servotechnik ist konstruktiv etabliert und mit vergleichsweise geringem Aufwand zu fertigen. Der entscheidende Nachteil dieses Konzeptes ist jedoch die Produktivität, denn das Produkt, welches die längste Verweilzeit benötigt, bestimmt die Produktivität der Gesamtanlage.

Das Modulschema für Fallbeispiel 2 zeigt Bild 2.33. Diese Konfiguration basiert auf einem Transportsystem, wie es in [25] vorgestellt wird und erfüllt die Forderung nach größtmöglicher Flexibilität für Produkte in Losgröße 1. Jedes Produkt kann sich in dieser Anlage entsprechend technologischer Grenzen sowohl in den Formaten wie auch in den Bindeverfahren unterscheiden.

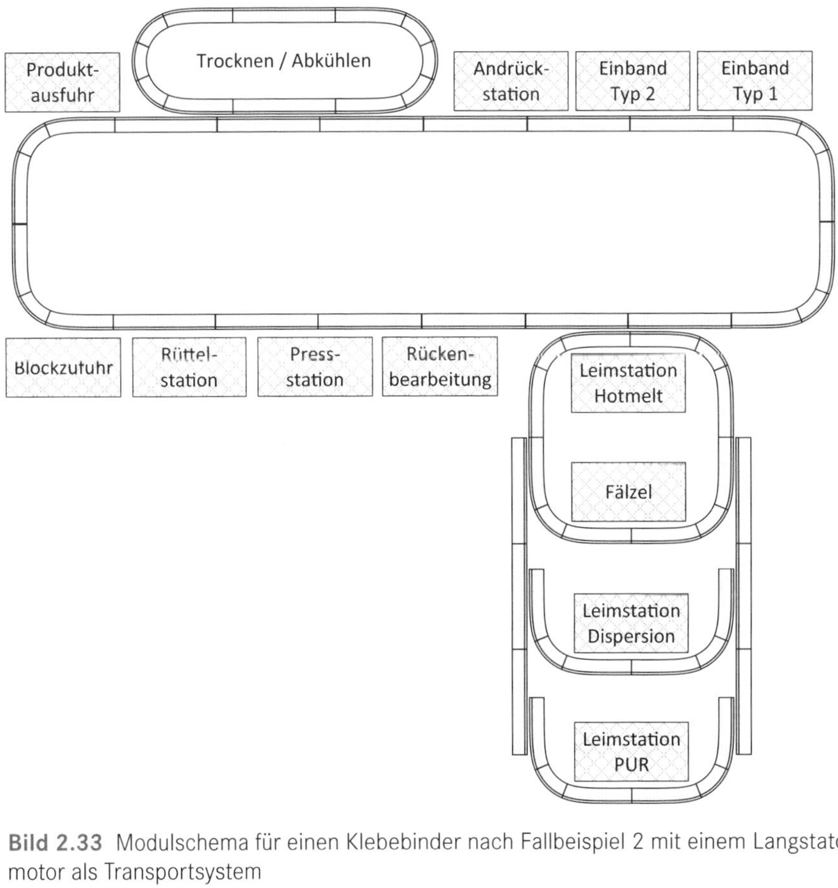

Bild 2.33 Modulschema für einen Klebebinder nach Fallbeispiel 2 mit einem Langstator-Linearmotor als Transportsystem

Um das zu gewährleisten, sind folgende Details berücksichtigt:

- Das Transportsystem ist als *Langstator-Linearmotor* ausgeführt und mit elektrischen Weichen ausgestattet, die innerhalb weniger Millisekunden einen Richtungswechsel realisieren können. Für die Produktverfolgung können somit direkt vor jeder Verzweigung die Technologiedaten des einzelnen Produktes via RFID-Reader oder QR-Code-Scanner ausgelesen werden. Wird z. B. nach der Rückenbearbeitung der Dienstaufruf „Klebstoff auftragen/Hotmelt" als nächster Technologieschritt erkannt, so kann die zentrale Backbone-Steuerung mittels der im Manifest hinterlegten Daten für genau dieses Produkt-Shuttle einen entsprechenden Dienst als neuen Transportauftrag generieren[46].
- Die einzelnen Module werden im Interesse der Leistungsfähigkeit im Wesentlichen entsprechend der technologisch erforderlichen Reihenfolge an das Transportsystem angeordnet. Das ist aber nicht zwingend notwendig, wie es sich am Beispiel der Fälzelzufuhr veranschaulichen lässt. Da für die Montage eines Fälzelbandes vorzugsweise Schmelzklebstoff verwendet wird, ist diese der entsprechenden Leimstation direkt nachgelagert. Wie in Bild 2.33 ersichtlich, passiert das Produkt direkt nach der Fälzelzufuhr wieder diese Leimstation und erhält hier den zweiten Klebstoffauftrag für die Einbandmontage. Wenn erforderlich, kann das Shuttle auch noch auf der Nebenstrecke verweilen, um den Kleber etwas abkühlen zu lassen oder es kann die Leimstation ohne Bearbeitung passieren, wenn z. B. für ein Produkt kein Einband zugeführt werden soll. Oder das Modul zur Fälzelmontage wird weiter entfernt (z. B. am Stellplatz der Leimstation PUR) installiert. Dann würde es nach dem ersten Klebstoffauftrag mit hoher Geschwindigkeit zugestellt und verlangsamt wieder in den Produktstrom integriert. Das Beispiel zeigt, dass durch die Möglichkeit der mehrmaligen Nutzung eines Moduls die Anlage bei höchster Flexibilität auch platzsparender und kostengünstiger errichtet werden kann.
- Erreicht ein Produkt ein Modul, können die Technologiedaten direkt ausgelesen werden, und die Bearbeitung erfolgt dann entsprechend der vorgegebenen und/oder der durch die vorhergehenden Bearbeitungsschritte aktualisierten Daten. Beispielsweise kann das Pressmodul während des Produktdurchlaufes die tatsächliche Dicke des Buchblockes messen und als Istwert auf den RFID-Chip schreiben. Mit dieser Information können alle weiteren Bearbeitungsschritte, die in ihrer Technologie die exakte Blockdicke benötigen, qualitativ höherwertig ausgeführt werden.
- Mit der in [25] vorgestellten Technologie können die Antriebsfunktionen der Module direkt und mit hoher Genauigkeit auf die Position der Shuttles synchronisiert werden. So ist es z. B. möglich, die Transportgeschwindigkeit des Buchblockes im Bereich eines Moduls technologieabhängig ohne Rückwirkungen auf die übrigen Shuttles anzupassen. Auch die positionssynchrone Rückenbearbeitung gemäß Bild 2.29 ist mit diesem System möglich.
- Um die Forderung nach gleichzeitig hoher Quantität und Qualität zu erfüllen, werden alle möglichen Modulderivate zugleich in das Produktionssystem integriert, können aber durch ihre konstruktive Eigenschaft *mobil rastend* einfach ausgetauscht, umgeordnet oder ergänzt werden. Damit werden Stillstands- und Umrüstzeiten minimiert.

[46] Das in [25] vorgestellte System verfügt auch über die Möglichkeit, die Technologiedaten eines Produktes direkt einem Shuttle zuzuordnen. Damit könnten die Bearbeitungsschritte schon bei der Einfuhr oder vom ERP dem Transportsystem übergeben werden, und es entfallen die direkten Abfragen vor den Bearbeitungsstationen.

Des Weiteren können für die Gewährleistung der erforderlichen Verweilzeiten Parallelstrecken installiert sein, die je nach verwendeter Technologie auch mehrfach durchlaufen werden können. Damit ist die Gesamtdurchlaufzeit eines Produktes nicht abhängig von Produkten mit längerer Verweilzeit.

- Auch das Transportsystem ist modular und kann so gestaltet werden, dass Reserveplätze für weitere Module vorgesehen oder nachgerüstet werden können. So kann die Anlage z. B. an einer geeigneten Position mit einem Modul für den zusätzlichen Bedruck mit einem QR-Code als Versandetikett oder zum Einlegen eines Lesebandes ergänzt werden, ohne den Betrieb der übrigen Module zu beeinflussen.

Der gezeigte Lösungsansatz zeigt, wie der Einsatz innovativer Technologien völlig neue Möglichkeiten speziell für die Herstellung individueller Produkte eröffnet und Alleinstellungsmerkmale generiert. Mit einer umlaufenden Transportkette wäre die erreichbare Flexibilität und Quantität sicher nicht möglich. Dazu kommt die Option, das Transportsystem über die gesamte Buchfertigungsstrecke vom Digitaldruck über das Blockbilden, das Klebebinden, Beschneiden und Verpacken zu erweitern. Daraus ergeben sich einerseits Synergien durch den Wegfall von Zu- und Ausfuhrmodulen in den Einzelmaschinen, und andererseits lässt sich der Produktdurchlauf I4.0-konform hocheffektiv gestalten. So erfolgt es z. B. in einer modularen Getränkeabfüllanlage, bei der jede Flasche individuell befüllt und bedruckt werden kann [26]. Es wird auch der Vorteil des objekt- und dienstorientierten Konzeptes deutlich, denn keines der Module muss zwingend etwas über die Gesamtanlage wissen und arbeitet völlig eigenständig.

2.4.3 Entwurf des Automatisierungssystems

Das Modulschema dient nun als Vorlage für den weiteren mechanischen, elektrischen und automatisierungstechnischen Engineering-Prozess[47].

2.4.3.1 Hardwarekonzept

Für die Entwicklung des Hardware-Konzeptes ist zunächst der jeweilige Modultyp zu beachten (Tabellen 2.6 und 2.7). Während ein integrierbares Modul keine eigene Steuerungsintelligenz besitzen muss, ist das bei autonomen Modulen zwingende Voraussetzung. Die Angaben berücksichtigen in den Spalten *Safety* und *HMI* die dazu ermittelten Anforderungen. Die Bilder 2.34 bis 2.36 zeigen Beispiele für mögliche Automatisierungskonzepte der drei Modultypen, wobei es sich nur um grobe Darstellungen handeln kann.

[47] Um dem Anliegen dieses Buches gerecht zu werden, sollen im Folgenden nur die automatisierungstechnischen Prozesse betrachtet werden.

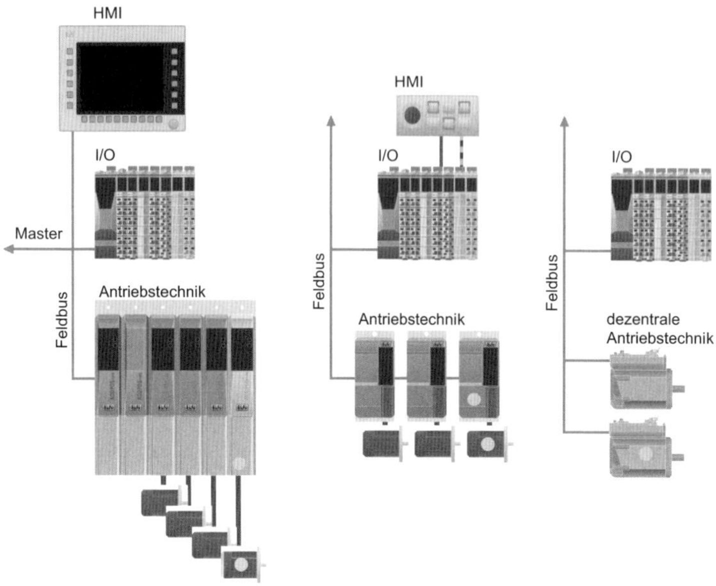

Bild 2.34 Strukturbeispiele der Automatisierung für integrierbare Module

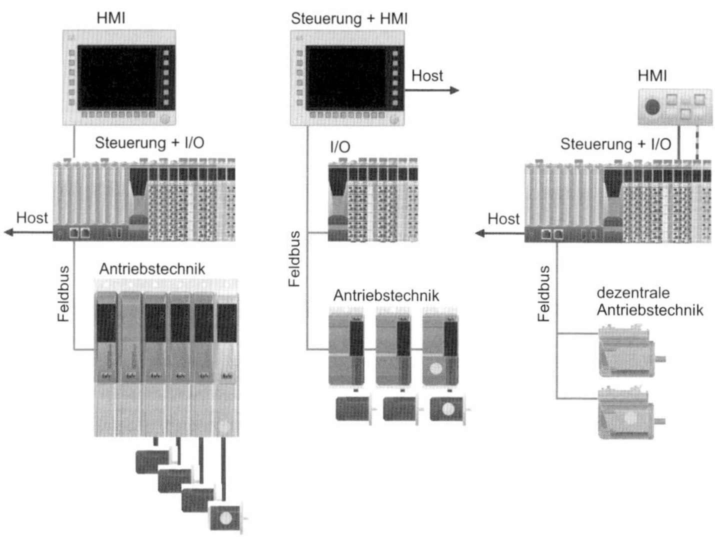

Bild 2.35 Strukturbeispiele der Automatisierung für autonome Module

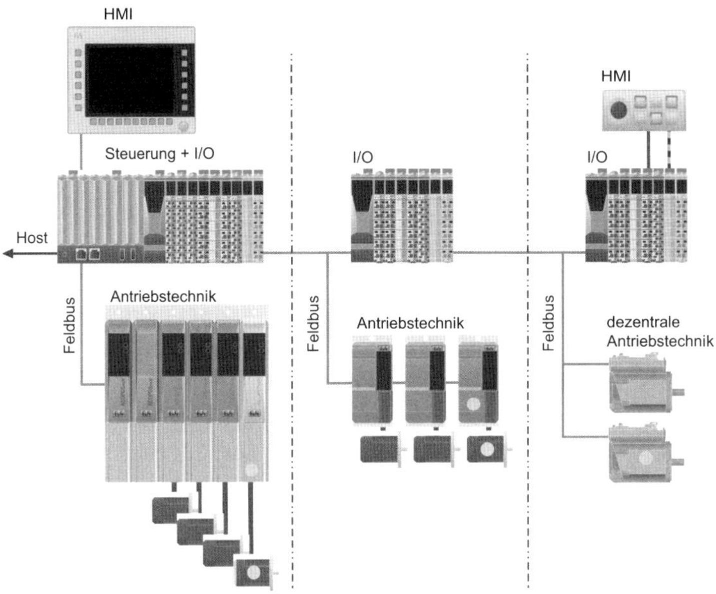

Bild 2.36 Strukturbeispiel der Automatisierung für ein modulares Modul

Für Fallbeispiel 2 ist das prinzipielle Automatisierungskonzept in Bild 2.37 dargestellt.

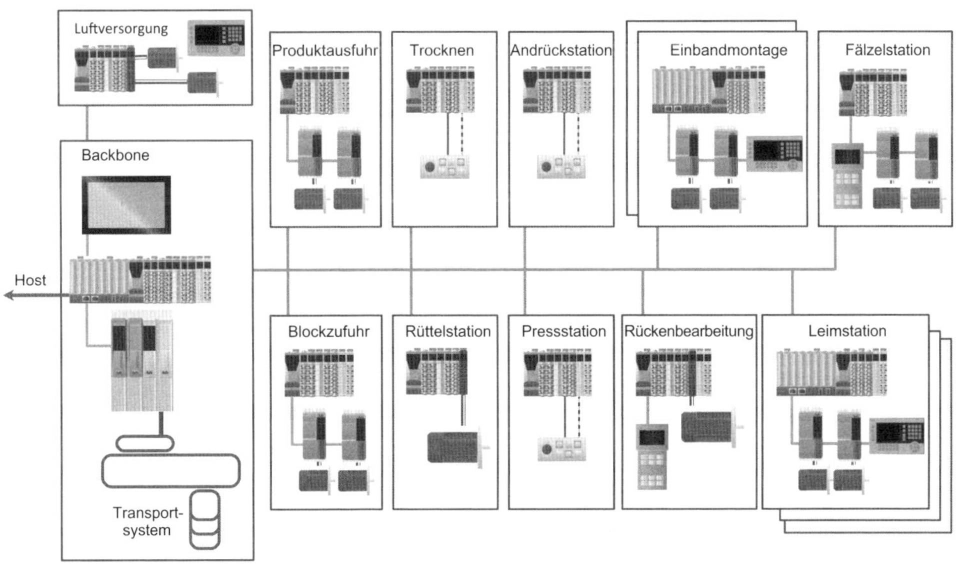

Bild 2.37 Automatisierungskonzept für einen Klebebinder nach Fallbeispiel 2

Es zeigt die modulare Anordnung an einem gemeinsamen Feldbus, der sowohl die Übertragung der asynchronen Dienste für Technologie, Bedienung und Service übernimmt, aber auch synchrone Daten in Echtzeit zu transportieren hat. Daraus ergeben sich einige Designanforderungen in Bezug auf die Offenheit, Echtzeit- und Safetyverhalten, die im Abschnitt 4.4 näher behandelt werden.

An dieser Stelle soll jedoch darauf hingewiesen werden, dass die Betrachtung des synchronen Datenverkehrs von Beginn an zur Designentscheidung der Modulautomatisierung gehört. Wird beispielsweise definiert, dass die Produkte beim Eintreffen in den Arbeitsbereich eines Moduls grundsätzlich z. B. über eine Druckmarkenerkennung oder ein Triggersignal (Bild 2.29) sensorisch referenziert werden, kann die Übertragung der synchronen Masterposition möglicherweise ressourcenschonender gestaltet werden. Damit ergeben sich zusätzlich Spielräume für eine dynamisch rückwirkungsfreie Anlagengestaltung gerade dann, wenn die Anzahl der Module hoch und zugleich stark schwankend ist.

Noch tiefgreifender sind die Betrachtungen zur Maschinensicherheit und der Einbindung der Safety-Komponenten, denn eine modulare Struktur stellt in dieser Hinsicht zusätzliche Anforderungen. Diese sind in [27] ausführlich dargestellt und werden im Abschnitt 4.3 näher behandelt.

2.4.3.2 Softwarekonzept

Aus den Ergebnissen des vorangegangenen Engineering-Prozesses lässt sich nun das Softwarekonzept entwerfen, wie es in den vorangegangenen Abschnitten gezeigt wurde. Der Entwurfsprozess für eine modulare und objektorientierte Softwarestruktur beginnt mit dem jeweiligen ERD und den zugeordneten Eigenschaften. Es gibt jedoch einige Aspekte des modularen Maschinenbaus, die im Verlauf der Softwareentwicklung besonders zu berücksichtigen sind und auf die hier näher eingegangen werden soll. Zunächst sind das die Aspekte, die sich aus der Typisierung der Module ergeben[48].

Autonome Module

Dieser Modultyp verfügt über eine eigene Automatisierung mit der für den Einsatz erforderlichen Kompatibilität für den Austausch aller operativen Daten für die technologischen Funktionen wie z. B. Positionsdaten für eine Synchronisierung von Bewegungen, aber auch für die Maschinensicherheit (Safety), Diagnoseinformationen (Condition Monitoring) oder die Bedienung (HMI). Üblicherweise erfolgt dies über einen Feldbus, der mit seinem Echtzeitverhalten auch die Anforderungen an die Synchronität des Datenverkehrs erfüllt. Für einen dienstorientierten, echtzeitfähigen und I4.0-konformen Datenaustausch wurde dazu Ethernet als physikalisches Medium und OPC UA TSN als Protokollformat bereits als Standardempfehlung definiert[49].

Die Tatsache, dass dieser Modultyp völlig autark betriebsfähig ist, lässt bei Berücksichtigung dieser Anforderungen eine völlig freie Gestaltung der moduleigenen Automatisierungstechnik zu. Die Modulsoftware wird mit den jeweils erforderlichen Werkzeugen erstellt und ist bei Erfüllung der Kompatibilitätskriterien auch nicht an bestimmte Konventionen wie z. B. eine bestimmte Programmiersprache oder ein Betriebssystem ge-

[48] Vgl. auch Abschn. 2.1.1.

[49] Siehe Statusreport zur Entwicklung eines Interaktionsmodells [11].

bunden. Dieser Sachverhalt ist jedoch Chance und Herausforderung zugleich, denn das Verhalten des Moduls als Blackbox kann auch dazu führen, dass das Engineering-Team des Maschinen- oder Anlagenherstellers nur durch ein exaktes und gewissenhaftes Lastenheft Einfluss auf die Gestaltung der Automatisierungstechnik hat. Andererseits kann eine genau auf die technologische Aufgabe abgestimmte Hard- und Software eingesetzt werden, sodass daraus technische und/oder wirtschaftliche Vorteile generiert werden können. Die Auswahl eines geeigneten Automatisierungssystems gehört daher schon ganz am Anfang zur Designentscheidung für jedes Modul.

Integrierbare Module

Dieser Modultyp wird automatisierungstechnisch durch die Steuerung des Backbone bedient, denn integrierbare Module enthalten keine eigene technologische Intelligenz[50]. Während die Modulbildung auf der HW-Ebene durch den Einsatz von Feldbusknoten recht einfach ist, besteht im Softwareentwurf die Gefahr, dass alle im Voraus erfolgten Modularisierungsbestrebungen durch unsaubere Trennung der einzelnen Programmteile wieder zunichtegemacht werden. Die Verwendung von Funktionsbausteinen, Makrostrukturen oder Multitasking-Betriebssystemen kann in dieser Hinsicht nur ein erster Schritt zu einer sauberen Trennung hin zu klar definierten Softwaremodulen sein. Dieser Konflikt wird noch verstärkt durch die Tatsache, dass Software mitunter durch mehrere und weltweit dezentral arbeitende Projektteams entwickelt wird. Ein Engineering-System, welches die Verbindung von Logik und Physik nur über eine Konfigurationsschicht herstellt, ist daher für diese Modulvariante eine Grundvoraussetzung.

Modulare Module

Die vorgenannten Aspekte gelten auch bei diesem Modultyp, nur mit dem Unterschied, dass sich der Betrachtungshorizont über die Teilmodule auf das Gesamtmodul erweitert. Allein wegen des geringeren Umfangs der zu realisierenden Funktionen, wird oft zu schnell auf eine modulare Softwarestruktur verzichtet. Dabei gelten auch bei diesem Modultyp die gleichen Regeln der Modularisierung mit mindestens den gleichen Synergieeffekten.

Unter diesen Gesichtspunkten ist für die einzelnen Modultypen besonders das Software-Entwicklungs-Werkzeug gewissenhaft auszuwählen. Der in Bild 2.38 gezeigte Projektausschnitt für das Beispiel *Klebebinder* demonstriert, wie eine modulare Softwarestruktur realisiert werden kann[51].

---

[50] Der Begriff „keine technologische Intelligenz" soll deutlich machen, dass einzelne Steuerungskomponenten wie z. B. Servoverstärker oder I/O-Module durchaus intelligent sein können und mit Prozessoren ausgestattet sind, aber immer auf eine zentrale Steuerung angewiesen sind, über die der technologische Ablauf gesteuert wird.

[51] Darstellungen aus dem B&R Engineering-System *Automation Studio* [36].

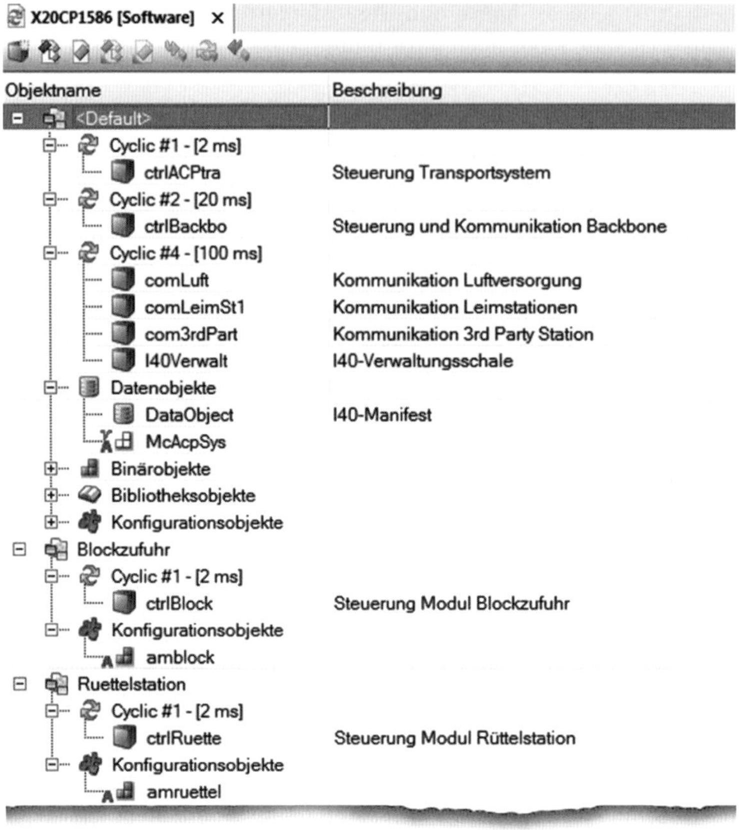

Bild 2.38 Darstellung der Applikationsmodule eines Klebebinders am Beispiel des B&R Automation Studio (Auszug)

Dabei werden die Funktionen und Module des Backbone sowie die integrierbaren Module wie *Blockzufuhr*, *Rüttelstation* etc. als eigene Applikationsmodule geführt. Diese beinhalten sämtlichen Programmcode der technologischen Funktionalitäten, der Antriebs- und Sicherheitstechnik bis hin zur Bedienung und Visualisierung (Bild 2.39). Die Module können von getrennten Teams an unterschiedlichen Standorten separat entwickelt und auch von dort parallel zu anderen Modulen auf der SPS installiert werden. Weiterhin ist zu erkennen, dass die autonomen Module *Luftversorgung* und *Leimstation* nur mit einem Kommunikationsobjekt existieren. Gleiches gilt für die I4.0-Verwaltungsschale und das dazu erforderliche Manifest als Datenobjekt.

Um die Applikationsmodule rückwirkungsfrei in das Softwareprojekt einfügen zu können, ist deren Verlinkung mit der Hardware erforderlich. In Bild 2.39 ist diese Zuordnung am Beispiel der Konfigurationsschicht des B&R Automation Studio dargestellt.

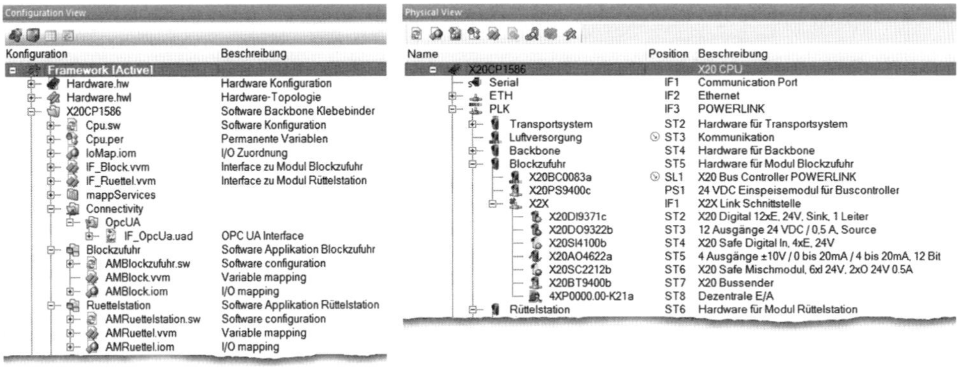

Bild 2.39 Zuordnung von Logik zur Physik über eine Konfigurationsschicht am Beispiel des B&R Automation Studio für einen Klebebinder (Auszug)

Es erfolgt somit eine klare Trennung von Physik und Logik. Das wiederum unterstützt die Entwickler bei der Bildung von Derivaten, indem die Softwarekomponenten unabhängig von ihrer physischen Zuordnung entwickelt werden können. Der Anspruch der weitgehenden und rückwirkungsfreien Entkopplung der einzelnen Teilprojekte ist damit auch in der Software weitestgehend erfüllt.

2.5 Zusammenführung und Fazit

Das Kapitel hat gezeigt, wie ein modulares Produktionssystem konzipiert werden kann. Dazu haben wir, ausgehend von den Grundlagen der Modularisierung, Modultypen definiert, mit den Methoden der objektorientierten Programmierung deren Eigenschaften und Zusammenhänge beschrieben und anhand von Beispielen deren Anwendungsmöglichkeit auf mechatronische Systeme gezeigt. Es wurde auch beschrieben, wie ein Produktionssystem in das Umfeld einer digitalen Produktion zu integrieren ist und wie die I4.0-konforme Gestaltung von Beginn an in den Konstruktionsprozess einfließen muss. Dazu haben wir den aktuellen Entwicklungsstand aus den Statusreports der Plattform Industrie 4.0 analysiert, die für den Maschinen- und Anlagenbau relevanten Aspekte in groben Zügen vorgestellt und an Beispielen demonstriert. Schließlich wurde am Beispiel einer konkreten Maschine der Entwurfsprozess von der Detailanalyse, über die Dekomposition der fachlichen Funktionalität bis hin zur konstruktiven und automatisierungstechnischen Konzeption angewandt.

Zum näheren Verständnis soll noch ein erfolgreiches Beispiel aus der Textilverarbeitung vorgestellt werden, bei dem die wesentlichen Elemente dieses Entwurfsprozesses zur Anwendung kamen. Es handelt sich dabei um Anlagen für die Faseraufbereitung, in denen Rohmaterial (z. B. Baumwolle oder Chemiefasern) in einem mehrstufigen Prozess aufbereitet wird [28]. Der technologische Prozess startet mit der Öffnung der Rohstoffballen in der sogenannten *Putzerei* (Bild 2.40).

Bild 2.40 Ballenöffner zum Herauslösen der Rohfasern (Quelle: Trützschler GmbH & Co. KG)

Im nächsten Schritt wird das Rohmaterial in mehreren Stufen gereinigt. So wird vermieden, dass Pflanzenreste, Insekten, Stäube oder andere Fremdstoffe wie z. B. Plastikreste oder Metallspäne in das Endprodukt gelangen. Außerdem werden bereits in dieser Prozessphase Fasermischungen hergestellt, bei denen verwertbare Bandabfälle und/oder verschiedene Rohstoffe dem Produktstrom zugeführt werden. Danach werden die Fasern mittels Kardieren parallelisiert und entweder zu Vlies oder Lunte[52] geformt (Bild 2.41).

[52] Unter Lunte oder Kardenband wird das Vorgarn verstanden, welches anschließend in der Spinnerei zu Fäden versponnen wird. In hochwertigen Lunten verlaufen die Fasern parallel und sehr gleichmäßig.

Bild 2.41 Fertige Faserlunte für den nachfolgenden Spinnprozess (Quelle: Trützschler GmbH & Co. KG)

Die Herausforderung besteht bei diesen Anlagen darin, dass je nach zu verwendendem Rohstoff und zu fertigendem Endprodukt unterschiedliche Prozessschritte erforderlich sind. Außerdem werden die Fasern bei der Verarbeitung sehr strapaziert, sodass die Anzahl der notwendigen Prozessschritte so niedrig wie möglich gehalten werden muss. Dazu sind die einzelnen Maschinen genau aufeinander abzustimmen, denn die Wahl des richtigen Reinigers oder einer Kombination von mehreren, hängt vom Rohstoff und der Produktionsleistung ab. Diese Anforderungen führen dazu, dass die gesamte Anlage individuell geplant und mit den erforderlichen Maschinen bestückt werden muss. Außerdem muss der Kunde von Auftrag zu Auftrag in der Lage sein, die Zusammenschaltung der einzelnen Maschinen individuell bestimmen zu können. Die Bilder 2.42 und 2.43 zeigen ein typisches Anlagenbeispiel, bei dem aus Baumwolle, Chemiefasern und wiederverwendbaren Produktionsabfällen eine qualitativ hochwertige Fasermischung hergestellt werden kann.

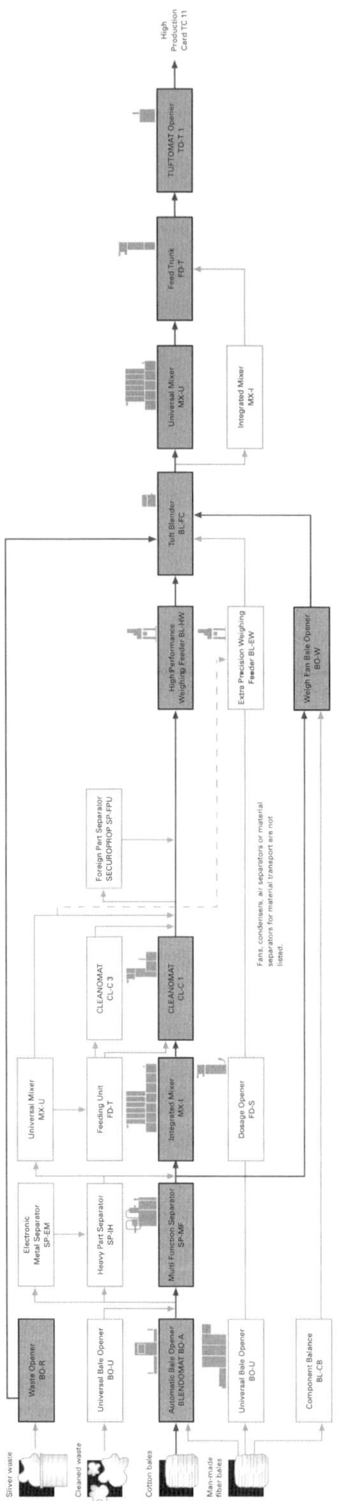

Bild 2.42 Blockschema einer Putzerei zur Faseraufbereitung (Quelle: Trützschler GmbH & Co. KG)

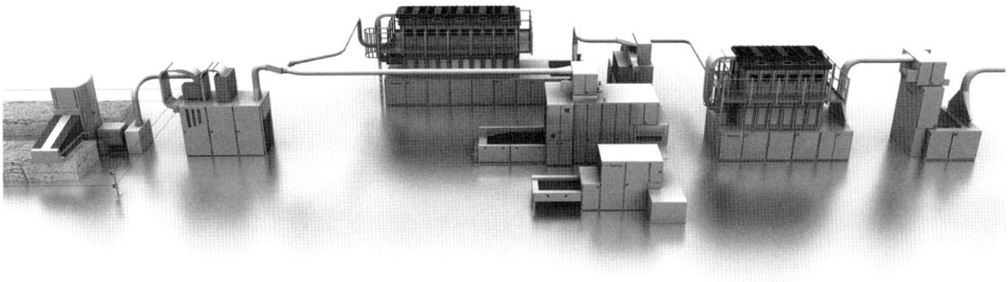

Bild 2.43 Anlagenschema einer Putzerei zur Faseraufbereitung (Quelle: Trützschler GmbH & Co. KG)

Der Anlagenhersteller hat dafür die Anlagenstruktur streng modularisiert und jedes Einzelaggregat genau wie jedes Teilstück des Transportweges als eigenständige Objekte definiert. Diesen Entitäten sind nicht nur die technologischen Funktionen und Eigenschaften zugeordnet, sondern auch alle erforderlichen Daten, die für eine auftragsgerechte Produktion, die Bedienung sowie den Service erforderlich sind. Damit ist eine äußerst effektive Bearbeitung aller internen Vorgänge von der Planung über die Produktion bis hin zur Lieferung und Inbetriebnahme möglich. Der Arbeitsaufwand für diesen Prozess hat sich nach Aussage des Entwicklungsleiters von 4 Mannwochen auf 16 Mannstunden verringert. Außerdem fallen durch den durchgängigen Prozess deutlich weniger Reklamationen und Nachbesserungen an.

Automatisierungstechnisch sind die Einzelmaschinen als autonome bzw. autonome modulare Module ausgeführt. Die nicht mit Steuerungstechnik versehenen Rohrsegmente existieren als virtuelle Objekte. Da T-Stücke als Weichen fungieren und somit Sensorik und Aktorik besitzen, werden sie als integrierbare Module von einer Maschinensteuerung mit verwaltet, wobei auch für diese Einheiten ein autonomer Ansatz denkbar ist.

Ein wesentliches Paradigma dieses objektorientierten Ansatzes ist es, dass die einzelnen Module einzig mit ihren unmittelbaren Nachbarn interagieren. Informationen erhalten sie nur über den Produktstrom und den in entgegengesetzter Richtung verlaufenden Informationsfluss. Das führt dazu, dass es keiner zentralen Intelligenz für Steuerungs- und Regelungsaufgaben bedarf, denn die Detektion der Anlagenkonfiguration geschieht grundsätzlich über die Objekte und deren Kommunikation untereinander. Vielmehr organisieren sich die Aufgaben innerhalb der Objekte und zwischen den Aggregaten selbst und für die eigentlichen Steuerungs- und Regelaufgaben muss keines dieser Objekte die ganze Anlage kennen – es genügt die Kenntnis über die unmittelbaren Nachbarn und die Kommunikation mit ihnen. Eine übergeordnete Instanz ist nur deswegen notwendig, weil eine Schnittstelle in die Anlage existieren muss, über die Rezepturen und Aufträge ins System gelangen und über die der Prozess konfiguriert und visualisiert werden kann.

Die Funktionsweise im laufenden Betrieb ist nahezu simpel und überaus logisch. Jedes Aggregat analysiert das einströmende Produkt nach den Kriterien, die für den jeweiligen technologischen Teilprozess relevant sind. Wird beispielsweise festgestellt, dass der ankommende Mengenstrom nicht ausreicht, um die abverlangte Leistung zu erzielen, wird eine entsprechende Information an die vorgeschaltete Station gesandt. Kann diese die Anforderung nicht bedienen, wird die Information weiter durchgereicht und erst am Ende der Bediener aufgefordert einzugreifen, indem er z. B. einen zusätzlichen Ballenöffner aktiviert oder die abverlangte Anlagenleistung drosselt. Diese Arbeitsweise erlaubt eine sehr flexible Anlagenkonfiguration des Betreibers und ist bei veränderten Anforderungen leicht zu erweitern und zu modifizieren. Die Maschinenmodule selbst durchlaufen einen völlig entkoppelten Lebenszyklus, sodass Innovationen des Herstellers ohne Rückwirkung auf das übrige Produktportfolio in den Markt gebracht werden können.

2.6 Literatur

[1] Wildemann, H.: Modularisierung in Organisation, Produkten, Produktion und Service (TCW-Report, Nr. 66), München 2014.

[2] Fuchs, J., Legat, C., Kernschmidt, K., Frank, T. und Vogel-Heuser, B.: Interdisziplinärer Produktansatz zur Unterstützung der Wiederverwendbarkeit im Maschinen- und Anlagenbau, in: *Tagungsband EKA,* Magdeburg 2014.

[3] Krusche, T., Leyers, J., Oehmke, T. und Parr, T.: Bewertung von Modularisierungsstrategien für unterschiedliche Fahrzeugkonzepte am Beispiel des Vorderwagens, in: *ATZelektronik* Nr. 10/2004 (106).

[4] ITQ GmbH: Kompetenz in Mechatronik Software und Systems, Garching 2017, online verfügbar unter: *https://cms.itq.de/wp-content/uploads/2016/10/ITQ_Unternehmensbroschuere.pdf,* letzter Zugriff: 01.07.2017.

[5] NAMUR – Interessengemeinschaft Automatisierungstechnik der Prozessindustrie e. V. (Hrsg.): Anforderungen an die Automatisierungstechnik durch die Modularisierung verfahrenstechnischer Anlagen (NAMUR-Empfehlung NE 148), Leverkusen 2013.

[6] Meyers Lexikonredaktion (Hrsg.): Art. Kompatibilität, in: Meyers großes Taschenlexikon in 24 Bänden, Bd. 12., 4. überarb. Aufl., Mannheim, Leipzig, Wien, Zürich 1992.

[7] Thielicke, R.: Industrie 4.0. Fraunhofer-Institut arbeitet am USB-Prinzip für die Fertigung, in: *Technology Review* v. 04.12.2013, online verfügbar unter: *http://www.heise.de/-2059877,* letzter Zugriff: 24.06.2017.

[8] Verein Deutscher Ingenieure e. V. VDI/VDE Gesellschaft Mess- und Automatisierungstechnik (Hrsg.): Auf dem Weg zu einem Referenzmodell (Industrie 4.0 – Statusreport), April 2014, online verfügbar unter: *https://www.vdi.de/fileadmin/vdi_de/redakteur_dateien/sk_dateien/VDI_Industrie_4.0_Referenzmodell_2014.pdf,* letzter Zugriff: 10.07.2017.

[9] Plattform Industrie 4.0: Referenzarchitekturmodell Industrie 4.0 (RAMI 4.0), in: Plattform Industrie 4.0, online verfügbar unter: *http://www.plattform-i40.de/I40/Redaktion/DE/Downloads/Publikation/rami40-eine-einfuehrung.html,* letzter Zugriff: 04.08.2017.

[10] Plattform Industrie 4.0: Fortentwicklung des Referenzmodells für die Industrie 4.0-Komponente, in: Plattform Industrie 4.0, online verfügbar unter: *http://www.plattform-i40.de/I40/Redaktion/DE/Downloads/Publikation/struktur-der-verwaltungsschale.html,* letzter Zugriff: 04.08.2017.

[11] Plattform Industrie 4.0: Weiterentwicklung des Interaktionsmodells für Industrie 4.0-Komponenten, in: Plattform Industrie 4.0, online verfügbar unter: *https://www.plattform-i40.de/I40/Redaktion/DE/Downloads/Publikation/interaktionsmodell-i40-komponenten-it-gipfel.pdf?__blob=publicationFile&v=12,* letzter Zugriff: 04.08.2017.

[12] Plattform Industrie 4.0: Example Use Case Definition, Models and Implementation (Workingpaper 2017), in: Plattform Industrie 4.0, online verfügbar unter: *https://www.plattform-i40.de/I40/Redaktion/DE/Downloads/Publikation/Industrie-40-%20Plug-and-Produce.html,* letzter Zugriff: 04.11.2017.

[13] Horn, C., Kerner, I. O. und Forbrig, P.: Lehr und Übungsbuch der Informatik, Bd. 1: Grundlagen und Überblick, 2. Aufl., Leipzig, München, Wien 2001.

[14] Horn, C. und Kerner, I. O.: Lehr und Übungsbuch der Informatik, Bd. 3: Praktische Informatik, Leipzig, München, Wien 2001.

[15] Grützner, J., Höme, S. und Diedrich, C.: Semantic Industry: Herausforderungen auf dem Weg zur rechnergestützten Informationsverarbeitung der Industrie 4.0, in: *Tagungsband EKA,* Magdeburg 2014.

[16] Zentralverband Elektrotechnik- und Elektronikindustrie (ZVEI) e. V.: Das Referenzarchitekturmodell Industrie 4.0 (RAMI 4.0). Eine Einführung, in: Plattform Industrie 4.0, online verfügbar unter: *https://www.plattform-i40.de/I40/Redaktion/DE/Downloads/Publikation/rami40-eine-einfuehrung.pdf?__blob=publicationFile&v=7,* letzter Zugriff: 04.08.2017.

[17] Plattform Industrie 4.0: Forschungsagenda Industrie 4.0 – Aktualisierung des Forschungsbedarfs, in: Plattform Industrie 4.0, online verfügbar unter: *http://www.plattform-i40.de/I40/Redaktion/DE/Downloads/Publikation/forschungsagenda-i40.pdf?__blob=publicationFile&v=5,* letzter Zugriff: 04.08.2017.

[18] Verein Deutscher Ingenieure e. V. VDI/VDE Gesellschaft Mess- und Automatisierungstechnik (Hrsg.): Technical Assets Grundlegende Begriffe, Konzepte, Lebenszyklen und Verwaltung (Industrie 4.0 – Statusreport), November 2015, in: Plattform Industrie 4.0, online verfügbar unter: *https://www.vdi.de/fileadmin/vdi_de/redakteur_dateien/gma_dateien/Statusreport_I40_TechnicalAssets_Begriffe_WEB.pdf,* letzter Zugriff: 15.07.2017.

[19] Plattform Industrie 4.0: DIN SPEC 91345:2016-04 Referenzarchitekturmodell Industrie 4.0 (RAMI4.0). Partnerpublikation, in: Plattform Industrie 4.0, online verfügbar unter: *http://www.plattform-i40.de/I40/Redaktion/DE/Downloads/Publikation/din-spec-rami40.html,* letzter Zugriff: 12.11.2016.

[20] Spinnarke, S.: OPC UA wird (neben anderen) Industrie 4.0-Standard, in: Produktion. Technik und Wirtschaft für die deutsche Industrie, online verfügbar unter: *https://www.produktion.de/trends-innovationen/opc-ua-wird-neben-anderen-industrie-4-0-standard-334.html,* letzter Zugriff: 05.08.2017.

[21] B&R Industrie-Elektronik GmbH: Sprechen Sie PackML? (B&R-Industrie-Elektronik Kundenmagazin), in: *Automotion,* Nr. 05/2014.

[22] B&R Industrie-Elektronik GmbH: Praxistest bestanden: OPC UA wird echtzeitfähig (B&R-Industrie-Elektronik Kundenmagazin), in: *Automotion,* Nr. 11/2016.

[23] B&R Industrie-Elektronik GmbH: In der Linie sicherer. Anlagenvernetzung mit openSAFETY (B&R-Industrie-Elektronik Kundenmagazin), in: *Automotion,* Sonderausgabe Print 2012.

[24] Schröck, S., Zimmer, F., Fay A. und Jäger, T.: Konzept zur funktionsorientierten systematischen Wiederverwendung im Engineering automatisierter Anlagen der Prozessindustrie, in: *Tagungsband EKA,* Magdeburg 2014.

[25] Schmertosch, T. und Kickinger, R.: Flexible Antriebstechnik für die Fertigung individueller Produkte, in: *Tagungsband VVD* 18, Dresden 2018.

[26] Schöffel, J. und Gschrey, A.: Getränkeproduktion per Knopfdruck – Konzeptstudie „Bottling on Demand", in: *Anwendungen und Konzepte der Wirtschaftsinformatik,* Nr. 6/2017, online verfügbar unter: *https://ojs-hslu.ch/ojs302/index.php/AKWI/article/view/91,* letzter Zugriff: 05.03.2018.

[27] B&R Industrie-Elektronik GmbH: Linien sicher automatisieren (B&R-Industrie-Elektronik Kundenmagazin), in: *Automotion,* Nr. 11/2016.

[28] Trützschler GmbH & Co. KG: Textilmaschinenfabrik, online verfügbar unter: *https://www.truetzschler-spinning.de/,* letzter Zugriff am 8.03. 2018.

[29] Heinke, B.: Sicherheitsrelevante Steuerungen. Umsetzung und Anwendung der EN ISO 13849-1, hrsg. v. Phoenix Contact, Bochum 2009.

[30] Booch, G.: Objektorientierte Analyse und Design, Bonn 1994.

[31] Müller Martini AG: Perfekte Lösung für Auflage 1, in: Firmenbroschüre Panorama, Zofingen 2016, online verfügbar unter: *http://www.mullermartini.com/MullerMartini/media/content/Documents/Panorama/Softcover/Panorama-1-2016_D_Perfekte-Losung-fur-Auflage-1.pdf?ext=.pdf*, letzter Zugriff: 05.08.2017.

[32] Kolbus GmbH & Co KG: Klebebinder KM 412 (Produktbeschreibung), online verfügbar unter: *http://www.kolbus.de/produkte/anwendungen/klebebinden/km-412/*, letzter Zugriff: 05.08.2017.

[33] Liebau, D. und Heinze, I.: Industrielle Buchbinderei, Itzehoe 2001.

[34] Kipphan, H.: Handbuch der Printmedien, Berlin, Heidelberg 2000.

[35] eCl@ss e. V. Köln: ISO/IEC-normenkonformer Referenz-Datenstandard für die Klassifizierung und eindeutige Beschreibung von Produkten und Dienstleistungen, online verfügbar unter: *http://www.eclasscontent.com*, letzter Zugriff: 04.08.2017.

[36] B&R Industrial Automation GmbH: Online-Hilfe des B&R Automation Studio, Eggelsberg 2018.

3 Digitale Projektierung von Maschinen

Im vorangegangenen Kapitel wurde ausführlich besprochen, welche Rolle die Spezifikation für ein Maschinenkonzept einnimmt und welche Wissensarbeit sich hinter deren Entwicklung verbirgt. Dies gilt hinsichtlich der Formulierung der Bedürfnisse auf Seiten des Kunden sowie der unternehmerischen Eigeninteressen des Anbieters und der anzustrebenden Nachhaltigkeit des technischen Konzepts. Gegenstand dieses Kapitels ist nunmehr die Umsetzung dieser Spezifikation als anwendungsbereites technisches Konzept. Hierbei wird die Erarbeitung dieser Lösung keineswegs als ergebnisoffene Forschungsaufgabe betrachtet. Um von der Spezifikation zur einer Lösungsbeschreibung zu gelangen, bilden vorherige Machbarkeitsstudien, mook-ups und andere Techniken die notwendige Grundlage. Im nachfolgenden Abschnitt 3.1 wird dieser Gedanke vertieft und auf die Bedeutung des Modularisierungskonzepts für die Effizienz der Projektierung hingewiesen.

Als zentrales methodisches Instrument der Projektierung wird im weiteren Verlauf das aus der Informatik entstammende V-Modell eingeführt, welches insbesondere die rechnergestützte Zusammenarbeit verschiedener Fachdisziplinen bei der Entwicklung mechatronischer Systeme strukturiert. Schließlich liefert der dritte Abschnitt eine konkrete Anwendungsbeschreibung für die Methodik des V-Modells. Dies bildet die Basis zur koordinierten Nutzung heute verbreiteter Hard- und Softwaretools für den Entwurf von mechanischen Konstruktionen, von darin eingebetteten elektronischen Systemen und deren informationsverarbeitenden Algorithmen. Der letzte Abschnitt 3.4 nimmt schließlich unseren Gedanken der Interdisziplinarität moderner Entwurfs- und Produktionstechniken auf, um deren Eignung für den künftigen Funktionsumfang in der beginnenden Epoche von Automatisierung 4.0 einzuordnen.

■ 3.1 Spezifikation als Ausgangsunkt einer Projektierung

Die Entscheidung zur Neu- oder Weiterentwicklung einer produzierenden Anlage ist stets von weitreichender Bedeutung und bedarf sorgfältiger Abwägung, auch wenn die Innovationszyklen der damit herzustellenden Produkte diesen Schritt oftmals erzwingen. Dass es überhaupt zu einer Neuentwicklung kommt, kann dabei zwei verschiedene Ausgangspunkte haben. Es lassen sich die Motivationen eines Ist-Zustand- und eines Soll-Zustand orientierten Vorgehens unterscheiden. Dabei geht ein *Ist-Zustand orientiertes Vorgehen* von einer vorhandenen Struktur aus, wobei die Zielformulierung auf Basis einer vorherigen Analyse der Ausgangssituation erfolgt. Umgekehrt kann auch eine Zielübernahme aus einem definierten Idealzustand eine *Soll-Zustand orientierte Neuentwicklung* begründen, die eine dahingehende Situationsanalyse erst nach sich zieht.

Die Spezifikation einer Produktionsanlage geht weit über die Zielformulierung in Form einer Anforderungsdefinition hinaus. Diese bildet zunächst eine Basis, um zusammen mit dem Kunden bzw. Nutzer ein gemeinsames Verständnis über die Leistungsanforderungen an die zu liefernde Anlage zu beschreiben. Die lösungsorientierte Untersetzung der mit dem Kunden verabschiedeten Anforderungsspezifikation geht bereits schrittweise in die Definition bzw. Entwicklung des Lösungskonzepts durch den Hersteller über, womit dieser zunehmend auf eigenes, schützenswertes Knowhow zurückgreift. Zur Abgrenzung dieser Informationsumfänge wird hinsichtlich deren Veröffentlichung zwischen dem hausinternen Pflichtenheft des Anbieters und dem vom Kunden einsehbaren Lastenheft unterschieden.

Auf dem Weg zu einer allmählich an Komplexität und Details anwachsenden Untersetzung überschreitet die *funktionale Spezifikation* gleitend die Grenze hinein in das eigentliche Engineering, also den tatsächlichen Entwurfsprozess. In diesem Bereich hat sich im Zuge einer zunehmend rechnerbasierten Vorgehensweise eine Methodik durchgesetzt, die der Softwareentwicklung entlehnt ist. Es ist eine Orientierung am Vorgehen nach dem V-Modell im Makrozyklus, worauf im Folgenden noch ausführlich eingegangen wird.

Im Rahmen des Entwurfs ist es vernünftig und anzustreben, umfangreiche Arbeitsschritte bzw. auch Arbeitsergebnisse weitgehend wiederkehrend anzuwenden. Wie in Kapitel 2 ausführlich dargestellt, gelingt dies, indem funktionale Module abgegrenzt werden, die sich ohne Neuentwicklung wiederverwenden lassen. Neben der flexiblen Anpassbarkeit bildet auch der Aspekt der Wiederverwendbarkeit ein wichtiges Motiv für Modularisierung. Es wird in diesem Buch umfangreich darüber berichtet, in welchem Maße das über Jahrzehnte längst etablierte Konzept der Modularisierung durch die methodische Durchdringung mit dem IT-Konzept der Objektorientierung neue Impulse erfahren hat. Ein ähnliches Beispiel ist die Standardisierung der Funktionalität von Industrie 4.0-tauglichen Komponenten durch das Referenzarchitekturmodell RAMI 4.0, dessen schichtenorientierter Aufbau an die seit langem erfolgreiche Referenzarchitektur des ISO/OSI-Modells für Netzwerkprotokolle anknüpft. Dessen Entwicklung startete vor 40 Jahren und hat sich seitdem zur Beschreibung aller Generationen von Kommunikationsnetzen technischer Systeme als tauglich erwiesen.

■ 3.2 Projektierung nach dem V-Modell

Für die zunehmend detaillierte, domänenübergreifende Spezifikation einer Anlage hinsichtlich ihrer Funktionalität im Verlaufe einer Projektierung hat sich der Rückgriff auf das V-Modell als Softwareentwicklungsprozess bewährt. Auch wenn sich diese Methodik für die Softwareproduktion deutlich weiterentwickelt und leistungsfähigere Konzepte hervorgebracht hat, ist das V-Modell für den verschiedene Fachdomänen integrierenden Entwurfsprozess von automatisierten Produktionsanlagen von großer Bedeutung. Um die Hintergründe hierfür zu erläutern, müssen zunächst einige Begrifflichkeiten eingeführt werden.

Für das Verständnis ist es hilfreich, sich von der Betrachtungsweise zu lösen, man würde beim rechnerbasierten Entwurf „zunächst" einige Entwurfsschritte unter Zuhilfenahme von Rechnerunterstützung umsetzen, um eine sich anschließende Realisierung in einer nicht digitalen „Realwelt" vorzubereiten und zu unterstützen. Viel besser geeignet ist die Perspektive, von einem komplett digitalisierten Entwurfs- und Herstellungsprozess auszugehen, dessen abschließende physische Realisierung unabdingbar der gesamten Entwicklungsphase ihren Abschluss und Sinn gibt. Diese Betrachtung führt zum Konzept eines „Digitalen Zwillings" (*Digital Twin*). Dies bedeutet, dass ein rechnergestütztes Modell nicht nur virtuelles Vorbild einer realen Maschine oder Anlage ist, sondern auch über den gesamten Lebenszyklus deren Abbild bleibt. Dieser Ansatz wird in Abschnitt 3.4 nochmals aufgegriffen und vertieft.

Aus methodischer Sicht ist die physisch-reale (prototypische) Ausführung eines digitalisierten Entwurfs nicht mehr als dessen Überführung von einem *abstrakten* in ein *reales* Modell (Bild 3.1).

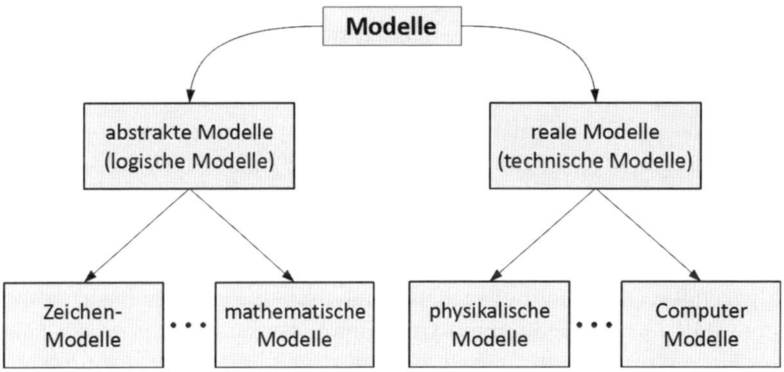

Bild 3.1 Unterscheidung abstrakte vs. reale Modelle

Abstrakte Modelle haben definitionsgemäß die eindeutige Beschreibung für spezifische Eigenschaften eines (existierenden oder zu erschaffenden) Systems zum Ziel und werden deshalb auch *logische Modelle* genannt. Diese Beschreibung basiert auf einer allgemeinen und verständlichen Syntax und Semantik. Dies kann beispielsweise ein Vorrat mathematischer Formelzeichen, die Legende zu einer skizzenhaften Darstellung oder auch ein Graph im Sinne eines Blockschaltbildes sein. Stets dient diese Darstellungsform dem unmissverständlichen (Informations-)Austausch zwischen beteiligten fachkundigen Personen, die anhand des Modells zur selben Vorstellung gelangen.

Im Mittelpunkt realer bzw. *technischer Modelle* steht dagegen deren tatsächliche Benutzbar- bzw. Ausführbarkeit. Alle Versuche und Experimente, die an derartigen Modellen durchgeführt werden, sind als Simulation zu verstehen.[1]

[1] Beide beschriebenen Sphären existieren seit dem Altertum: Wir kennen historische mathematische Abhandlungen wie beispielsweise die Archimedes zugeschriebene mathematische Formulierung des Hebelgesetzes ebenso wie dessen darauf basierende überlieferte Aufbauten von Wurfmaschinen und Katapulten.

Auf der Grundlage dieser Unterscheidung steht Projektierung als auftragsgemäßer Entwurf technischer Systeme im Spannungsfeld von drei Phasen:

1. Der Übergang von der Problemdefinition (als später am realen System tatsächlich nachvollziehbare Funktionalität) zum lösungsgerechten Entwurf wird als *Modellbildung* oder *Synthese* bezeichnet. Die Qualität des modellierten Systems drückt sich darin aus, ob es zur Beschreibung eines adäquaten Lösungsentwurfs geeignet ist und wird als *Modell-Eignung* bzw. *Modell-Qualifikation* bezeichnet.
2. In dem Maße, wie es in der Abwägung von zusätzlichem Aufwand und verbleibendem Risiko einer Verfehlung von Entwurfszielen wirtschaftlich bzw. vertretbar ist, werden als Zwischenschritt prototypische Umsetzungen des Lösungskonzepts angefertigt. Diese sollen geeignet sein, eine experimentelle Überprüfung der Eigenschaften des Lösungsentwurfs vorzunehmen. Mit diesem Schritt wird das abstrakte Modell in ein technisches Modell überführt. Im Fall einer experimentellen Modellerprobung durch Rechnersimulation entspricht dieser Übergang der Programmierung eines Simulators, verallgemeinert findet damit ein sogenanntes *(Rapid) Prototyping* statt. Die Qualität eines Prototyps drückt sich durch dessen *Modell-Verifikation* aus, also ob damit die relevanten, zu überprüfenden Eigenschaften aus der abstrakten Modellbeschreibung fehlerfrei umgesetzt werden.
3. Am prototypisch hergestellten Versuchsmodell lassen sich gezielt die in der Aufgabenstellung beschriebenen Anforderungen auf ihre Einhaltung hin in Versuchsanordnungen überprüfen. Dies stellt eine experimentelle Erprobung an einem Prototyp anstelle der endgültigen technischen Lösung dar, was einer Simulation entspricht. Die damit festzustellende Qualitätsaussage ist die *Modell-Validierung bzw. Modell-Rektifikation.* Darunter ist die Bewertung der realen Modelleigenschaften zu verstehen, ob sie für die Erfüllung der Anforderungen in der Problemstellung hinreichend sind.

   Dieses Vorgehen weist alle grundsätzlichen Vor- und Nachteile der operationalen Simulationsmethode gegenüber einer formellen bzw. analytischen Eigenschaftssicherung auf. Insbesondere werden prinzipbedingt nur singuläre Aussagen im Rahmen des konkreten Testszenarios hervorgebracht. Deshalb ist eine streng formalisierte sowie variantenreich automatisierte Durchführung dieser simulativen Erprobung von hoher Bedeutung, damit in großer Anzahl durchgeführte Tests unter exakt nachvollziehbaren Randbedingungen belastbare Aussagen hervorbringen.

In Bild 3.2 ist sind diese Beziehungen zwischen realer Problemstellung, abstrakter Lösungsmodellierung und Simulation des Entwurfs dargestellt. Dieses Beziehungsdreieck kann folgendermaßen gelesen werden:

> *Erweist sich ein Prototyp in den Simulationsexperimenten als valide, indem die spezifizierten Anforderungen hinreichend erfüllt werden, so kann damit ein qualifiziertes Modell, also ein geeigneter Entwurf bestätigt werden. Hierbei wird stets davon ausgegangen, dass rechnerbasiert durch korrekte physische Nachbildung, ggf. Programmierung, ein verifizierter Prototyp erstellt wurde.*

Im Umkehrschluss muss bei nicht erfolgreicher Validierung entweder die Eignung des abstrakten Modells oder die Korrektheit dessen prototypischer Umsetzung als experimentierbares Modell in Frage gestellt werden. Damit erklärt sich, dass mit dem Begriff *Validierung* sowohl der Einzelschritt der simulativen Erprobung als auch der insgesamt umfasste Zyklus der Entwurfsbewertung bezeichnet wird.

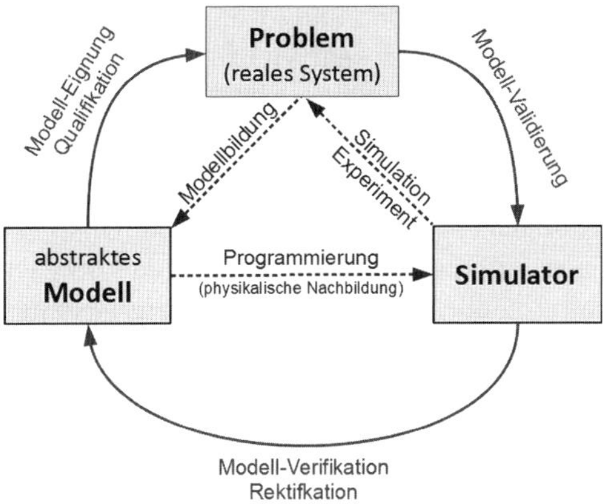

Bild 3.2 Begriffsbeziehung Qualifikation – Verifikation – Validierung

Die besondere Bedeutung von experimenteller Erprobung durch Simulation kommt ins Spiel, seitdem nicht allein Menschen, sondern auch Computer die Beschreibungssprachen abstrakter Modellierung verstehen können. Zur Modellierung logischer Abläufe wurde explizit für die Auswertung und Verarbeitung mit Computerprogrammen (Compiler) die Notation in höheren Programmiersprachen geschaffen. Inzwischen ist unstrittig, dass sich letztlich jede Art abstrakter Modellierung auch durch Computer syntaktisch korrekt interpretieren lässt.

Sobald durch Rechnerauswertung der Gegenstand der Beschreibung nachvollziehbar und ausführbar wird, sei es indem beispielsweise eine logische Programmnotation automatisiert abgearbeitet oder eine grafisch entworfene Körperform maschinell hergestellt wird, geht die eben beschriebene Unterscheidung zwischen abstrakter und technischer Modellierung scheinbar verloren. Ein gezeichnetes Blockschaltbild ist dann sowohl die systemtheoretische Beschreibung eines Regelkreises (als normgerecht abstrahierte Darstellung zum Zwecke der Dokumentation) als auch dessen ausführbare Programmierung (implementiert im grafischen Editorfenster eines Simulationssystems).

Genau an der Verschmelzung dieser Nahtstelle vollzieht sich das, was allgegenwärtig als *rechnerbasierter Entwurf* beschrieben wird: Die Synthese technischer Systeme findet ausgedrückt in einer Sprache statt, die gleichermaßen dem Dialog der Fachleute und deren technischer Dokumentation dient. Als Modellimplementierung ist sie auch Ausgangspunkt für eine rechnerinterne Simulation oder technische Ausführung exakt in den beschriebenen Eigenschaften. Der skizzierte Übergang vom Beschreibungsmodell zum Prototyp findet ebenso wie der Übergang zum Serienprodukt also ggf. vollautomatisiert statt[2], wobei die Korrektheit bzw. Verifiziertheit des Prototyps bei dieser maschinellen Überführung in der Regel nicht infrage gestellt wird. Die Einhaltung aller vordefinierten Einsatzbestimmungen entsprechend dem rechnergestützten Entwurf des Serienproduktes ebenso wie für das prototypisch erzeugte Erprobungsmuster[3] bleibt dagegen im Rahmen fachkundiger Vorgehensweise weiterhin unverzichtbar in der Verantwortung der Entwickler.

An dieser Stelle muss einschränkend bemerkt werden, dass eine vollständige Übereinstimmung zwischen realem System und dessen (rechnerbasiertem) Modell grundsätzlich

2 Vollautomatische Erstellung eines Prototyps.

3 Beispielsweise ist die stabile numerische Berechnung von Differenzialgleichungen zu gewährleisten.

nicht möglich ist. Einerseits geht jedes Modell über Abstraktion und Idealisierung aus der Beschreibung eines realen Systems hervor. Es enthält daher sehr viel weniger Einflussgrößen und wird sich aus diesem Grund prinzipiell unterschiedlich verhalten.

Andererseits ist jegliche Messung einer physikalischen Größe an oder in einem realen System mit Messfehlern verbunden, welche Abweichungen zwischen simuliertem Modellergebnis und experimentell bestimmten Vergleichsmessgrößen erzeugen. Eine Übereinstimmung zwischen realem System und dessen rechnerbasiertem Modell bzw. Prototyp ist also nur innerhalb einer vorgegebenen Toleranz möglich. Besonders schwierig gestaltet sich die Modellvalidierung, wenn bzw. solange am realen System keine Messungen möglich sind. Das ist bei schwer zugänglichen oder sich noch in Planung und Entwicklung befindenden Anlagen ebenso der Fall wie bei seltenen oder unerwünschten Anlagenzuständen. In der Schließung dieser Lücken liegt auch die besondere Bedeutung, bereits frühzeitig prototypische Realisierungen der Entwurfsstände experimentell zu erproben.

Speziell im informationsverarbeitenden Bereich wird oft anstelle einer abstrakten Modellierung die vordergründig zum Zwecke der Implementierung vorgesehene Programmiersprache selbst für die Entwurfsentwicklung verwendet.

Dies wirkt aus der Sicht der Systematik von Bild 3.2 so, als entwerfe man ein mechanisches Bauteil ganz ohne Zeichnung allein auf Basis des zugehörigen NC-Programms. Die Europäische Norm EN 61131-3:2014-06 ist eine weltweit gültige Norm für Programmiersprachen von speicherprogrammierbaren Steuerungen (SPS), mit denen sequenzielle Steuerungsabläufe produzierender Anlagen umgesetzt werden [1]. In dieser Norm werden mit *Anweisungsliste, Kontaktplan, Funktionsplan, Ablaufsprache* und *Strukturiertem Text* fünf verschiedene Sprachen definiert. Jede für sich ermöglicht entsprechend einer eigenen Überlieferung die Implementierung von logischem Verhalten. Zur abstrakten Modellierung eignet sich innerhalb dieser Norm lediglich die sogenannte Ablaufsprache (Sequential Function Chart). Mit ihr wird die Grundlage für eine grafische Modellierung der logischen Abläufe durch Zustandsdiagramme als endliche Automaten gelegt, welche bereits in Abschnitt 2.1.3 eingeführt wurden. In diesen Graphen repräsentieren die Plätze verschiedene Zustände, welche durch (bedingte) Übergänge in Form gerichteter Kanten miteinander verbunden sind. Auf Basis dieser grafisch darstellbaren Beschreibungsform wird eine konsequent abstrahierte Modellierung unabhängig von der späteren Realisierung als technisches Modell durchgeführt. Gleichzeitig ermöglicht diese Modellierung eine nahtlose Integration in die auf grafischen Editoren basierenden Engineering- und Simulationswerkzeuge. Eine konsequente Denkweise in dieser Ablaufsprache zwingt aber keineswegs zum Verzicht auf eine Programmierung mittels Hochsprachen. Die objektorientierte Programmierung ist ausreichend mächtig, damit sich Systeme von Zuständen und deren Übergangsbedingungen durch entsprechende Bibliotheken auch mittels Hochsprache ausdrücken lassen.

Die Bibliotheken zur Modellierung von Schrittketten bzw. Ablaufsteuerungen durch Zustandsdiagramme bilden somit eine Erweiterung um eine zusätzliche Verarbeitungsform für die Entwurfswerkzeuge zur Projektierung der informationsverarbeitenden Funktionen. Anfänglich wurden diese nur für die zeitdiskrete Signalverarbeitung durch Digitalrechner ausgelegt. In speicherprogrammierbaren Steuerungen erfolgte dies hergebracht durch Abarbeitung eines zyklisch abzuarbeitenden Programms in kontinuierlicher Endlosschleife. Um auch kontinuierliche Dynamiken abzubilden, werden die modellierenden gewöhnlichen Differenzialgleichungen numerisch gelöst, um diese ebenfalls durch zyklisch abzuarbeitende Algorithmen zu berechnen, wobei dann jeder Zyklus einer virtuellen Zeitscheibe entspricht.

Eine Modellausführung eines informationsverarbeitenden Systems als Prototyp erfordert dessen Echtzeitsimulation. Das bedeutet, die virtuellen Zeitscheiben müssen vom ausführenden Rechner exakt in dem zeitlichen Abstand abgearbeitet werden, wie sie vom numerischen Lösungsverfahren berechnet wurden. Mit wachsender Komplexität des Modells und zeitlicher Auflösung der Simulation sind dementsprechend höhere Rechenleistungen des Simulationssystems erforderlich, damit die Berechnungsergebnisse während der gesamten Simulation innerhalb der jeweiligen Zeitscheibe vorliegen.

Mit den Zustandsdiagrammen tritt schließlich noch die Form der *ereignisdiskreten Simulation* hinzu. Die Ausführung im Rechner erfolgt in der Regel nicht tatsächlich ereignisgesteuert durch das Interruptsystem, welches in der Praxis weitgehend dem Handshake mit zeitkritischen Peripheriebaugruppen vorbehalten ist. Im nachfolgenden Abschnitt werden Kriterien für eine zyklische Abtastung von Eingangssignalen beschrieben, mit denen auch Übergangsbedingungen angesteuert werden. Auf diese Weise lassen sich ereignisdiskrete Modelle zeitdiskret abbilden und simulieren, deren maximale Reaktionszeit bei der zweifachen Berechnungsdauer des Verarbeitungszyklus' liegt. Auf diese zentrale Anforderung der Echtzeitfähigkeit wird in Abschnitt 4.2 näher eingegangen.

Eine Abgrenzung zwischen dem Prozess der Entwicklung von logischen Ablaufprogrammen im Zuge des Engineering-Prozesses und echter prototypischer Erprobung erscheint ohnehin schwer möglich, zeigt sich aber letztlich in der Nutzung von Emulatoren. Das sind Systeme zur Nachahmung der Informationsverarbeitung von bestimmter Hardware. Man unterscheidet dabei insbesondere die Software-Emulatoren zur Nachbildung der Programmausführung auf einer bestimmten CPU sowie umgekehrt die rechnergestützte CPU-Nachbildung in deren Sockel mittels sogenanntem *In-Circuit-Emulator*.

3.3 V-Modell in der Anwendung

Der rechnerbasierte Entwurf bildet generell den Schlüssel für ein Vorgehen nach dem V-Modell. Die Idee dieses Modells besteht darin, dass jeder Schritt entlang des aufsteigenden rechten Asts eines nachgebildeten „*V*" einer bestimmten Zwischenstufe der zunehmend vervollständigten Realisierung aus Subelementen entspricht. Die Korrespondenz der beiden Äste wird hergestellt, indem auf einer gemeinsamen Ebene mit dem auf der rechten Seite (Modellanalyse, Systemanalyse) geschaffenen Teilstruktur genau jene Eigenschaften überprüft werden können, die im spezifikationsgemäßen Entwurfsschritt auf der absteigenden linken Seite (Modellsynthese, Systemsynthese) herbeigeführt wurden (Bild 3.3).

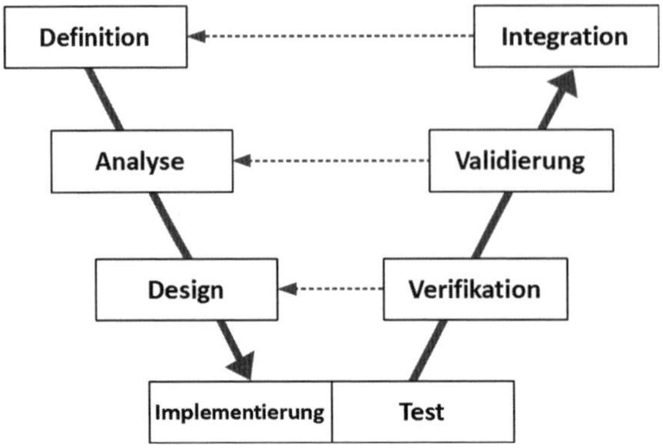

Bild 3.3 Abstrahiertes V-Modell

Mit den gestrichelten Pfeilen in Bild 3.3 ist somit die Eigenschaftsabsicherung innerhalb einer gemeinsamen Entwurfsebene gekennzeichnet. Zu beachten ist hierbei, dass die Überprüfung von modellhaft hergestellten Teilstrukturen des Gesamtsystems so detailliert stattfindet, wie sie auf dieser Ebene der Anforderungsspezifikation abgebildet wird. Solange es sich nicht auf der obersten Ebene um eine Erprobung in realer Anwendungsumgebung handelt, kann nur von einer Verifikation der im Entwurf hergestellten Eigenschaften die Rede sein. Erst als vollständig realisiertes System ist dessen Praxiserprobung möglich, was dessen Validierung im Realeinsatz entspricht.

Es ist von großer Bedeutung, die oberste Erprobungsebene der Gesamtintegration im Entwurfsprozess unter Zuhilfenahme von Prototypen frühestmöglich zu erreichen. Es ist nicht auszuschließen, dass nach erfolgreicher Verifikation aller Teilsysteme das Gesamtsystem in seiner Praxiserprobung dennoch versagt. Die Ursache ist in diesem Falle so einleuchtend wie ernüchternd: Bereits die Definition der Anforderungsspezifikation war fehlerhaft bzw. unvollständig. Es liegt in der Natur derartiger, in der Spezifikation verborgener Fehler, dass sie gänzlich unerwartet auftreten – hätte man mit ihnen gerechnet, wären sie in der Anforderungsdefinition längst berücksichtigt worden.

Die zunehmende Bedeutung einer möglichst fehlerarmen Spezifikation resultiert nicht allein aus der Konsequenz des rechnerbasierten Entwurfs, der diese Spezifikation zuverlässig in eine entsprechende technische Lösung überführt. Vielmehr steigen die Ansprüche und Anforderungen, neue Anlagen nicht mehr evolutionär aus Vorläufertypen weiterzuentwickeln. Vielfältige Anliegen wie beispielsweise die Nutzung neuer Fertigungstechnologien, die Integration flexibler Modularität, Anpassbarkeit an veränderliche Produktionsleistungen oder die Gleichzeitigkeit mit weiteren, noch nicht abgeschlossenen Entwicklungsstufen führen immer häufiger zu kompletten Neuentwicklungen, die sich nur partiell anhand der am Markt etablierten Produkte erproben und weiterqualifizieren lassen.

Typisches Beispiel dafür ist der Erstflug des Airbus A380. Fast konnte man der medialen Aufregung glauben, als wäre es darum gegangen, ob dieses Flugzeug tatsächlich fliegt. Dabei hatten sich Prototypen auf dem Weg zum Erstflug bereits millionenfach bewiesen – vom Flugsimulator bis zum Strukturbelastungstest. Worum es bei Erstflügen neuer Flugzeugmodelle innerhalb deren Entwicklungsprozesses wirklich geht, ist die Feststellung der Präzision der bislang verwendeten Simulationsmodelle und der Adäquatheit der Anforderungsspezifikation. Und doch konnte es passieren, dass in der Spezifikation bzw. Modellierung eines so großen Flugzeugs beispielsweise die Auslegung der besonders langen Kabelstränge in den Kammern zwischen den Flugzeugspanten unterschätzt wird. Weil man (auch wegen Abstimmungsproblemen zwischen den Standorten) erst bei der Endmontage feststellte, dass sich wegen zu kurzer Kabel Steckverbindungen nicht zuverlässig schließen lassen, trug dies zur Verzögerung der Auslieferungen um über ein Jahr bei [2]. Keine Simulation kann derartige Fehler zuverlässig aufdecken, solange diese nicht erwartet und deren Ursachen deshalb in der Spezifikation und Modellierung unzureichend exakt abgebildet wurden.

Unter zunehmender Detaillierung auf tiefer angeordneten Entwurfsebenen kann bei produktionstechnischen bzw. mechatronischen Systemen zweierlei verstanden werden: Einerseits ist damit die Zerlegung in Teil- und Untermodule gemeint, wie sie durch das Konzept der Modularisierung bereits umfassend beschrieben wurde. Andererseits gelingt mit dieser Untergliederung auch die Problemzerlegung in unterschiedliche am Entwurf beteiligte Fachdomänen, welche die mechanischen, elektronischen und informationsverarbeitenden Funktionen bereitstellen. Auf diesen Dreiklang berufen sich die *mechatronischen* Systeme. Das *V-Modell* bietet die methodische Basis dafür, damit diese Fachdomänen einen integrierten Entwurfsprozess durchlaufen können. In der VDI-Richtlinie 2206 „Entwicklungsmethodik für mechatronische Systeme“ wird dieser Makrozyklus als zentrales integrierendes Konzept in den Mittelpunkt gestellt (Bild 3.4).

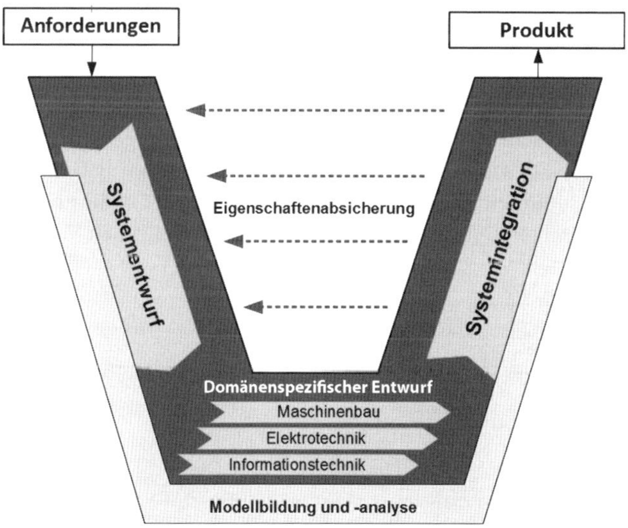

Bild 3.4 V-Modell als Makrozyklus des mechatronischen Entwurfs (nach [3])

Das für Bild 3.5 gewählte Beispiel in Gegenüberstellung von Rapid Control Prototyping (RCP) und Hardware-in-the-Loop-Simulation (HIL) auf Basis numerischer Simulation eines dynamisches Systems entspringt der informations- bzw. signalverarbeitenden Fachdomäne. Gleiches ist aber ohne weiteres auf weitere Domänen übertragbar. Aus mechanischer Sicht werden konstruktive Entwürfe (linker Ast) durch Animationen in Form virtueller Realität sicht- und erlebbar. Bereits damit können ergonomische Eigenschaften ebenso überprüft werden wie grundsätzliche Fragen der Montierbarkeit. Eine mechanische Realisierung (vorläufiger) Teilsysteme zur Erprobung prototypischer Muster (rechter Ast) wird beispielsweise durch Rapid-Prototyping-Technologien ermöglicht, indem im 3D-Druckverfahren vorläufige Einzelanfertigungen mit unschlagbar geringem Zeit- und Kostenaufwand bereitgestellt werden können. Die Welt der elektronischen Systeme kennt seit Jahrzehnten vergleichbare Editoren für elektronische Schaltungen und Platinen mit hinterlegter Funktionssimulation (linker Ast) und die Möglichkeiten zu deren vollautomatisierter Musterfertigung in Kleinstserie. Hier unterscheiden sich die Technologien zwischen Prototypen- und Serienfertigung deutlich weniger.

Es wird eine Gemeinsamkeit deutlich, die das Wesen von Rapid Prototyping von mechanischen Bauteilen - typischerweise im 3D-Druckverfahren - mit der automatischen Fertigung von Musterplatinen und der Echtzeitsimulation informationsverarbeitender Systeme vereint. Diese Gemeinsamkeit besteht darin, dass mit überschaubarem materiellen und insbesondere zeitlichen Aufwand auf einer gewählten Detaillierungsebene des Entwurfs auf direktem Wege der rechte Erprobungsast des V-Modells erreicht wird. Ohne den gesamten Entwurfsprozess einschließlich Fertigungsdesign zu durchlaufen, kann so ein Funktionsmuster zu einem funktionsfähigen Prototyp komplettiert werden. Gerade dieser Schritt ermöglicht die frühe Erprobung und hilft somit der Vermeidung von Fehlern in der Spezifikation. Angesichts der systematischen Qualitätssicherung während des rechnergestützten Entwurfs durch umfassende Verifikation würde jeder Fehler in der Spezifikation anderenfalls zwangsläufig zu einer entsprechenden Fehlfunktion führen.

Mechanischer, elektrotechnischer wie informationstechnischer Entwurf von Produkten bzw. Produktionsanlagen bringen somit im Ergebnis der oben skizzierten, rechnerbasierten Entwicklung ihre Ergebnisse jeweils als eine digitale Abbildung hervor, welche jeweils eine anforderungsgerechte Lösungsbeschreibung in geeigneter Modellierungssyntax beinhaltet. Wie beschrieben, sind diese Entwürfe von der Dualität geprägt. In ihrer Form einer Beschreibungssprache fungieren die Entwürfe als abstraktes Modell und in deren vom Rechnerwerkzeug automatisiert verarbeiteten Notation bilden sie ein technisches Modell.

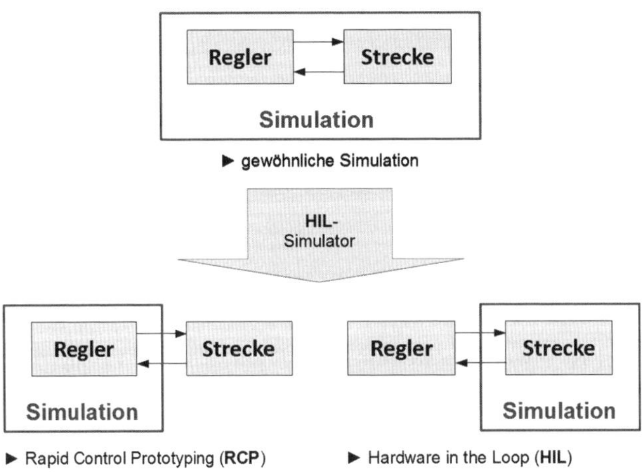

Bild 3.5 Vergleich Rapid Control Prototyping mit Hardware-in-the-Loop-Simulation

Besonders gut nachvollziehbar wird der darauf aufbauende Schritt zu einem domänenübergreifend anwendbaren V-Vorgehensmodell am Beispiel der Simulation dynamischer (Informations-)Systeme. Das hierfür weit verbreitete Softwarepaket *MATLAB/Simulink* (Hersteller: The MathWorks) orientiert sich mit dessen grafischem Editor für die Modellimplementierung eng an der Notation von Signalflussplänen mittels standardisierter Blockschaltbilder. Sicherlich zählt die Orientierung an einem Fachstandard zu den Gründen, weshalb sich diese Software insbesondere an Hochschulen weit verbreitet und von dort aus zahlreiche Anwendungsimpulse erfahren hat [4]. Im industriellen Kontext sind auch weitere Simulationstools wie *LabView* (Hersteller: National Instruments) etabliert, welche sich in vergleichbarer Weise für die hier skizzierten Vorgehensweisen eignen [5].

Die für Blockschaltbilder existierenden Standards wie beispielsweise die DIN 19226 bilden den Rahmen, damit diese gerichteten Graphen ein fehlerfrei zu interpretierendes abstraktes Modell bilden. Sie bestehen aus Signalpfeilen als deren Kanten sowie rechteckigen Blöcken als deren Übertragungsglieder (Knoten). Letztlich dient der grafische Editor aber der Implementierung eines durch das Blockschaltbild repräsentierten dynamischen Systems als technisches Modell, um damit in numerischen Simulationen virtuelle Experimente durchzuführen.

Seit deren Einführung erweist sich im Kontext des V-Modells eine besondere Zusatzfunktion von wachsender Bedeutung. In ihrem ursprünglichen Namen „Realtime-Workshop" drückt sich aus, dass zunächst noch längst nicht der gesamte Bedeutungsumfang absehbar war. Beabsichtigt wurde mit dieser Simulink-Erweiterung anfänglich die Nutzung externer Zielsysteme für die Ausführung von Simulationen als Echtzeitanwendung. Diese externen Systeme hatten zu Beginn der 1990er Jahre die Verwendung der Modellsimulation als stabile Echtzeitanwendung ggf. gekoppelt mit realen Input-/Outputschnittstellen zum Ziel. Hierfür bediente man sich insbesondere der Nutzung beschleunigter Hardwareplattformen (Transputer/DSP), die seinerzeit gegenüber den Personal Computern und Workstations deutlich Geschwindigkeitsvorteile boten.

Inzwischen wird dieses Tool treffend als „Coder" bezeichnet. Ganz allgemein lassen sich damit von Simulink aus (wie auch bei anderen Simulationstools) Simulationsmodelle als ausführbarer Quellcode exportieren. Dieser Quelltext ist für jedes Zielsystem verwendbar, für das die entsprechenden Compiler (C/C++) verfügbar sind. Heute nimmt diese Schnittstelle für den Entwurf der informationsverarbeitenden Funktionen jene Bedeutung ein, wie sie für die Entwicklung von Zeichenprogrammen zu CAD/CAM Systemen vergleichbar ist: Der Ausführungscode lässt sich mit dem Entwurfswerkzeug vollautomatisch für die Herstellung von Prototypen oder industrielle Serienfertigung erzeugen.

Die Herstellung von geeigneten Zielsystemen zur (beschleunigten) Echtzeitausführung von Softwareanwendungen, die unmittelbar aus der Implementierung im Simulationssystem hervorgegangen sind, hat sich längst zu einem eigenständigen industriellen Geschäftszweig entwickelt. Jene Systeme werden als sogenannte *Hardware-in-the-Loop(HIL)-Simulatoren* bezeichnet. Damit ist gemeint, dass es durch Signalschnittstellen möglich ist, innerhalb des kompletten Wirkungskreises bestehend aus modellierter Regelstrecke (also dem Modell der zu steuernden Anlage) und dem dafür zu entwerfenden Steuerungsalgorithmus, für Teile dieses simulierten Kreises (Loop) das Übertragungsverhalten realer Baugruppen einzukoppeln. Ausgehend von der Bezeichnung dieser Gerätetechnik („HIL-Simulatoren") ist aber die Art der Anwendung sauber zu unterscheiden. Nur jene Varianten, in denen eine reale Steuerung mit der simulierten Anlage gekoppelt wird, um von der

Anlagensimulation aus die Steuerung in allen spezifizierten Situationen experimentell auszutesten, entsprechen im engeren Sinne der sogenannten HIL-Simulation. In allen Fällen, in denen zunächst der entworfene Steuerungsalgorithmus durch Echtzeitsimulation mit der realen Anlage gekoppelt und experimentell erprobt wird, spricht man dagegen von *Rapid Control Prototyping (RCP)*.

Die hiermit beschriebene Unterscheidung begründet sich in der fundamentalen Differenzierung im Sinne des V-Modells. RCP markiert einen Zwischenschritt auf der zunehmend detaillierten Spezifikation des zu entwerfenden (Steuerungs-)Systems, HIL bildet dagegen einen Zwischenschritt der Eigenschaftssicherung auf Basis prototypisch funktionstauglicher (Steuerungs-)Module. Bild 3.6 skizziert diese Unterscheidung, indem sich RCP und HIL den beiden gegenüber liegenden Ästen des V-Modells zuordnen lassen.

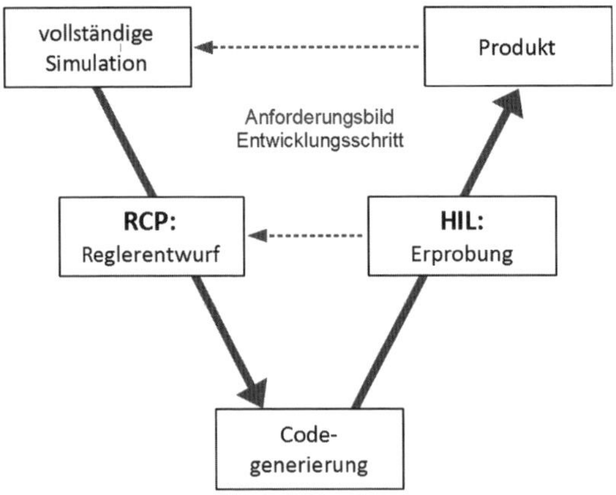

Bild 3.6 RCP und HIL den Ästen des V-Modells zugeordnet

Im Rahmen der Softwareentwicklung wurde das V-Modell mit deutlich höherem Detailgrad etabliert, wie es in Bild 3.7 in seinen Zwischenschritten dargestellt ist. Außerhalb der Kästen sind Entwurfsschritte aus der informationsverarbeitenden Domäne zugeordnet. Zugleich sei darauf hingewiesen, dass sich die hier exemplarisch besprochenen Abläufe in der Praxis längst nicht so klar und abgegrenzt wiederfinden lassen, wie es die Bildstruktur vermuten lässt. Vielmehr bildet die Grafik den Orientierungsrahmen, damit Entwurfsprozesse besser strukturiert werden können. Jeder Entwurfsschritt kann sich unabhängig vom dabei verwendeten Entwicklungswerkzeug in diesem Vorgehensmodell einordnen lassen. Hierfür werden am Ende dieses Abschnitts diverse Beispiele vorgestellt.

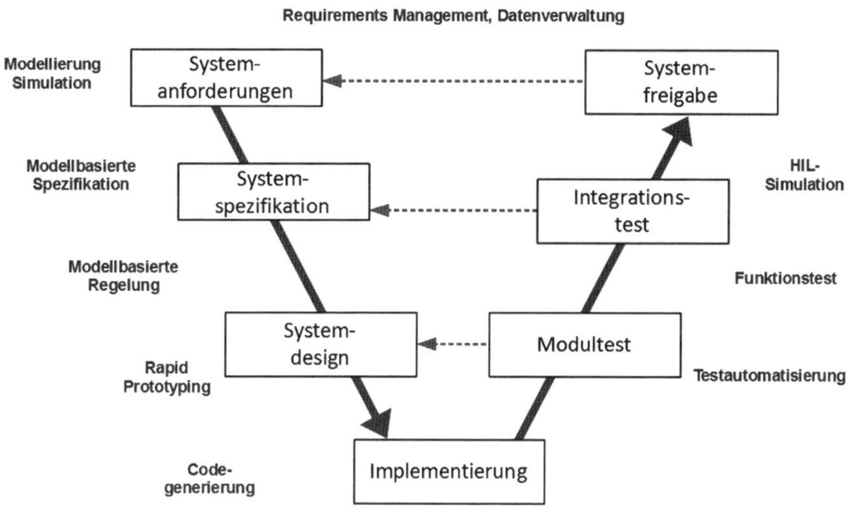

Bild 3.7 Detaillierte Darstellung des V-Modells

Diese Methoden wurden für lange Zeit nur für komplexe Großserienprodukte wie Baugruppen im Automobilbau konsequent angewandt. Dementsprechend sind vor allem HIL-Systeme mit allen erdenklichen Schnittstellen, die in diesem Bereich verbaut werden, am Markt verfügbar.

Ganz anders stellt sich die Situation im Bereich der Produktionsanlagen dar. Hier handelt es sich um Einzelanfertigungen oder kleinste Serien, die den Aufwand zur vollständigen rechnergestützten Modellierung für lange Zeit nicht gerechtfertigt haben. Außerdem findet hier in der Regel eine eher evolutionäre Weiterentwicklung von Vorgängerversionen statt, die sich bisher für die Entwicklungsarbeit mindestens ebenso eigneten wie ein virtuelles Modell. In der Konsequenz waren lange Zeit die in solchen Produktionssystemen üblichen Kommunikationsschnittstellen in HIL-Systemen gar nicht verfügbar.

Inzwischen hat sich diese Situation geändert: Moderne Steuerungen verfügen nicht nur über Rechenleistungen, die HIL-Systemen ebenbürtig sind, sondern auch über die gleichen Programmierschnittstellen für automatisierte Codegenerierung aus Simulationssystemen. Das bedeutet, dass diese industriellen Steuerungen für Rapid Control Prototyping geeignet sind oder sich auch als Echtzeitsimulationssystem für ein dynamisches Anlagenmodell als HIL-System verwenden lassen. Gleichzeitig wird die Ein-/Ausgangskommunikation der Steuerungen ohnehin durch virtuelle Schnittstellen abgebildet, die sich ohne weiteres an Simulationssysteme umlenken lassen.

Diese neuen Möglichkeiten treffen dabei auch auf entsprechend wachsende Nachfrage: Damit die Entwicklung von Produktionsanlagen weiterhin mit den Anforderungen an Flexibilität, Technologiefortschritt und abnehmender Vorlaufzeit Schritt halten kann, sind auch hier komplett rechnerbasierte, mechatronische Entwurfskonzepte unverzichtbar. Praktische Vorteile für die Inbetriebnahme haben es sehr schnell zum Standard werden lassen, Steuerungsentwürfe in einer dafür anzulegenden hardwareähnlichen Simulationsumgebung ausgiebig vorweg in Simulationen experimentell zu erproben.

Nun stellt sich die Frage, an welchem Beispiel sich ein solcher Durchlauf des V-Modells, wie in Bild 3.7 dargestellt, repräsentativ nachvollziehen lässt. Hierbei muss man verstehen, dass sich die gelebte Praxis nur stückweise nach derartigen methodischen Vorgaben richtet. Vielmehr dient das V-Modell als ein Orientierungsrahmen, um tatsächliche Entwicklungsschritte diesem idealisierten Vorgehensmuster zuzuordnen.

In Bezug auf das in Kapitel 2 eingeführte Beispiel für das Leimmodul eines *Klebebinders* besteht in diesem Kontext der erste Schritt in einer Modellierung und Simulation des technologischen Vorgangs, also des Erhitzungs- und Auftragsverhaltens des verwendeten Klebstoffs. Ein auf der Systemanalyse basierendes, beispielsweise unter *MATLAB/Simulink* ausführbares Modell dieses zu steuernden Prozesses bildet den Ausgangspunkt für die Auslegung und Implementierung aller Steuerungsfunktionen. Der Steuerungsentwurf lässt sich dann gekoppelt mit der Anlagensimulation komplett in einem Simulationssystem wie *MATLAB/Simulink* ausführen. In dieser Phase spricht man von der gewöhnlichen *Model-in-the-Loop-Simulation*, mit der sich die spezifikationsgerechte Implementierung von Steuerungsfunktionen modellbasiert vorantreiben lässt (Bild 3.8).

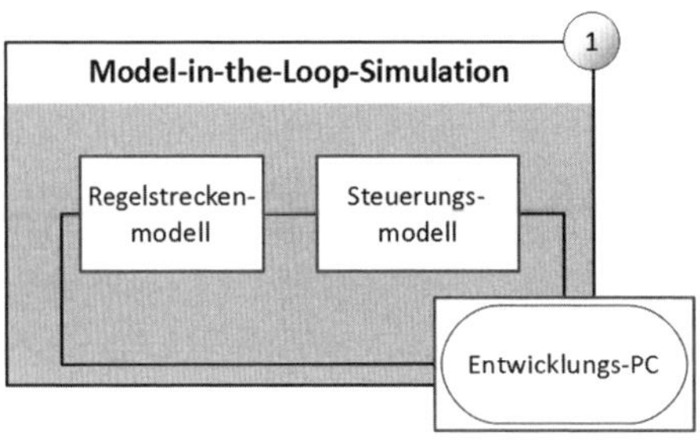

Bild 3.8 Model-in-the-Loop-Simulation: Streckenmodell und Reglerentwurf werden vollständig im Simulationstool auf dem Entwicklungs-PC repräsentiert

Sobald ein Entwurf mit spezifikationsgerechtem Simulationsverhalten vorliegt, kann auf eine Realerprobung des Steuerungsentwurfs übergegangen werden. Hierfür ist ein Echtzeitsimulationssystem notwendig, das sich mit der Sensorik und Aktorik der realen Anlage koppeln lässt (Bild 3.9). Wie bereits beschrieben, kann dank offener Programmierschnittstellen und hoher Rechenleistung inzwischen auch manche OEM-Steuerung als Simulationshardware für den aus *MATLAB/Simulink* automatisch erzeugten Laufzeitcode verwendet werden. Im Beispiel des Leimmoduls zählt die Klebstoffheizung zur Aktorik ebenso wie das Handling des Klebstoffauftrags. Im Echtzeitsystem müssen sich dann die Sensorsignale ebenso überwachen lassen wie die Ausführung des Steuerungsentwurfs.

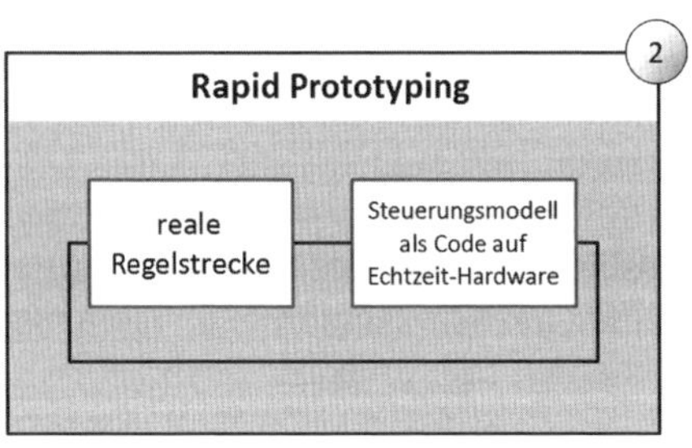

Bild 3.9 Rapid Control Prototyping durch Kopplung der realen Regelstrecke mit einem Echtzeitsystem, das den Steuerungsentwurf ausführt

In einer weiteren Entwurfsphase ist basierend auf dem erprobten Steuerungsprototyp die Implementierung auf der finalen Steuerungshardware vorzubereiten. Wir kehren hierfür auf den Entwicklungs-PC zurück, um nun aus dem Steuerungsmodell automatisiert den Steuerungscode für das Zielsystem zu generieren. Voraussetzung für diesen Validierungsschritt ist eine Emulation der vorgesehenen Steuerungsarchitektur, die mit der Streckensimulation gekoppelt werden kann (Bild 3.10). Dieser Schritt wird als *Software-in-the-Loop-Simulation* bezeichnet.

Die automatische Generierung des Steuerungsimplementierungscodes aus dem Entwurfsmodell ist in der Denkweise des V-Modells von zentraler Bedeutung. Dies gilt nicht allein aus Gründen der Effizienz. Vermeintliche Fehler im Steuerungsentwurf, die bis dahin als solche in der Validierung nicht aufgefallen sind, stellen später eine geringere Fehlerquelle dar, als sich zufällig einschleichende Fehler bei einer wie auch immer gearteten „Nachimplementierung“ des Steuerungsmodells für die Zielarchitektur.

Für eine abstrahierte Modellierung der Steuerungsfunktionalität in der bevorzugten Form einer grafischen Ablaufsprache bietet beispielsweise das Entwurfssystem MATLAB/Simulink das Tool *StateFlow* an. Es bedarf dann einer Möglichkeit, um ein Zustandsübergangsdiagramm aus StateFlow nahtlos in den entsprechenden, EN 61131-konformen Sequential Function Chart zu überführen. Automatisiert gelingt diese Überführung zumindest auf der transformierten Ebene des entsprechenden Hochsprachenquellcodes in der Syntax von *Structured Text*. Auch dies ist methodisch akzeptabel, sofern jede Änderung und Korrektur am Steuerungsalgorithmus weiterhin im Zustandsdiagramm erfolgt.

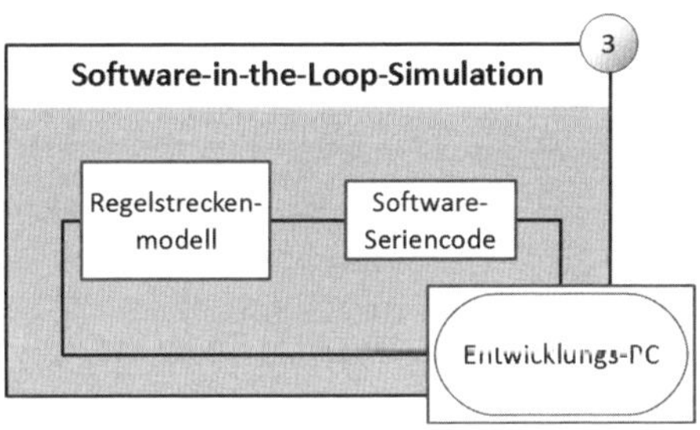

Bild 3.10 Software-in-the-Loop-Simulation der Steuerungsimplementierung in Kopplung mit dem Streckenmodell

Nicht zuletzt erfolgt durch HIL-Simulation eine umfassende Validierung der Steuerung, indem diese – so wie sie für den Einbau ins Fertigungsmodul vorgesehen ist – ersatzweise mit einer Echtzeitsimulation der Anlage gekoppelt wird (Bild 3.11). Dieser Weg erlaubt bei überschaubarem Aufwand die risikofreie Nachbildung aller denkbaren Anlagenzustände und Fehlersituationen, damit die adäquate Reaktion der Steuerung überprüft werden kann. Im Beispiel des Klebebinders wird hier weiter das bislang verwendete Streckenmodell als Echtzeitsimulation mit der vorgesehenen Modulsteuerung gekoppelt. Der Simulation von Fehlersituationen wie etwa Ausfälle von Sensoren, der Heizung oder ein Überlauf bzw. die Erschöpfung des Klebstoffvorrats sind in diesem Rahmen keine Grenzen gesetzt.

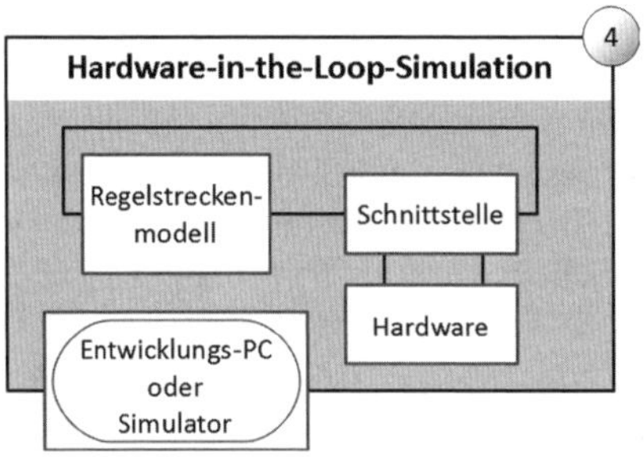

Bild 3.11 Hardware-in-the-Loop-Simulation durch Kopplung der Steuerungsbaugruppe mit einer Echtzeitsimulation des Regelstreckenverhaltens

Gerade der letztgenannte Anwendungsfall als HIL-Simulation hat in den vergangenen Jahren erheblich an Bedeutung gewonnen. Ursache hierfür ist die Möglichkeit, ohne die erschwerenden äußeren Rahmenbedingungen des späteren Einbauortes (Zeitdruck und ferne Baustelle, unvollständiger Anlagenbetrieb, nicht reproduzierbare Fehler) die vorgesehene Steuerung noch am Arbeitsplatz des Entwicklers auf Herz und Nieren zu validieren. Dieser Trend wird unterstützt durch weiterentwickelte Simulationswerkzeuge, mit denen Produktionsprozesse wie intralogistische Abläufe und Werkstückmodifikationen mit vertretbarem Aufwand modelliert, simuliert und mit einer Steuerung gekoppelt werden können. Hinzu kommt, dass sich dank offener Programmierschnittstellen und hoher Rechenleistung sogar Steuerungsmodule recht unkompliziert als Echtzeitsimulationssystem verwenden lassen.

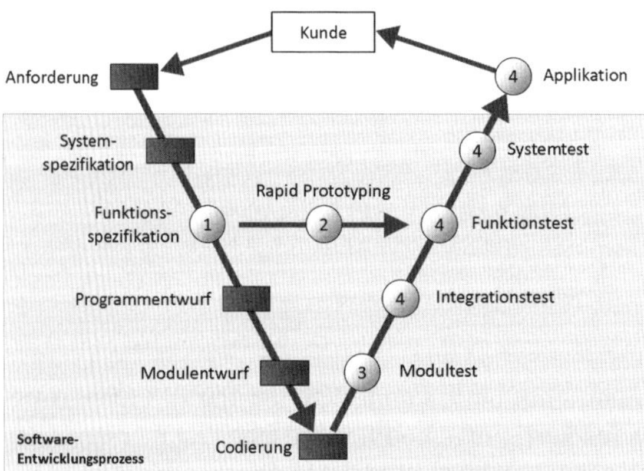

Bild 3.12 Zuordnung der Validierungsmethoden zu den Entwicklungsschritten im V-Modell

In Bild 3.12 werden alle vier Formen der simulationsbasierten Erprobung im Entwicklungsprozess im V-Modell verortet. In jedem dieser Schritte stellt der Rückgriff auf eine solche simulationsbasierte Methodik eine wählbare Option dar. Stets ist damit ein zusätzlicher Aufwand an zusätzlicher Technik sowie Modellierung und Implementierung verbunden. Immer häufiger rechtfertigt sich jedoch ein Rückgriff auf diese Methoden. Gleichzeitig erklärt sich, weshalb bei jedem Entwicklungsprozess erneut zu entscheiden ist, welcher dieser Schritte angemessen und einzubeziehen ist.

3.4 Übertragbarkeit des interdisziplinären Mechatronikansatzes

Zugespitzt kann man nach den bisherigen Überlegungen einer multidisziplinär-elektromechanischen Komponente im (serien-)gefertigten Zustand gar nicht ohne weiteres ansehen, ob es sich wirklich um eine „mechatronische“ handelt oder nicht. Diese Einordnung entscheidet sich im Kern nach dem vorherigen Prozess für dessen Entwurf, Erprobung und Integration. Im Falle eines mechatronischen Systems hat dessen Entwurfskomplexität eine parallele, miteinander vernetzte Bearbeitung der Aufgabenstellung in den Bereichen der mechanischen, der elektrotechnischen und der informationstechnischen Domäne vorgesehen bzw. notwendig gemacht. Genau in dieser Verzahnung besteht der fundamentale Mehrwert dieser Vorgehensweise, denn zuvor fanden mechanischer Entwurf, elektrotechnische Ausrüstung und informationstechnische Inbetriebnahme in getrennten, zeitlich aufeinanderfolgenden Schritten statt. Mechatronische Systeme wie beispielsweise SLR-Kameras oder PKW-Doppelkupplungsschaltgetriebe demonstrieren uns eindrucksvoll, dass deren Ausmaß funktionaler Integration gar nicht ohne einen domänenübergreifenden, integrierten Entwurfsprozess denkbar ist.

Bisher sind wir davon ausgegangen, dass für den rechnerbasierten Entwurfsprozess einer technischen Anlage grundsätzlich deren Idealzustand angenommen wird. Das heißt, für die Anlage wird beim Entwurf idealisierend der neuwertige Inbetriebnahmezustand unterstellt, denn genau diesen bildet das rechnerinterne Entwurfsmodell ab. Jedes technische System durchläuft jedoch über seine Nutzungsdauer einen Lebenszyklus. Darin führen produktionsbedingte Fehler bereits ab dem Zeitpunkt der Inbetriebnahme ebenso zu Abweichungen wie Alterung durch Nutzung und Umwelteinflüsse. Aktuell entstehen unzählige neue Möglichkeiten der unbegrenzten Messdatengenerierung über den gesamten Lebenszyklus der Produktionsanlage, von der lückenlosen Qualitätsüberwachung der Produktion durch die Prozesssteuerung bis hin zu verteilter Sensorik. Das Entwurfskonzept geht mit dieser Betrachtungsweise von dem Asset einer Produktionsanlage aus[4] und bedarf dafür künftig der Erweiterung um die Dimension des Anlagenlebenszyklus', der insgesamt folgende Phasen umfasst:

1. Spezifikation und Entwurf, abgeschlossen mit der Zulassung durch Auftraggeber und Behörden
2. Errichtung, abgeschlossen mit der Inbetriebnahme und Erprobung
3. Betrieb einschließlich modularer Wandelbarkeit, fortgesetzt mit Instandhaltung und Nachrüstung
4. Stilllegung, abgeschlossen durch Entsorgung aller Bestandteile

Als ein alle Abschnitte überspannender Ansatz wurde bereits das Konzept des *digitalen Zwillings* eingeführt. Damit ist ein virtuelles Abbild gemeint, dass nicht nur Grundlage und Ausgangspunkt der technischen Realisierung für eine rechnerbasiert entworfene Anlage ist. Indem alle Betriebslasten und Umwelteinflüsse der Anlage erfasst werden, kann deren digitaler Zwilling auch den weiteren Lebenszyklus modellbasiert durchlaufen.

[4] Vgl. Abschn. 2.2.4.

Die Gesamtheit der Schritte war jedoch im Rahmen der bestehenden Automatisierungspraxis bislang nur eingeschränkt Gegenstand einer integrierten Betrachtung im Rahmen des rechnerbasierten Entwurfs. Bereits mit der Verknüpfung des 2. und 3. Schrittes entsprechend der Asset-Sichtweise treffen ähnlich zu den Ursprüngen der Mechatronik (mindestens) drei Fachdomänen aufeinander, die sich bisher unabhängig voneinander mit technischen Anlagen auseinandergesetzt haben:

1. die operative Steuerung einer aktiven Produktionsanlage innerhalb von komplexen Wertschöpfungsketten – in Abhängigkeit von Marktbedürfnissen, Ertragszielen, Ressourcenverfügbarkeit usw.
2. die technologische Umsetzbarkeit auf der Produktionsanlage an sich verändernden Produktionszielen einschließlich konstruktiver Wandelbarkeit durch Modularisierungsmethoden
3. die zustandsorientierte und vorbeugende Instandhaltung zur Sicherstellung der Anlagenverfügbarkeit

Die konzeptionelle Integration dieser Domänen wird ein maßgeblicher Aspekt der künftigen Herausforderungen für den automatisierungstechnischen Entwurf im Rahmen der bevorstehenden Epoche von Industrie 4.0 sein. Dieser Schritt erscheint aus heutiger Sicht einerseits in seinem Ansatz und Ziel ebenso einleuchtend, und andererseits in seiner methodischen Umsetzung bislang noch unstrukturiert, so wie dies vor drei Jahrzehnten für die aufkommende integrierte Auseinandersetzung mit mechatronischen Systemen galt.

Eine integrierte Betrachtung von Komponenten mit mechanischer, elektronischer und informationstechnischer Funktion als mechatronisches Gesamtsystem liefert uns rückblickend ein vergleichbares Bild. In den 1990er Jahren erschien die Beherrschung der damit einhergehenden Komplexität als Vision einleuchtend, für die ein ingenieurmäßig methodisches Vorgehen jedoch konzeptionell noch unerschlossen war. Erst nach und nach wurde für die Klasse der so bezeichneten „mechatronischen Systeme“ ein Konzept herausgearbeitet, das im Kern nicht vordergründig eine neue Querschnittsdisziplin begründet, sondern eine hierfür geeignete domänenübergreifende Methodik etabliert. Diese, im vorangegangenen Abschnitt beschriebene Vorgehensweise wurde 2004 im deutschsprachigen Raum als Richtlinie [3] formuliert.

Ein maßgeblicher Weg für den Entwurf von Assets wird abweichend zum Konzept des V-Modells darin bestehen, dass Komponenten in ihrer Zusammenschaltung zuverlässig für den Lebenszyklus vorspezifizierte Funktionen erfüllen, auch wenn alle diese komplexen Situationen durch Simulationen vorab nicht vollständig experimentell durchlaufen werden können. Man wird deshalb auch ohne simulationsbasierte Erprobung der funktionsgemäßen Korrektheit der verabredeten Spezifikationen vertrauen müssen, so wie man im V-Modell der Korrektheit automatisch generierter Prototypen vertraut.

Damit nähert man sich im Vorgehensmodell den allgemeinen Methoden des Softwareentwurfs an, was ein stark experimentell geprägtes V-Modell vergleichsweise als eine Nische erscheinen lässt. Insbesondere die funktionalen Interaktionen mit der physischen Welt bedürfen der experimentellen Erprobung im V-Modell. Für die nun immer häufiger auftretenden Interaktionen der digitalen Systeme untereinander ist dagegen im Grundsatz die spezifikationsgemäße Korrektheit der Implementierung hinreichend und deshalb maßgeblich. Zur Überprüfung der Vollständigkeit sowie Fehler- und Widerspruchsfreiheit der zu spezifizierenden Interaktionen, wofür in Abschnitt 2.2 zahlreiche Beispielpublikationen genannt wurden, sind formale Methoden am geeignetsten. Nichtsdestotrotz bleiben auch hier Testsimulationen unverzichtbarer Teil der Validierung. Außerdem wird in diesen Spezifikationen stets auch ein definierter Umgang mit Fehlerzuständen abgebildet. Die Vermeidung undefinierter Zustände ist für zuverlässige Binneninteraktionen der digitalen Systeme wichtiger als absolute Fehlerfreiheit.

Es sei an dieser Stelle dennoch darauf hingewiesen, dass sich auch die Grenzen des V-Modell-basierten Engineerings offenbaren: Zur Echtzeitsimulation ist nur eine bestimmte Klasse von Modellen physischer Systeme mit reduzierter Komplexität geeignet. Anhand der Robotik lässt sich dies beispielhaft darstellen: Einerseits sind die zeitlichen Umfänge von Handlingprozessen in der industriellen Produktion typischerweise für eine Analyse in Echtzeitsimulation geeignet. Die zu betrachtenden Zeitabschnitte, die vom Produktionsschritt für ein einzelnes Produkt überdeckt werden, lassen sich gut durch einen Simulationszyklus abbilden. Andererseits aber werden hierbei in der Regel vereinfachte Dynamikmodelle verwendet. Die Kinematik eines Industrieroboters wird dafür als ein einfaches Mehrkörpersystem mit Punktmassen und starren Bewegungsgliedern abstrahiert. Inzwischen ist aufgrund der verfügbaren Rechenleistung auch denkbar, dass eine Echtzeitsimulation als sogenanntes kontinuierliches System erfolgt. Dies bedeutet ergänzend eine Berücksichtigung von Elastizitäten innerhalb der Struktur. Vergleichbar zu den angenommenen Punktmassen in den Masseschwerpunkten wird diese Nachgiebigkeit ebenfalls vereinfachend durch virtuelle Federelemente in den Gelenken betrachtet.

Tatsächlich treten die elastischen Deformationen der Strukturelemente (ebenso wie thermische oder alterungsbedingte Deformationen) räumlich verteilt über den gesamten Starrkörper auf. Auch hierfür liegt mit der Finite-Elemente-Methode (FEM) ein adäquates Modellierungsverfahren vor, dessen Implementierung aber im Rahmen eines Echtzeit-simulierten Prototyps aus Sicht des erforderlichen Implementierungs- und insbesondere Berechnungsaufwands auf absehbare Zeit illusorisch ist.

Letztlich zeigt sich in der skizzierten Abhängigkeit von Simulationsergebnissen symptomatisch ein nachteiliger Aspekt der beschriebenen simulativen Entwurfsbewertung nach dem Vorgehensmuster des V-Modells. Es muss darauf hingewiesen werden, dass diese experimentelle Erprobung mit ihren singulären Einzelaussagen die Ergebnisqualität einer analytischen Untersuchung nicht erreichen kann. Allzu oft ist jedoch genau diese analytische Bewertung auch nur durch vereinfachende Abstraktionen machbar. In diesen Fällen muss auf Formen einer operationalen Validierung der verfügbaren Simulationen wie Plausibilitätsprüfungen, Sensitivitätsanalyse oder experimentelle Parameterkalibrierung durch Outputvergleich zurückgegriffen werden.

Aus heutiger Sicht lässt sich also rückblickend die Herausbildung der mechatronischen Entwurfsmethoden auf Basis des V-Modells gut nachvollziehen. Künftige Entwicklungsszenarien im Kontext von Industrie 4.0 setzen sich ebenso domänenübergreifend mit dem tatsächlichen Zustand einer Produktionsanlage innerhalb ihres Lebenszyklus in einer zunehmend integrierten Betrachtung aus den oben bereits aufgezählten Sichtweisen auseinander: a) der unternehmerisch-betriebswirtschaftlichen Sicht (Enterprise Ressource Planning – ERP), b) der anlagenbetrieblich-technologischen Sicht (Manufacturing Execution System – MES) und c) der instandhaltungsstrategischen Sicht (Condition Monitoring und Asset Management).

Eine Lehre, die sich aus der Entwicklung der Mechatronik bereits übernehmen lässt, besteht sicherlich darin, dass die beteiligten Fachdomänen nicht ohne weiteres in einer gemeinsamen, neuen Disziplin aufgehen werden. Der Grund dafür ist, dass – wie am Beispiel der Mechatronik – nicht nur die Verschränkung dieser Fachdomänen zunimmt, sondern auch deren eigener Grad an Spezialisierung. Zur Bewältigung der wachsenden Komplexität wird die Zukunft neben domänenübergreifend ausgelegten Multifunktionswerkzeugen vor allem zusätzliche Datenschnittstellen zwischen den etablierten Tools hervorbringen – von herstellerübergreifend zu entwickelnden Standards bis hin zu proprietären Lösungen marktstarker Einzelanbieter. Auch Simulationstechnologien werden hierbei eine wichtige Rolle einnehmen, wobei sich für diese Betrachtungen in der Zeitachse nicht die Herstellung eines einzelnen Produktes bzw. die Abfolge entlang einer einzelnen Charge abbilden wird, sondern einem Zeitraffer gleich ein gesamter Jahres- oder Produktzyklus. Dies bedeutet eine qualitative Simulation von Anlagenlebenszyklen, in deren komprimierten Zeitverläufen sich Qualitäts- und Nachfrageschwankungen ebenso abbilden wie Alterung und Ausfälle von Produktions- oder Datenverarbeitungskomponenten. Ob man hierbei den aufwendigen Weg gehen sollte, mit einer Variation einer realitätsnahen Auswahl aus der explosionsartig wachsenden Vielfalt von Einzelereignissen zu arbeiten, oder sich eine Methode etablieren wird, welche ähnlich der rechnerischen Stabilitätsbewertung geschlossener Regelkreise mit den Wahrscheinlichkeiten dieser Ereignisse analytisch umgeht, muss als verbleibender Forschungsgegenstand an dieser Stelle unbeantwortet bleiben.

Das Fazit fällt keineswegs enttäuschend aus. Die Ziele der technischen Entwicklung können bereits hinreichend klar umrissen werden. Erst in den kommenden Jahren wird mit einer zunehmenden Zahl von Anwendungsbeispielen das Erfahrungsspektrum ebenso anwachsen wie der domänenübergreifende Funktionsumfang der verwendeten Softwarewerkzeuge. Wie bei der Mechatronik darf mit spannenden Formaten für Tagungen und Publikationen gerechnet werden, wo die Fachleute der Anlagenbetriebsführung, der Fertigungstechnologie und der Instandhaltung ihre neuentwickelten domänenübergreifenden Lösungsansätze präsentieren und diskutieren werden. Erste Beispiele sind längst Realität: Über ein RFID-Label übermitteln Rohteile an die Anlage ihre individuelle Fertigungsrezeptur, der Fehlerzustand einer Komponente meldet automatisch die zugehörige Maschine mit einer Wiederinstandsetzungsprognose vom Produktionssystem ab, der zuständige Wartungsmechaniker löst mit der Fehlerprotokollierung unmittelbar im ERP-System den Bestellvorgang für das Ersatzteil aus usw. Die Voraussetzung zur Implementierung solcher Verknüpfungen ist einerseits eine vollständige Modellierung aller Geschäftsprozesse, die sich in der Regel auch unternehmensübergreifend vollziehen, und andererseits eine für solche datengetriebenen Use Cases weitblickend ausgelegte Informationsarchitektur.

3.5 Literatur

[1] DIN 61131-3:2014-06, Speicherprogrammierbare Steuerungen – Teil 3: Programmiersprachen (IEC 61131-3:2013); Deutsche Fassung EN 61131-3:2013.

[2] Wintzenburg, J. B.: Es passt nicht. Airbus – Die Geschichte eines deutsch-französischen Missverständnisses. Oder: Wie ein paar zu kurze Kabel einen ganzen Konzern in Schieflage bringen können, in: *Stern*, online verfügbar unter: *https://www.stern.de/wirtschaft/news/airbus-es-passt-nicht-3325122.html*, letzter Zugriff: 25.07.2017.

[3] VDI-Richtline 2206, Entwicklungsmethodik für mechatronische Systeme, 2004.

[4] Angermann, A., Beuschel, M., Rau, M. und Wohlfarth, V.: Matlab – Simulink – Stateflow – Grundlagen, Toolboxen, Beispiele, 9. Aufl., Oldenburg 2016.

[5] National Instruments: NI LabVIEW für Rapid Control Prototyping und Hardware-in-the-Loop-Simulation, Whitepaper v. 5. November 2013.

4 Modulare Automatisierung in der Praxis

In den bisherigen Kapiteln wurde die modulare, funktions- und objektorientierte Gestaltung von individuellen Maschinen und Anlagen als ein Lösungsansatz für Effizienzsteigerungen im gesamten Lebenszyklus sowohl theoretisch als auch an praktischen Beispielen vorgestellt. Dabei wurde herausgearbeitet, dass integrierbare und autonome Module in Gestalt mechatronischer Komponenten unterschiedliche Voraussetzungen für einen optimalen Betrieb benötigen und andererseits die automatisierungstechnischen Randbedingungen zu beachten sind. Dabei wenden wir uns den einzelnen Aspekten zu, die aus praktischer und aus Sicht der Automatisierungstechnik in einer modularen Struktur zu beachten sind.

Zu Beginn werden wir uns den Themen einer schrittweisen Modularisierung von Serienmaschinen ebenso wie der Auswahl der Automatisierungssysteme inklusive Bussystemen und Sicherheitstechnik widmen. Es soll auch der Frage nachgegangen werden, wie die Echtzeitfähigkeit in einem modularen System gesichert oder sogar verbessert werden kann. Dabei werden Problemfelder benannt und Lösungsmöglichkeiten aufgezeigt, sodass die Entwicklung eines modularen Produktionssystems ein Erfolgsprojekt wird, ganz gleich ob in einem schrittweisen Prozess oder beginnend mit einer Idee.

4.1 Sukzessive Modularisierung

Der Serienmaschinenbau, wie er aktuell gelebt wird, ist so facettenreich wie es Hersteller von Maschinen und Anlagen gibt. Wohl kaum ein Hersteller verfolgt genau die gleiche Strategie, um seine Produkte an die individuellen Bedürfnisse seiner Kunden anzupassen. Das Ganze wird noch befeuert, indem auch die Zulieferer ihre eigenen Modularisierungsstrategien vertreten, ganz gleich ob es sich um Komponenten der Automatisierungstechnik oder um komplette mechatronische Einheiten wie z. B. Pumpen, Laserquellen oder Hydraulikaggregate handelt. Demzufolge existiert eine sehr heterogene Landschaft an unterschiedlichen modularen Lösungen und Strategien.

Die bisherigen Kapitel beschreiben einen Modularisierungsprozess von Grund auf und weisen den Weg zu einer nahezu idealen und vor allem nachhaltigen modularen Struktur. In der Praxis gibt es allerdings eher selten den Fall, bei dem die Entwicklung eines modularen Produktionssystems auf einem weißen Blatt Papier beginnt. Vielmehr werden bestehende nicht- oder teilstrukturierte Systeme erst dann einer Modularisierung unterworfen, wenn die Komplexität nicht mehr beherrschbar wird oder die in Kapitel 1 aufgeführten Sachzwänge in Erscheinung treten[1]. Wenn dann die Entscheidung fällt, das System nicht vollständig neu zu gestalten, sondern nur teilweise zu modernisieren, bietet sich eine sehr gute Möglichkeit für eine beginnende modulare Gestaltung ohne das bestehende System in seiner Struktur ganz in Frage zu stellen. Wir wollen dafür den Begriff der *sukzessiven Modularisierung* einführen, was auch Brown-field-Modularisierung heißen könnte und womit eine Modulbildung und -implementierung in bestehende Systeme verstanden werden soll.

Sie beginnt, wenn beispielsweise für eine neue technologische Anforderung ein Modul vom Maschinenhersteller selbst entwickelt oder von einem Zulieferer bezogen werden soll und in eine bereits existierende Maschine zu integrieren ist. Ein anderer Grund könnte sein, dass nicht genügend Zeit oder finanzielle Mittel für eine vollständige Neuentwicklung zur Verfügung stehen. Durch eine sukzessive Modularisierung wird der zeitliche und finanzielle Initialaufwand auf mehrere Projekte verteilt und ist somit wirtschaftlich leichter zu bewältigen, obwohl die Summe aller Einzelaufwände kaum geringer sein dürfte als eine durchgreifende Modularisierung von Grund auf.

Dazu gesellen sich noch einige Hindernisse technischer Gestalt. Soll z. B. die Leimstation in einem nichtmodular konstruierten Klebebinder zukünftig als eigenständige mechatronische Einheit ausgebildet werden, ganz gleich ob als integrierbares oder autonomes Modul, dann sind zunächst einige zusätzliche konstruktive Randbedingungen zu analysieren. Es ist zu klären, wie die Einheit mechanisch und elektrisch aus der Gesamtkonstruktion herausgelöst und in neuer konstruktiver Gestalt wieder hinzugefügt werden kann. Wenn beispielsweise die für den Klebstoffauftrag erforderlichen Antriebsaufgaben zuvor nur über mechanische Kopplungen wie z. B. Riemen- oder Kegelradgetriebe realisiert wurden, dann muss auch das Antriebskonzept des Moduls neugestaltet werden. Soll es von der übrigen Maschine keine mechanische Energieübertragung mehr geben und sollen nun Servoantriebe eingesetzt werden, ergibt sich ein weiteres Problem, denn was zuvor die Mechanik zu leisten hatte, kommt nun als dynamische Anforderung für die Automatisierungstechnik hinzu.

Jetzt muss sichergestellt werden, dass die erforderliche Antriebstechnik auch dezentralisiert und mit einem geeigneten Feldbus so betrieben werden kann, dass keine qualitativen Einschränkungen durch ungenügende Synchronität entstehen. Dazu muss sowohl der Feldbus wie auch die übrige Steuerungstechnik über die erforderliche *Echtzeitfähigkeit* verfügen.

Gleiches gilt für die Sicherheitstechnik. Wurde zuvor bei einer Notabschaltung nur der Hauptantrieb stillgesetzt, so müssen nun auch die dezentralen Antriebe und die dezentrale Peripherie in das Notaus-Konzept einbezogen werden. Sollen mit intelligenten Safety-Lösungen zusätzliche Vorteile generiert werden, z. B. für das Einrichten und Umrüsten, dann ist zu klären, wie diese Sicherheitsfunktionen auf Modulebene und im Kontext zum Gesamtsystem umgesetzt werden können.

---

[1] Die gleiche Problematik ist aus dem Anlagenbau bekannt. Dafür haben sich die Begriffe „Green Field" für den Bau völlig neuer Werke und „Brown Field" für die Modernisierung bestehender Anlagen etabliert. Auch in der Softwareentwicklung werden diese Begriffe verwendet, wenn neu entwickelte Teile in bestehende Projekte integriert werden sollen.

Obwohl diese Überlegungen zu jedem Modularisierungsprozess dazugehören, so haben sie doch in einem Migrationsprozess eine besondere Bedeutung. Das Problem dabei ist, dass es sich wahrscheinlich um eine gut funktionierende Maschine handelt, in die nun ziemlich tief eingegriffen wird und die noch dazu am Ende in möglichst vielen Aspekten besser sein soll. Dazu gehören nicht nur eine bewährte Mechanik, sondern auch stabile und zuverlässige Zulieferer, ein Automatisierungssystem, von dem man annimmt, alles zu kennen, sowie die konkrete Applikation, in der viele Mannjahre an Softwareaufwand stecken. Dazu kommen möglicherweise viele weltweit installierte Systeme und Kunden, die auf bewährte Technik setzen und Ersatzteile vorrätig haben. Es ist daher keine einfache Entscheidung, ob für jede Klebstoffart eine zumindest teilweise Modularisierung erfolgen soll oder doch wieder eine modifizierte komplette Maschine konstruiert wird.

Auch wenn wir die Antwort bereits kennen, so kann sie unter Umständen ganz schnell anders aussehen. Stellen wir uns nur vor, das Automatisierungssystem wäre nicht geeignet, um dezentrale Antriebstechnik in der geforderten Genauigkeit zu synchronisieren oder eine, durch das Safety-Konzept verlangte, sicher reduzierte Geschwindigkeit wird nicht unterstützt. Des Weiteren ist die Integrationsumgebung[2] anzupassen, was oft zu noch unübersichtlicheren und fehleranfälligeren Strukturen führt. Das sind nur einige Hindernisse, die dem Entschluss für eine zumindest teilweise Modularisierung entgegenstehen können. Was also tun, wenn an einer sukzessiven Modularisierung festgehalten werden soll?

Wir wollen diese Frage wieder aus der Sicht der Automatisierungstechnik beantworten und voraussetzen, dass alle technologischen, mechanischen und elektrischen Randbedingungen positiv geklärt wurden. Eine I4.0-Konformität soll zunächst auch keine Rolle spielen, jedoch wollen wir uns von Beginn an so nah wie möglich einer dazu geeigneten funktions- und objektorientierten Lösung nähern, um später auch diese Anforderung berücksichtigen zu können.

4.1.1 Szenarien einer sukzessiven Modularisierung

Die Problemstellungen und Lösungsansätze für die in der Praxis typischen Szenarien sollen wieder am Beispiel eines *Klebebinders* demonstriert werden. Dazu wählen wir eine Ausgangssituation, wie sie prinzipiell auch für viele weitere Verarbeitungsmaschinen zutreffen kann. Nehmen wir weiterhin an, dass das Automatisierungskonzept der nichtmodularisierten Maschine gemäß Bild 4.1 strukturiert ist und über die nachfolgend genannten wichtigsten Eigenschaften verfügt:

- Alle Steuerungsaufgaben werden in einer CPU ausreichend schnell und genau abgearbeitet.
- Die Ein- und Ausgangsmodule befinden sich direkt auf der Backplane der Steuerung.
- Die Antriebstechnik verfügt zur Realisierung elektronischer Getriebe (z. B. für die Funktion *Klebstoff auftragen*) über einen oder mehrere eigene Controller.
- Die Position des Hauptantriebes wird synchron über den Feldbus an die CPU und die Achscontroller übertragen.

---

[2] Darunter ist die übrige Maschine zu verstehen, wofür wir in Kapitel 2 den Begriff *Backbone* eingeführt haben.

- Einige Ein- und Ausgänge müssen sehr genau in Abhängigkeit von der Position des Hauptantriebes angesteuert werden.
- Die Sicherheitstechnik ist im Steuerungssystem integriert und soll über Safe-Motion-Funktionalität verfügen.
- Die geforderte Reaktionszeit für Steuerungs- und Antriebstechnik liegt bei < 1 ms[3].
- Die gesamte Bedienung und Visualisierung wird mit einem Hauptbedienpanel in Form eines Industrie-PC realisiert.

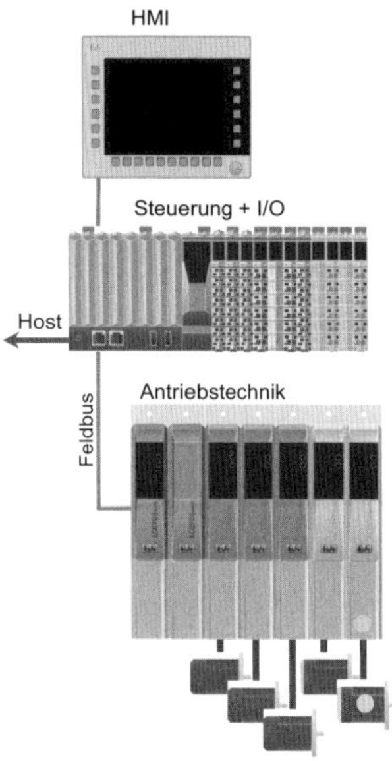

Bild 4.1 Ausgangskonfiguration der Automatisierung einer nicht-modularisierten Maschine

Soll aus dieser Konfiguration eine technologische Funktion (z.B. der *Klebstoffauftrag* in Gestalt einer *Leimstation*) herausgelöst werden, sind prinzipiell folgende Szenarien denkbar, die wir mit dem Wissen über Bauart und Funktion integrierbarer sowie autonomer Module mit den entsprechenden Randbedingungen aufzeigen wollen.

4.1.2 Dezentralisierte Hardware ist möglich

Abgrenzung

Die verwendete Automatisierungstechnik unterstützt die Dezentralisierung von Antriebssystemen mit einer für die technologischen Funktionen ausreichenden Genauigkeit und kann auch dezentrale Ein- und Ausgänge mit der erforderlichen Reaktionszeit bedienen.

[3] Dieser Wert entspricht den Anforderungen in einem Klebebinder mittlerer Leistungsklasse. Auch moderne Kunststoffverarbeitungs-, Druck- und Verpackungsmaschinen stellen Anforderungen in der Größenordnung von 400 µs und kürzer.

In diesem Fall bietet sich zunächst die Bildung eines *integrierbaren Moduls* an (Bild 4.2). Dabei werden die für die Leimstation benötigten Ein- und Ausgangsmodule mit einem Buskoppler versehen und an den verlängerten Feldbus gekoppelt. Gleiches erfolgt mit den benötigten Antrieben und einem optionalen HMI-Gerät. Die Geräte können ohne zusätzlichen Schaltschrank direkt in die Mechanik integriert oder in einem moduleigenen Schaltkasten untergebracht werden, sofern die benötigten Komponenten mit entsprechendem Schutzgrad verfügbar und funktionskompatibel sind.

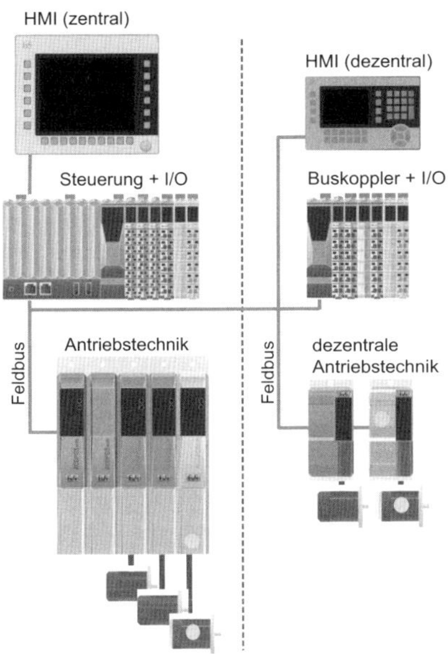

Bild 4.2 Automatisierung nach Fall 1 mit einem integrierbaren Modul

Für diese Variante sind die folgenden Randbedingungen zu beachten:

- **Kompatibilität**
  Die Ein- und Ausgangsmodule müssen sich funktionskompatibel verhalten, d.h., es muss für die Funktion gleichgültig sein, ob die Ein- und Ausgangskanäle direkt von einer Steuerungs-CPU oder via Feldbus und Buskoppler angesteuert werden. Dabei ist es unerheblich, ob sie auch die gleiche Bauform aufweisen, wie es für Module mit den Schutzarten IP20 oder IP67[4] der Fall wäre. Gleiches gilt für Antriebstechnik und HMI-Gerät, besonders dann, wenn diese Komponenten nicht über eine eigene Intelligenz verfügen.
- **Echtzeitfähigkeit**
  Die Dezentralisierung über einen Feldbus bewirkt zwangsläufig eine Veränderung der Reaktionszeit (Abschnitt 4.2.1). Das bedeutet in der dargestellten Konfiguration für die Bedienung der Ein- und Ausgänge, dass die resultierende Zykluszeit für die zu erfül-

---

4 Die Schutzklasse IPxy beschreibt die Schutzart gegen Berührung, Fremdkörper (erste Ziffer) und Feuchtigkeit (zweite Ziffer) nach DIN EN 60529. IP67 bedeutet, dass ein elektrisches Gerät staubdicht (6) und gegen zeitweiliges Untertauchen in Wasser (7) geschützt ist. Dagegen ist ein IP20-Gerät nur gegen das Eindringen fester Fremdkörper mit einem Durchmesser ≥ 12,5 mm (2) aber nicht gegen eindringende Feuchtigkeit (0) geschützt.

lende technologische Funktion noch hinreichend kurz sein muss. Gleiches gilt für die Antriebstechnik, auch wenn sie in der Ausgangskonfiguration bereits über den Feldbus gekoppelt ist. Werden jedoch andere Bauformen der Servoverstärker oder Frequenzumrichter verwendet, dann kann dies zu einem veränderten Verhalten führen.

- **Sicherheitstechnik**

  Mit der teilweisen Platzierung der Safety-Module weg von der zentralen Steuerung und hin zum dezentralen Busknoten ist darauf zu achten, dass keine prinzipielle Veränderung der Safety-Konfiguration erfolgt, wie es beispielsweise durch Hinzufügen weiterer sicherer Sensorik oder Aktorik der Fall wäre (Abschnitt 4.3.3). In diesem Fall bedeutet das automatisch eine Veränderung der Safety-Konfiguration und ist nach Anhang 4 der Maschinenrichtlinie DIN EN ISO 13849 zu bewerten [1]. Im Ergebnis kann es erforderlich sein, dass die Sicherheit der Maschine entweder durch ein akkreditiertes Prüfinstitut oder den Hersteller selbst neu zu überprüfen und in der sogenannten *Herstellererklärung* zu dokumentieren ist. Aber auch wenn die grundlegende Safety-Konfiguration erhalten bleibt, muss das Safety-Konzept des Automatisierungssystems eine Neuplatzierung von Safety-Komponenten auch ohne Programmänderungen unterstützen. Wenn die in Bild 4.2 dargestellte integrierte Sicherheitstechnik mit dem verwendeten System nicht möglich ist, wäre auch ein separater Safety-Bus oder als letzte Möglichkeit eine zum Feldbus parallele zusätzliche Verdrahtung der sicherheitsrelevanten Signale möglich. Allerdings sind das sehr schlechte Alternativen, denn sie konterkarieren die durch eine Modularisierung erwarteten Effekte, weil sie zusätzlichen Aufwand bewirken und sich die Komplexität wieder erhöht.

- **HMI-Komponenten**

  Für den Fall, dass für das neu zu bildende Modul eine separate Bedienstelle vorgesehen ist, ergeben sich zwei weitere Problemfelder. Das ist zum einen die hardwareseitige Einbindung, die im Bild direkt über den gemeinsamen Feldbus erfolgt. Diese Kopplung erfordert neben einem geeigneten Kommunikationsprotokoll auch die Fähigkeit des Busses, asynchrone Daten transportieren zu können ohne die Übertragung des synchronen Datenverkehrs zu beeinflussen (Abschnitt 4.4.1). Das gelingt nicht bei allen etablierten Feldbustypen, zumindest nicht bei geringer verfügbarer Bandbreite und/oder hohen Anforderungen an die Genauigkeit und Geschwindigkeit des synchronen Datenverkehrs.

  Zum anderen sind es die Möglichkeiten der Software, die wiederum von der gewählten Hardwareausstattung des HMI-Panels abhängen. Besitzt das Panel beispielsweise eine eigene Intelligenz, dann könnte es auch in einem eigenen und/oder separaten Visualisierungsprojekt programmiert werden. In diesem Fall wäre auch die Belastung für den Feldbus am geringsten, denn es werden nur die qualitativen Daten übertragen, und es wäre ein wichtiger Schritt zur Verringerung der Komplexität.

  Wird dagegen ein Panel ausgewählt, das nur als Browser fungiert und die Visualisierung über einen, in der zentralen CPU oder dem Hauptbedienpanel laufenden Webserver abläuft, dann entstehen für den asynchronen Datenverkehr unter Umständen höhere Anforderungen. Schließlich hat der Bediener sicher keine Zeit, lange auf einen angeforderten Bildwechsel zu warten, während ein schnell laufender Synchronantrieb im µs-Takt synchrone Positionsdaten abruft und damit den Feldbus auslastet. Auch in diesem Fall wäre eine separate Busverbindung zwar möglich aber auch die schlechteste Wahl.

- **Feldbus**

  Neben den zuvor genannten Anforderungen kommt noch die Fähigkeit eines *Plug-ins* hinzu. Soll beispielsweise die Leimstation in verschiedenen Derivaten angeboten werden, dann ist auch eine unterschiedliche Hardware-Ausstattung des Moduls zu erwarten. Wird die Leimstation umgerüstet, dann müssen diese Veränderungen automatisch erkannt werden. Damit die Umrüstzeit weiter minimiert werden kann, sollte der Modultausch auch ohne ein Ausschalten der Gesamtmaschine möglich sein.

- **Engineering-System**

  Die *Trennung von Physik und Logik* sowie die *Separation der funktionalen Software* in einem eigenen Applikationsmodul ist für diese Variante ein Muss. Einerseits lässt sich nur so gewährleisten, dass bei einer veränderten Hardwarekonfiguration (wie im Beispiel beim Tausch der Leimstation) auch die dazugehörige Software aktiviert werden kann. Andererseits wird so die Entwicklung, Test und Inbetriebnahme des Moduls vom übrigen Projekt entkoppelt, und es stellen sich auch in der Software die erwarteten Effekte der Komplexitätsreduzierung ein. Ist das nicht möglich, wäre es ein K.-o.-Kriterium für diese Modularisierungsvariante. Ganz besonders gilt das für die Safety-Komponenten (Abschnitt 4.3.3).

Auch wenn in diesem und dem folgenden Szenario integrierbare Module eine Möglichkeit der *sukzessiven Modularisierung* sind, so soll doch dringend darauf verwiesen werden, dass die Bildung *autonomer Module* immer die erste Wahl sein sollte. Schließlich bietet es auch bei einer sukzessiven Vorgehensweise die beste Möglichkeit, um mit einer wirklich zukunftsfähigen modularen Gestaltung der Maschine zu beginnen.

4.1.3 Dezentralisierte Hardware ist eingeschränkt möglich

Abgrenzung

Mit der verwendeten Automatisierungstechnik sind zwar dezentrale Ein- und Ausgänge mit der erforderlichen Reaktionszeit bedienbar, aber das Feldbussystem ist für dezentrale Antriebe nicht ausreichend echtzeitfähig. ■

Auch in diesem Fall ist die Bildung eines integrierbaren Moduls prinzipiell möglich, jedoch mit der Einschränkung, dass für die dezentralen Antriebe eine zusätzliche serielle Kopplung erforderlich ist (Bild 4.3). Das ist beispielsweise mit einem Antriebssystem möglich, wie es in [2] angeboten wird. Dabei erfolgt die Berechnung der Antriebsfunktionen in einem via Feldbus gekoppeltem Antriebscontroller, während die dezentralen Wechselrichter über einen speziellen Antriebsstrang gekoppelt werden. Die dezentralen Module haben dann nur noch die Aufgabe, den Positionsgeber auszulesen und den Antriebsmotor anzusteuern. Der Feldbus muss in dieser Konfiguration nicht zwingend hochdynamisch arbeiten, da er nur Parameter und Sollwerte der Steuerung zu übertragen hat. Die eigentliche Achskoordination erfolgt im Antriebscontroller. Über den Antriebsstrang werden nur die Strom-Istwerte zu den einzelnen Wechselrichtermodulen und die Positionsistwerte mit einem herstellerspezifischen Protokoll übertragen.

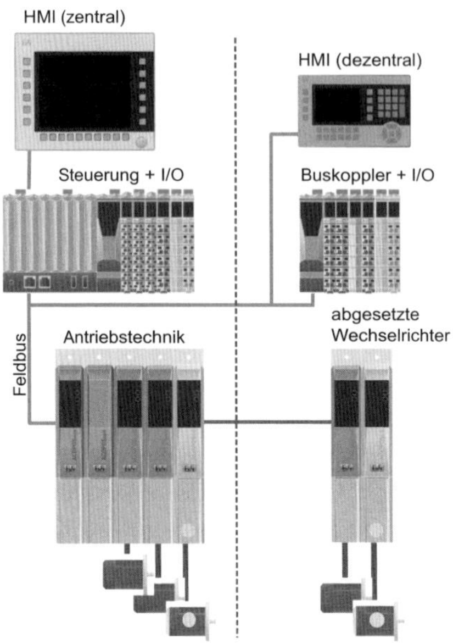

Bild 4.3 Automatisierung mit einem integrierbaren Modul und separatem Antriebsbus

Der übrige Aufbau für die Anschaltung von Ein- und Ausgangsmodulen und HMI-Gerät sowie die dort genannten Randbedingungen unterscheidet sich grundsätzlich nicht vom Szenario aus Abschnitt 4.1.2, wobei zusätzlich folgende Aspekte zu beachten sind:

- **Feldbus**
  In der dargestellten Konfiguration ist besonders die Fähigkeit eines *Plug-ins* zu beachten, was nun für beide Verbindungen funktionieren muss.
- **Engineering-System**
  Die *Trennung von Physik und Logik* sowie die *Separation der funktionalen Software* in einem eigenen Applikationsmodul gilt auch für diese Konfiguration als Bedingung. Wenn jedoch das Steuerungsprojekt des Antriebscontrollers nicht im übrigen Projekt vollständig integriert ist, sind neben zwei Bussystemen auch zwei Projekte zu verwalten. Das kann die Entwicklung, Test und Inbetriebnahme des Moduls erschweren oder auch ein K.-o.-Kriterium für diese Variante darstellen.

4.1.4 Dezentralisierte Hardware ist nicht möglich

Abgrenzung

Das Automatisierungssystem kann weder dezentrale Antriebe noch verteilte Ein- und Ausgänge mit der erforderlichen Reaktionszeit direkt bedienen, besitzt aber Schnittstellen für eine standardisierte Kommunikation.

Ist weder eine Dezentralisierung der Ein- und Ausgangsmodule noch der Antriebstechnik bei Gewährleistung der erforderlichen Dynamik möglich, scheidet die Möglichkeit der Bildung eines integrierbaren Moduls vernünftigerweise aus.

Sicher gibt es in der Praxis unterschiedliche Ansätze, die erforderlichen dynamisch anspruchsvollen Funktionen mit zusätzlicher Hardware zu realisieren. Beispielsweise könnten intelligente Feldgeräte oder Ein-/Ausgangsmodule mit eigenem Prozessor zum Einsatz kommen, wie sie in Abschnitt 4.2.3 thematisiert werden.

Des Weiteren könnten die Antriebscontroller über einen zusätzlichen Positionsgeber die Masterposition selbst erfassen und damit die dezentralisierten Funktionen auch mit der geforderten Genauigkeit realisieren. Es muss aber die Frage gestellt werden, ob dieser zusätzliche Aufwand wirklich zielführend ist, denn es erhöht nicht nur die Komplexität in Hard- und Software, sondern es entstehen auch zusätzliche Kosten für die preisintensivere Hardware. Außerdem tritt zusätzlicher Integrationsaufwand schon allein durch die mechanische Installation des Positionsgebers auf.

Obwohl auch ein autonomes Modul für die erforderliche Automatisierungstechnik und die konstruktive Integration zunächst höheren Aufwand generieren kann, so stehen dem jedoch die bereits genannten Vorteile einer funktionellen Abgrenzung gegenüber. Die Bildung eines *autonomen Moduls* ist daher unter den gegebenen Randbedingungen einzig zielführend.

Eine mögliche Automatisierungsstruktur zeigt Bild 4.4 Das Modul verfügt nun über eine eigene Steuerung und ist über eine standardisierte Schnittstelle wie beispielsweise *OPC UA*, wenn möglich in der echtzeitfähigen Variante *OPC UA TSN*, mit der Steuerung der übrigen Maschine gekoppelt (Abschnitt 4.4.3).

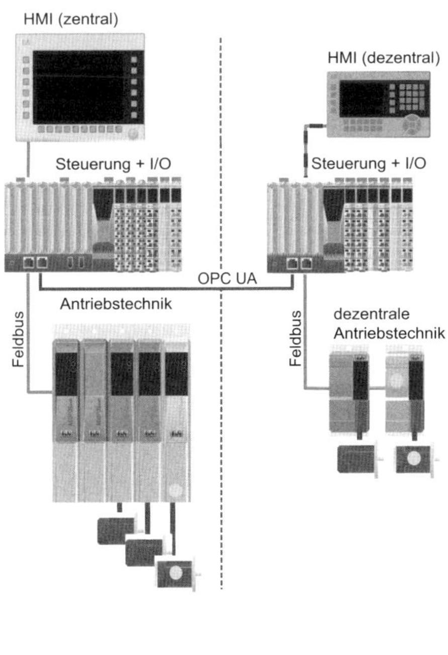

Bild 4.4 Automatisierungsstruktur mit einem autonomen Modul

In dieser Konfiguration sind folgende Aspekte zu berücksichtigen:

- **Kompatibilität**

  Die Ein- und Ausgangsmodule befinden sich wieder direkt auf der Backplane, allerdings auf der dezentralen Steuerung des Moduls, für die aber nun eventuell ein Typ mit weniger Leistungsfähigkeit ausreichend ist. Das kann im einfachsten Fall eine funktionskompatible CPU mit weniger Speicher und/oder schwächerem Prozessor, aber gleicher Bauform sein. In diesem Fall könnten auch identische Ein- und Ausgangsmodule eingesetzt werden. Besitzt die CPU eine abweichende Bauform und ist sie nicht anschlusskompatibel, dann kommen möglicherweise auch andere Ein- und Ausgangsmodule zum Einsatz, deren Funktionskompatibilität zu prüfen ist.

  Ob in diesem Fall die Steuerungskomponenten des gleichen Herstellers eingesetzt werden, hängt wiederum davon ab, ob die andere Technik softwarekompatibel ist und wenn dies nicht so ist, wie hoch der Aufwand für die neu zu entwickelnde Software ist bzw. wie die Engineering-Systeme den Export/Import unterstützen. Zusätzlich kann die Forderung zur Verwendung möglichst vieler Gleichteile[5] zur Folge haben, dass die Steuerungskomponenten der Gesamtmaschine möglichst auch in den modularen Einheiten eingesetzt werden sollen, auch wenn deren Performance nicht benötigt wird und diese auch kostenintensiver sind. Wenn dadurch Initialaufwand reduziert wird, indem die betreffenden Softwareanteile für das Modul nicht vollständig neu entwickelt werden müssen und sich der Preis für die nun größeren Stückzahlen durch zusätzliche Rabatte reduziert, dann kann am Ende sogar ein wirtschaftlicher Vorteil entstehen.

- **Echtzeitfähigkeit**

  Die Dezentralisierung in ein autonomes Modul wird abhängig vom ausgelagerten Funktionsumfang, zumindest bei Einsatz einer typ- und leistungsidentischen Steuerung, durch weniger zu bearbeitende Steuerungsaufgaben zu einem dynamischen Vorteil führen oder es kann eine leistungsschwächere CPU verwendet werden. Um das zu beurteilen, sind neben modellhaften Berechnungen vor allem geeignete Tests zu empfehlen. Weitere Möglichkeiten zur Gewährleistung hoher dynamischer Anforderungen in leistungsschwächeren Steuerungen werden in Abschnitt 4.2.3 vorgestellt.

  Problematisch kann sich dagegen die Übermittlung der synchronen Masterposition erweisen. Wird jedoch das Busprotokoll OPC UA TSN verwendet, wären Feldbus-Zykluszeiten von bis zu 50 µs bei einem Übertragungsjitter von < 40 ns möglich[6], was für die meisten Verarbeitungsmaschinen sicher völlig ausreichend ist[7].

  Nur wenn die dynamischen Anforderungen keine der genannten Spielräume zulassen, wäre auch eine Zusatzverdrahtung bzw. ein zusätzlicher mechanischer Abgriff mit einem Drehgeber möglich.

- **Sicherheitstechnik**

  Wird eine mechatronische Einheit als eigenständig betriebsbereites Modul ausgeführt, ist dieses gemäß DIN EN ISO 13849 einer Risikoanalyse zu unterziehen [1]. Das gleiche

---

[5] Um bessere Einkaufskonditionen aushandeln zu können und um Lagerbestände, Ersatzteillisten sowie den Verwaltungsaufwand zu minimieren, verwenden Hersteller für ihre unterschiedlichen Produkte möglichst viele gleiche Komponenten. Es werden beispielsweise bei einem 6-Kanal-Eingangsmodul eher zwei Kanäle frei gelassen, als nur für einen singulären Fall zusätzlich ein etwas preisgünstigeres 4-Kanal-Modul einzusetzen.

[6] Entspricht den aktuellen dynamischen Kennwerten, wie sie in [24] veröffentlicht wurden.

[7] Mehr zum Thema OPC UA TSN in Abschnitt 4.4.3.

gilt für die Gesamtmaschine, denn auch deren Safety-Konzept wird durch das Herauslösen oder Hinzufügen eines Moduls verändert. Jede so entstehende Maschinenvariante ist sicherheitstechnisch betrachtet eine individuelle Einzelmaschine und muss einzeln getestet, gewartet und in der *Herstellererklärung* dokumentiert werden. Um das zu erleichtern, existieren Safety-Konzepte, mit denen auch modulare Maschinen und Anlagen mit einem sicherheitstechnischen Gesamtkonzept zertifiziert werden können. Das Thema wird in Abschnitt 4.3.1 ausführlich behandelt und ist in dem hier vorgestellten Szenario besonders zu beachten.

- **HMI-Komponenten**

  Nehmen wir zunächst an, das dezentrale Bedienpanel besitzt als Intelligenz nur einen Browser, wird in den moduleigenen Feldbus eingebunden und kommuniziert via OPC UA. Weiterhin befindet sich auf der dezentralen Steuerung ein Web-Server, und auch das eigentliche HMI-Projekt läuft dort[8]. In dieser Konstellation ergibt sich eine sehr elegante Konzentration der gesamten Software auf der Modul-CPU in nur einem Anwenderspeicher. Erleichterter Service und eine völlig rückwirkungsfreie Entwicklung und Integration wären die Folge. Dazu kommt, dass zentrale Steuerung und Hauptbedienpanel, sofern sie auf dem gleichen Prinzip arbeiten, über die existierende OPC UA-Schnittstelle ebenfalls die Dienste des dezentralen Web-Servers nutzen können. So kann dem Bediener mit nur geringem Zusatzaufwand die Wahl gelassen werden, von welcher Stelle er z. B. die Klebstoffdosierung parametriert.

  Bei Verwendung eines Bedienpanels mit eigener Intelligenz und/oder keiner Web-basierten Visualisierung muss mitunter die gesamte Kommunikation und Datenverwaltung angepasst und individuell organisiert werden. Für die Softwareentwicklung kommen möglicherweise noch getrennte Engineering-Systeme zum Einsatz, bei denen in einem das Steuerungs- und im anderen das HMI-Projekt entwickelt wird. Das schafft eine neue Schnittstelle, die gründlich recherchiert, gestaltet und dokumentiert werden muss und somit Zusatzaufwand bedeutet.

- **Kommunikation**

  Neben den bereits genannten Aspekten soll noch auf die generelle Gestaltung der Daten-Schnittstelle des dezentralen Systems hingewiesen werden. Ganz gleich ob OPC UA mit oder ohne TSN-Ausprägung, ein dienstorientiertes Interface schafft auch bei einer sukzessiven Modularisierung die besten Voraussetzungen für ein nachhaltiges Konzept. Das betrifft sowohl die Kommunikation innerhalb der Maschine wie auch darüber hinaus. Fernwartung, systemübergreifende Bedienung- und Visualisierung, die Maschinensicherheit, der Betrieb auch außerhalb der Maschine (z. B. das Bereithalten des Moduls in einer Dockingstation) wie auch die Herstellung der I4.0-Kompatibilität – all diese Aspekte lassen sich mit dieser Ausprägung deutlich einfacher bewerkstelligen. Alle anderen Protokolle und Verfahren bedeuten automatisch zusätzlichen Aufwand und im weiteren Lebenszyklus nur Nachteile.

- **Engineering-System**

  Besteht im Softwareprojekt der nichtmodularen Maschine eine saubere Trennung von Physik und Logik und wird das gleiche Automatisierungssystem auch im neuen Modul verwendet, entsteht mit hoher Wahrscheinlichkeit der geringste Aufwand für die Portie-

8 Web-basierte HMI-Konzepte werden von nahezu allen relevanten Herstellern angeboten.

rung. Wenn die Applikation noch dazu objektorientiert programmiert werden kann und das Betriebssystem der Steuerung multitaskingfähig ist, bestehen nahezu ideale Voraussetzungen für eine effektive und nachhaltige Modularisierung. Ist all das nicht so, greifen die Argumente im folgenden Abschnitt.

4.1.5 Heterogene Automatisierungstechnik

Abgrenzung

Es gilt Szenario 3 mit dem Zusatz, dass die modulare Komponente durch einen Zulieferer realisiert werden soll. Der Lieferant verwendet ein eigenes Automatisierungssystem, welches sich zum eingesetzten System in der übrigen Maschine inkompatibel verhält, jedoch über standardisierte Schnittstellen verfügt[9].

Dieser Fall verdient besondere Aufmerksamkeit, ist doch die Auslagerung und Dezentralisierung von Teilsystemen in vielen Unternehmen gängige Praxis. Die Gründe dafür sind vielfältig. Entweder ist es die nicht vorhandene Produktionskapazität oder es ist kein oder ungenügendes Knowhow für den technologischen Teilprozess im eigenen Unternehmen verfügbar, weil beispielsweise die Verarbeitungstechnologie neu ist. Es können aber auch einfach nur wirtschaftliche Faktoren eine Rolle spielen. Ganz gleich, welche Gründe es sind, an einem autonomen Modul führt kein Weg vorbei.

Dazu sind zunächst die gleichen technischen Randbedingungen zu beachten wie in Szenario 3, nur dass sie wesentlich exakter in ein Lastenheft einfließen müssen. Es ist schließlich ein großer Unterschied, ob der Kollege am Tisch gegenüber bzw. eine Nachbarabteilung das Teilprojekt bearbeitet oder ob diesen Job ein anderes Unternehmen übernimmt. In diesem Fall kommen Vereinbarungen zu Lieferzeit, Preisgestaltung sowie über Gewährleistung und Service hinzu. Dazu kommt, dass in die Vertragsgestaltung möglicherweise Abteilungen involviert sind, die von der eigentlichen technologischen Anforderung nur die Überschrift kennen.

Das sind aber exakt jene Aspekte, die durch eine funktions- und objektorientierte Modularisierung mit autonomen Modulen sehr gut beherrscht werden können. Eine klare funktionale Trennung von Modul und übriger Maschine bzw. Anlage, dienstorientierte Kommunikation über standardisierte Schnittstellen, Web-basierte HMI-Technologie und die Verwendung von integrierter Sicherheitstechnik sind die dazu geeigneten Instrumente.

[9] Dieses Szenario trifft auch zu, wenn technologisch erforderliche Komponenten wie z. B. Laserquellen, Hydraulikaggregate oder andere Zulieferkomponenten mit eigener Automatisierungstechnik in Maschinen integriert werden sollen.

4.1.6 Zusammenfassung

Auch wenn eine umfassende und durchgreifende funktions- und objektorientierte Modularisierung erste Wahl sein sollte, so ist ein schrittweises Vorgehen durchaus praktikabel. Wenn die technischen, wirtschaftlichen und organisatorischen Rahmenbedingungen es zulassen, bietet eine Lösung mit autonomen Modulen die größten Potenziale in puncto Komplexitätsreduzierung und Nachhaltigkeit.

4.2 Echtzeitfähigkeit dezentraler Systeme

In zahlreichen Branchen gibt es mehr oder wenige zeitkritische Prozesse, deren exakte Bearbeitung entscheidend für die Produktqualität und die Produktionsgeschwindigkeit ist. Folgende Anwendungen verdeutlichen das beispielhaft.

Applikation: Druckmarkenerkennung

In einer *Verpackungsmaschine* müssen schnell laufende Markierungen auf dem Packmittel - z. B. Druck- und Produktidentifikationsmarken - erkannt und vermessen werden. Auf die ermittelten Positionen wird der nachfolgende Verpackungsprozess synchronisiert. Soll dieser schneller und präziser erfolgen, ist die Vermessung typischerweise mit einer Auflösung im Bereich weniger Mikrosekunden erforderlich. In der Folge wird die Produktivität erhöht und Fehlpackungen werden vermieden.

Applikation: Registerregelung

Bei mehrfarbigen Printprodukten hängt die Qualität entscheidend davon ab, wie synchron die unterschiedlichen Druckwerke in einer *Druckmaschine* zueinander arbeiten. Um diesen Prozess zu beherrschen, werden in jeder Farbe Registermarken auf den Seitenrand mit gedruckt und anschließend vermessen. Das Messergebnis ist dann ein Parameter für die Lageregelung der nachfolgenden Druckzylinder. Durch hochgenaue Messung und Regelung wird der Verbrauch an Druckfarben und -papier durch Vermeidung von Makulatur[10] reduziert. Bisher ist dafür teure Spezialhardware erforderlich.

Applikation: Kunsstoffspritzgießen

Extrem schnelle Signalverarbeitung und höchste Genauigkeit sind für die Steuerung und Regelung des Einspritzprozesses bei *Kunststoffspritzgießmaschinen* essenziell. Dabei hat die Präzision der Umschaltung von Geschwindigkeits- auf Druckregelung direkten Einfluss auf die Produktqualität und die Effizienz der Rohstoffverwertung (minimale Trockenlaufzeit).

Es ist ganz gleich, um welche Anwendungen es sich handelt - nur die exakte Einhaltung der für den technologischen Prozess erforderlichen Reaktionszeit garantiert am Ende die

10 So wird in der Druckbranche der Ausschuss bezeichnet.

gewünschte Produktqualität. Dabei ist es unerheblich, ob sich diese Zeiten im Bereich von Sekunden- oder Mikrosekunden bewegen, die Anforderungen nach deren Einhaltung in einer technologisch vorgegebenen Toleranz bestehen in jedem Prozess. Es ist auch egal, welche Automatisierungstechnik und welche Branche betrachtet werden. Sollen beispielsweise in einer Raffinerie für die Destillation von Rohöl in einer Reaktorkaskade Feldgeräte mit drahtloser Datenkommunikation eingesetzt werden, dann muss sich der Automatisierungstechniker mit den gleichen Anforderungen auseinandersetzen wie sein Kollege, der die Registerregelung in einer Druckmaschine bearbeitet, obwohl die erforderlichen Reaktionszeiten beider Anwendungen um mehrere Zehnerpotenzen auseinander liegen.

In diesem Abschnitt soll aufgezeigt werden, welche Einflussfaktoren sich wie auswirken und mit welchen Konzepten die Reaktionszeit wie beeinflusst werden kann. Dabei soll es hier nicht um die Berechnung, Modellierung oder das Tuning von Regelkreisen und Steuerungsverfahren gehen. Dazu existieren zahlreiche Standardwerke, die in das Bücherregal eines jeden Automatisierungstechnikers gehören. Vielmehr stehen jene Betrachtungen im Vordergrund, die Einfluss auf eine unmittelbare Gestaltung des Automatisierungssystems haben, um die bestmöglichen Werte für die qualitätsgerechte Erfüllung der technologischen Funktionen zu erreichen. Dazu zählen nicht nur die zeitlichen Dimensionen, sondern auch Aspekte wie Stabilität und Zuverlässigkeit sowie die Verkürzung von Entwicklungs- und Inbetriebnahmeaufwand.

Speziell im modularen Maschinenbau wird die Reaktionszeit einer Automatisierungsanlage durch die dynamischen Ressourcen von Steuerung, Feldbus und Infrastruktur ausgebremst. Daher wollen wir in den folgenden Ausführungen ein Grundverständnis für die einzelnen Faktoren entwickeln, die mehr oder weniger Einfluss auf die Reaktionszeit haben. Schlussendlich werden Lösungsansätze aufgezeigt, wie auch in modularen Strukturen hohe dynamische Anforderungen sicher erfüllt werden können.

4.2.1 Reaktionszeit – Definition und Anforderungen

Vereinfacht dargestellt wird in der Automatisierungstechnik unter der Reaktionszeit die Zeitspanne verstanden, die ein System benötigt, um auf ein Prozessereignis zu reagieren. Wird an einem Signaleingang eine Zustandsänderung erfasst, so wird eine bestimmte Zeit vergehen, bis an einem Signalausgang eine im Programm berechnete Zustandsänderung erfolgt. Diese Reaktionszeit ist aber von vielen Faktoren abhängig und wird durch die Technologie vorgegeben. Typische Prozessanforderungen sind beispielsweise die folgenden Richtwerte:

- **$T_{Reaktion} > 1$ s**
  - Chemische Prozesse, Bioreaktoren
  - Temperaturregelung in Industrieöfen
- **100 ms $> T_{Reaktion} >$ 10 ms**
  - Drehzahlregelung in der Förder- und Zuführtechnik
  - Temperaturzonenregelung in Extrudern
- **10 ms $> T_{Reaktion} >$ 1 ms**
  - Standard SPS-Funktionen

- $T_{Reaktion}$ << 1 ms
  - Lageregelung für Servoantriebe
  - Druckmarkenregelung in Verpackungsmaschinen
  - Kantenerkennung bei Print- und Postprint-Prozessen
  - Registerregelung in Druckmaschinen
  - Regelung des Einspritzdruckes in Kunststoffspritzgießmaschinen
  - Intelligente Nockenschaltwerke

Die Bilder 4.5 und 4.6 zeigen in einer stark vereinfachten Darstellung, von welchen Faktoren die Reaktionszeit in einer zentralen und dezentralen Steuerungsarchitektur abhängig ist.

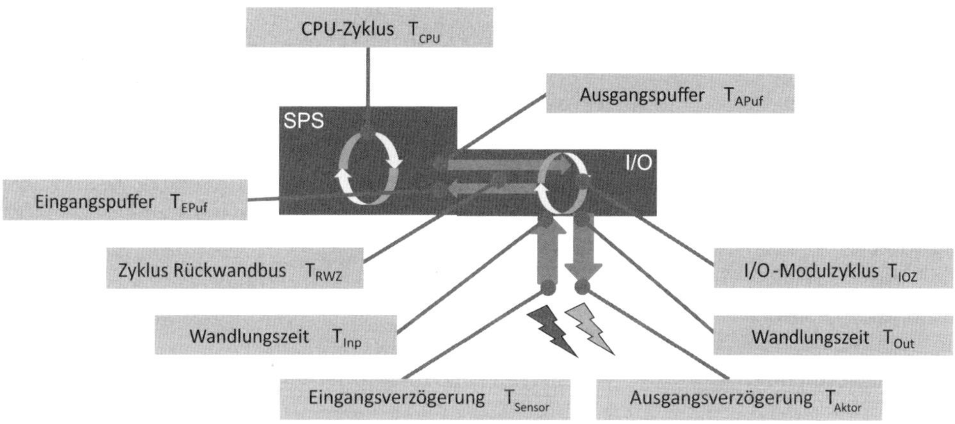

Bild 4.5 Elemente der Reaktionszeit in einer zentralen Architektur

Registriert der Sensor eines Feldgerätes (Lichtschranke, Initiator oder analoger Messwert) eine Zustandsänderung, so muss diese Information den Weg durch die Elektronik des Feldgerätes und des Eingangsmoduls zur Steuerungs-CPU nehmen. Wird in der Verarbeitung dieser Information eine Ausgangsaktion berechnet, muss der entsprechende Befehl an die Elektronik des Ausgangsmoduls und weiter zum Aktor geleitet werden. Auf diesem Weg passiert die Information einige Schnittstellen, die je nach Struktur der Automatisierungstechnik sich sowohl in ihrer Anzahl wie auch in ihrem Verhalten unterscheiden.

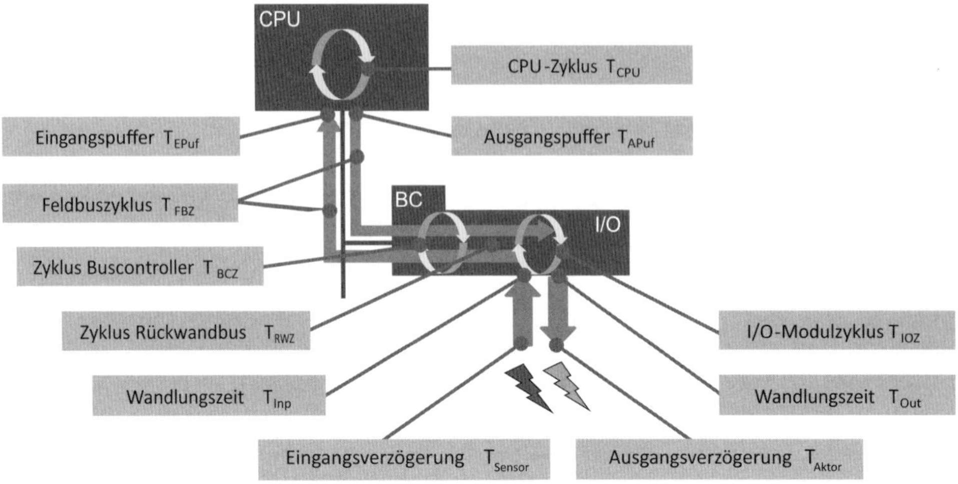

Bild 4.6 Elemente der Reaktionszeit in einer dezentralen Architektur

Aus diesem Signalverlauf gilt zunächst für die Reaktionszeit in einer zentralen Architektur nach Bild 4.5 prinzipiell die einfache Summe aller Zeitanteile in der Reihenfolge ihres Auftretens.

$$T_{Reaktion} = T_{Sensor} + T_{Inp} + T_{IOZ} + T_{RWZ} + T_{CPU} + T_{RWZ} + T_{IOZ} + T_{Out} + T_{Aktor} \tag{4.1}$$

Unter der Annahme, dass Ein- und Ausgangsmodul mit der gleichen Zykluszeit arbeiten, gilt:

$$T_{Reaktion} = T_{Sensor} + T_{Inp} + 2 \times T_{IOZ} + 2 \times T_{RWZ} + T_{CPU} + T_{Out} + T_{Aktor} \tag{4.2}$$

Mit dieser Annahme gilt für die dezentrale Struktur nach Bild 4.6 prinzipiell:

$$T_{Reaktion} = T_{Sensor} + T_{Inp} + 2 \times T_{IOZ} + 2 \times T_{RWZ} + 2 \times T_{FBZ} + T_{EPuf} + T_{CPU} + T_{APuf} + T_{Out} + T_{Aktor} \tag{4.3}$$

Die Bedeutung der einzelnen Zeitanteile ist in Tabelle 4.1 zusammengefasst.

Tabelle 4.1 Elemente der Reaktionszeit in der Übersicht

Bezeichnung		Bedeutung	typische Werte
Eingangsverzögerung	T_{Sensor}	- Signallaufzeit von der Erfassung am Messwandler bis zur Ausgabe an den Feldgeräte-Klemmstellen - enthält auch die Signalverarbeitung intelligenter Feldgeräte	geräteabhängig
Ausgangsverzögerung	T_{Aktor}	- Laufzeit des Signals von der Bereitstellung an den Klemmstellen des Feldgerätes bis zur Aktion - enthält auch die Signalverarbeitung intelligenter Feldgeräte	geräteabhängig
Wandlungszeit	T_{Inp}, T_{Out}	- Analog-Digital- bzw. Digital-Analogwandlung der Sensordaten im Ein- bzw. Ausgangsmodul	abhängig von Auflösung und Datentyp
Zykluszeit I/O-Modul	T_{IOZ}	- Datenvorverarbeitung wie z. B. Filtern, Glätten, Fourier-Analyse etc. - Übergabe der vorverarbeiteten Werte an den Rückwandbus - Übernahme der Ausgangsdaten vom Rückwandbus - Übergabe der evtl. weiterverarbeiteten Werte an die Signalwandler	parameterabhängig je nach Anwendung
Zykluszeit Rückwandbus	T_{RWZ}	- Serielle Übertragung von den I/O-Modulen zum Buscontroller	$\leq T_{FBZ}$
Zykluszeit Buscontroller	T_{BCZ}	- Organisiation des Datenverkehrs zwischen Feld- und Rückwandbus	$= T_{RWZ}$ oder T_{FBZ}
Zykluszeit Feldbus	T_{FBZ}	- Datenübertragung zwischen den Busteilnehmern in Echtzeit	> 200 µs
Ein- und Ausgangspuffer	T_{EPuf}, T_{APuf}	- Entgegennahme bzw. Bereitstellung der Daten von bzw. zur Peripherie	abhängig von Geräte- und Feldbustyp
CPU-Zyklus	T_{CPU}	- zyklische Bearbeitung der Anwenderprogramme	> 500 µs

Der Blick in die Spalte der typischen Werte verrät, dass viele dieser Elemente nicht in einem typischen Wertebereich darstellbar sind. So ist die *Eingangsverzögerung* eines Sensors explizit vom Typ des Messelementes, der Elektronik des Feldgerätes und dessen Parametrierung abhängig. Gleiches gilt auch für andere Zeitanteile, sodass eine sorgfältige Auswahl der entsprechenden Gerätetechnik an erster Stelle stehen muss. Die *Wandlungszeit* hängt dagegen genau wie Filterkonstanten u. ä. häufig von der technologisch erforderlichen Parametrierung ab und muss in den Dokumentationen nachgeschlagen werden. Es gibt aber auch Elemente, die in keinem Handbuch und keinem Onlineforum zu finden sind, weil sie zum Knowhow der Hersteller gehören. Dazu zählen die Zykluszeiten des Rückwandbusses genauso wie die Bereitstellungszeiten der Daten im Ein- und Ausgangspuffer einer CPU oder eines Buscontrollers.

Wir wollen uns aus diesem Grund nachfolgend nur auf die Zeitanteile konzentrieren, die beim Wechsel von einer zentralen zu einer dezentralen Struktur besonders zu beachten sind bzw. durch Parametrierung und Auswahl beeinflusst werden können. Dazu werden nachfolgend Annahmen getroffen[11].

Ein- und Ausgangspuffer der CPU (T_{EPuf}, T_{APuf})

Die Art und Weise der Datenbereitstellung in der CPU einer Steuerung erfolgt von System zu System recht unterschiedlich und ist auch davon abhängig, ob der Datenaustausch über einen Rückwand- oder Feldbus erfolgt. Bei den meisten Systemen wird das Handling mit dem Rückwandbus durch das Betriebssystem im Hintergrund und parallel zur Bearbeitung der Applikation erledigt. Handelt es sich dagegen um einen Feldbus, dann gibt es je nach Einbindung ein unterschiedliches Verhalten. Ist das Interface direkt auf der CPU integriert, dann wird sich ein Treiber des Betriebssystems um die Entgegennahme, die Decodierung und Verteilung der im Telegramm enthaltenen Daten kümmern. Auch das wird in der Regel im Hintergrund erfolgen und benötigt keine zusätzliche Zeit. Wird der Feldbus dagegen über ein separates Interfacemodul integriert, muss der Buscontroller das Datenpaket verarbeiten und in weiterer Folge über den Rückwandbus an die CPU senden. Somit muss in dieser Konstellation, je nach Ausführung durch den Hersteller, mit mindestens einer zusätzlichen Zykluszeit des Buscontrollers kalkuliert werden. In Anbetracht dieser nicht exakt zu ermittelnden Werte sollen die genannten Zeitanteile vernachlässigt bzw. in den Feldbuszyklus integriert werden.

Annahme 1

Die Zeitanteile T_{EPuf} und T_{APuf} werden dem Feldbuszyklus T_{FBZ} zugerechnet. ■

Zykluszeit I/O-Modul (T_{IOZ})

Ein-/Ausgangsmodule haben prinzipiell nur die Aufgabe Eingangssignale entgegenzunehmen bzw. Ausgangssignale an die Aktorik weiterzugeben. Dazu verfügen sie neben einem zyklisch arbeitenden Prozessor[12] über entsprechende Hardware, um die zumeist genorm-

[11] Die genannten Werte sind bestgehütetes Knowhow der Hersteller und werden in der Regel nicht veröffentlicht. Die folgenden Annahmen reflektieren eigene Erfahrungen des Autors sowie mündliche Aussagen einiger Hersteller auf Messen, Konferenzen und ähnlichen Veranstaltungen.

[12] In modernen Systemen werden dazu üblicherweise sogenannte *Field Programmable Gate Arrays* (FPGA) verwendet.

ten Signale zu verarbeiten bzw. zu generieren oder um eine spezielle serielle wie z. B. I/O-Link zu bedienen. Um in einem Eingangsmodul Störungen dei tragung wie Rauschen oder Kontaktprellen zu eliminieren, verfügen diese l diverse Filter, die je nach Bedarf parametriert werden können. Beträgt eine Filt beispielsweise 25 ms, dann wird eine Signaländerung erst erkannt, wenn der ımpuls länger als 25 ms andauert. Wird dagegen auf einen Softwarefilter verzichtet, kann das Eingangssignal auch nur durch die Hardware gefiltert werden, und das können nur wenige Mikrosekunden oder bei Highspeed-Eingängen auch Nanosekunden sein.

Weil auch für die Wandlung von oder zu analogen Signalen je nach Datenformat und geforderter Genauigkeit unterschiedlich viel Zeit benötigt wird (von wenigen Mikrosekunden für Highspeed- bis einige Zehntelsekunden für Temperatureingänge) und auch nur durch entsprechende Auswahl bzw. Parametrierung beeinflusst werden kann, sollen alle Zeitanteile innerhalb eines I/O-Moduls zu T_{Inp} bzw. T_{Out} zusammengefasst werden.

Annahme 2

Der Zykluszeit des I/O-Moduls T_{IOZ} werden die durch die verwendete Hardware bedingten und zum Teil auch individuell parametrierbaren Zeitanteile T_{Inp} und T_{Out} zugerechnet. ■

Der Zykluszeit Rückwandbus (T_{RWZ})

Die Datenübertragung über den Rückwandbus einer Steuerung oder eines Busknotens ist in der Regel hocheffizient und extrem schnell. Außerdem erfolgt der Transfer zumeist synchron zum Zyklus von CPU und Buscontroller, sodass auch an dieser Stelle nur unwesentlich Zeitverzug entsteht.

Annahme 3

In einer zentralen Struktur wird T_{RWZ} vernachlässigt und dezentral als Bestandteil von T_{FBZ} betrachtet. ■

Zykluszeit Buscontroller (T_{BCZ})

Buscontroller arbeiten in der Regel synchron zum Feldbuszyklus und kommunizieren mit den zugeordneten I/O-Modulen parallel über den lokalen Rückwandbus. Ob und in welchem Ausmaß dadurch zusätzliche Zeitverzögerungen entstehen, ist systemabhängig und im Bedarfsfall zu erfragen.

Annahme 4

Der Zeitanteil T_{BCZ} wird dem Feldbuszyklus T_{FBZ} zugerechnet. ■

Zykluszeit der CPU (T_{CPU})

Wie eine CPU konkret die Anwenderprogramme bearbeitet, ist in erster Näherung recht einfach: Eingänge und Daten des Speichers werden gelesen, verarbeitet, die Ergebnisse in den Speicher geschrieben oder an die Ausgänge gesendet und nach einigen Routinen der Firmware wird wieder neu begonnen. Der so entstehende Zyklus benötigt die Zeit T_{CPU}. Wie lang diese Zeit ist, hängt von der Länge des abzuarbeitenden Programms und der Belastung durch das Betriebssystem ab. Das in Abschnitt 4.2.3 verwendete Beispiel einer *Schräglagenkontrolle* zeigt uns aber, dass es fast in jeder Applikation Funktionen gibt, die unterschiedliche dynamische Eigenschaften besitzen und demzufolge unterschiedlich schnell bearbeitet werden müssen. Mit einer einfachen linearen Programmbearbeitung vom ersten bis zum letzten Befehl ergibt sich aber die gleiche Zykluszeit für alle Funktionen. Das lösen die einzelnen Hersteller recht unterschiedlich mit Timern, Interrupts oder Multitasking. Wird beispielsweise eine schnellere Anwendung benötigt, so kann in einigen Systemen ein Timer parametriert werden, der das Hauptprogramm im festen Takt unterbricht und eine unmittelbare Bearbeitung erzwingt. Der Nachteil ist offensichtlich, wird doch durch ständige Unterbrechungen die Reaktionszeit für die anderen Prozesse immer länger bzw. unkalkulierbar. Das ist besonders dann der Fall, wenn die Unterbrechungen nicht im festen Takt erfolgen, sondern durch externe Signale getriggert werden. Damit sinkt die Regelgüte der übrigen Prozesse, und ein umfangreiches Projekt mit vielen zeitkritisch bedingten Unterbrechungen macht das System instabil und fehleranfällig.

Eine bessere Variante sind Multitasking-Systeme, bei denen verschiedene dynamische Prozesse in entsprechende Tasks oder Taskklassen eingeordnet werden. Der Vorteil ist dabei, dass sich die Zykluszeiten der einzelnen Tasks bei korrekter Parametrierung nicht verändern und ein stabiles System entsteht. Für die weiteren Betrachtungen wollen wir diese Arbeitsweise voraussetzen.

Annahme 5

Die Zykluszeit T_{CPU} steht für die Bearbeitungszeit eines Applikationsprogramms in der CPU und ist konstant. ■

Zykluszeit des Feldbusses (TFBZ)

Zunächst soll angenommen werden, dass der Datenverkehr auf dem Feldbus asynchron zu den gekoppelten Komponenten erfolgt. Das heißt, dass die Zyklen von Steuerung, Buscontrollern und Feldgeräten nicht zueinander synchronisiert arbeiten. Diese Annahme besitzt insofern praktische Bedeutung, als dass auch aktuelle Ethernet-basierte Bussysteme wie z. B. *Modbus TCP* oder *Profinet RT* über keinen Mechanismus zur Synchronisation wie *POWERLINK* oder *EtherCAT* verfügen. Somit unterliegen die Übertragungszeiten dieser Busprotokolle den Bedingungen der *Ethernet Physik*, in dem Kollisionen und das Verhalten von Switches die zum Datentransport benötigte Zeit stochastisch in die Höhe treiben und damit zusätzlichen Jitter erzeugen.

Annahme 6

Die Zykluszeit des Feldbusses T_{FBZ} ist nicht konstant, die Übertragung erfolgt asynchron. ■

Die sich unter diesen Annahmen ergebenden Zeitdiagramme sind stark vereinfacht in Bild 4.7 für die zentrale und in Bild 4.8 für die dezentrale Struktur dargestellt.

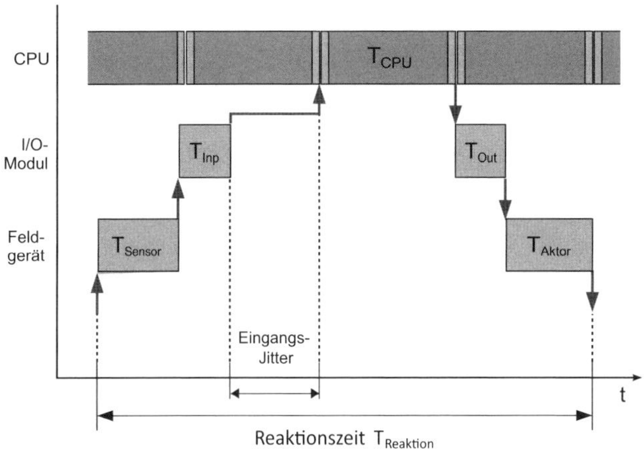

Bild 4.7 Prinzipieller Signalverlauf in einer zentralen Architektur

Der Signalverlauf in Bild 4.8 zeigt deutlich die unerwünschten Effekte einer asynchronen Datenübertragung. In dieser Konstellation ist kaum vorherzusagen, wie groß die Zykluszeit tatsächlich sein wird, denn durch die völlig asynchrone Arbeitsweise des Feldbusses entstehen an den Übergabestellen unkalkulierbare Zeitverzögerungen. Dem ist im Bedarfsfall nur durch iterative Parametrierung, intensive Tests und Anpassungen in der Infrastruktur des Netzwerkes beizukommen. Ein synchronisierter Betrieb von Servoachsen ist mit diesen Eigenschaften entweder gar nicht oder nur mit Einbußen in der Dynamik möglich.

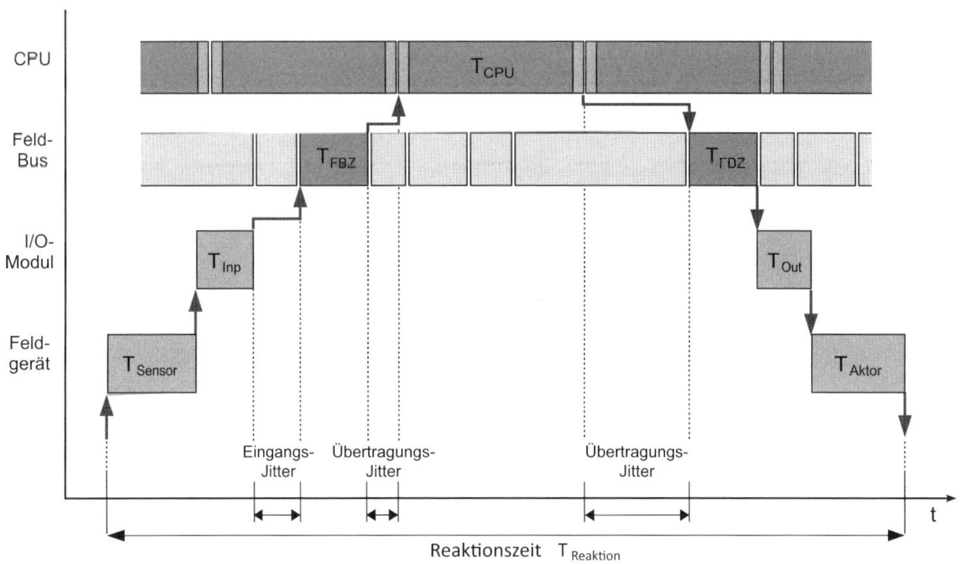

Bild 4.8 Prinzipieller Signalverlauf in einer dezentralen Architektur und asynchroner Datenübertragung

Das größte Problem stellen dabei die auftretenden *Jitter* dar, denen wir uns im folgenden Abschnitt widmen wollen. Danach sollen Lösungsansätze für die Gewährleistung einer deutlich stabileren und vor allem kürzeren Reaktionszeit vorgestellt werden.

4.2.2 Jitter – die große Unbekannte

In der Übersetzung bedeutet Jitter sinngemäß Flackern, Schwankung oder auch Instabilität. In der Technik äußert sich ein Jitter durch Taktzittern und zeitlich ungleichmäßige Signalübertragung. Besonders deutlich wird dieser Effekt beispielsweise bei *Voice over IP* (VoIP) oder dem Streamen von Videodateien. In diesen Anwendungen ist es wichtig, dass die Datenpakete sehr synchron wiedergegeben werden. Ist das nicht der Fall, bemerken wir das durch abgehackte Ton- bzw. Bildwiedergabe. Um diesen *Übertragungsjitter* zu vermeiden, wird im Empfänger vor dem Start der Wiedergabe ein Puffer aufgebaut. Erst wenn der ausreichend gefüllt ist, wird der Clip abgespielt, und während wir das Video ohne störendes Ruckeln verfolgen, wird im Hintergrund der Empfangspuffer fortlaufend nachgefüllt. Damit lassen sich kurze Verzögerungen der Datenübertragung beispielsweise durch zu langsames oder überlastetes Internet mehr oder weniger gut überbrücken. Erst wenn die Unterbrechungen so groß werden, dass der Pufferinhalt abgespielt ist, stockt auch die Wiedergabe.

In der Automatisierungstechnik funktioniert dieses Verfahren leider nicht. Schließlich erwarten wir von einer Steuerung, dass der aufwendig berechnete Regler zuverlässig mit den erforderlichen Istwerten arbeiten kann und sich die elektronisch gekoppelten Servoantriebe absolut synchron zum Masterantrieb bewegen. Um das zu gewährleisten, haben sich verschiedene Verfahren etabliert, auf die im weiteren Verlauf noch eingegangen wird. Doch zunächst wollen wir die Ursachen für das Auftreten von Jitter in der Steuerungstechnik betrachten.

In Bild 4.9 sind drei typische Szenarien dargestellt. Betrachten wir zunächst links im Bild die Signalübertragung von einem Eingangsmodul zur Steuerung.

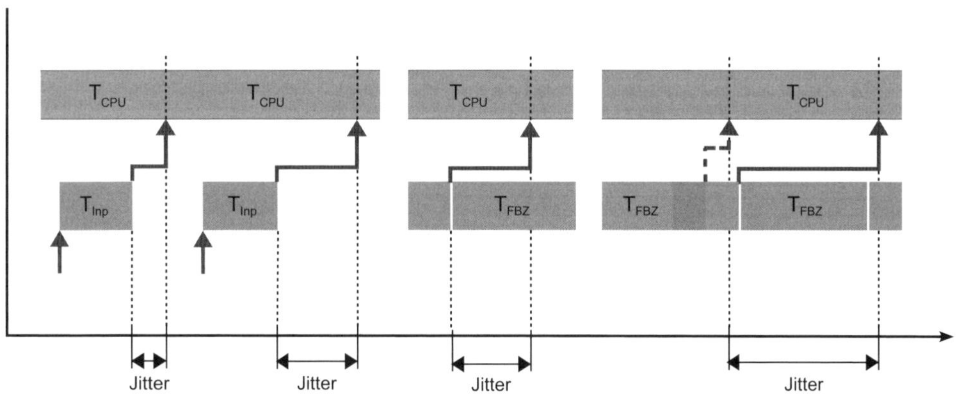

Bild 4.9 Typische Erscheinungen des Auftretens von Jitter in der Steuerungstechnik

Es fällt auf, dass die Zustandsänderung eines Eingangssignals praktisch nie exakt zu Beginn eines CPU-Zyklus erfolgt. Vielmehr trifft ein Signal irgendwann im Verlauf eines Zyklus in der Steuerung ein und muss warten, bis ein neuer beginnt. Ob die Information diese Wartezeit im Eingangspuffer der CPU verbringt oder vom Eingangsmodul auf Abruf vorgehalten wird, ist dabei unerheblich. Es liegt in der Natur der Sache, dass für eine Synchronisation mit einem sporadisch auftretenden Signal keine praktikable Lösung existiert. So bleibt die Herausforderung, den unvermeidbaren *Eingangsjitter* in die Berechnung der Reaktionszeit stets mit einzubeziehen, auch wenn er mit maximal der Länge eines CPU-Zyklus für automatisierungstechnische Verhältnisse unerträglich lang sein kann.

Die mittlere Darstellung in Bild 4.9 zeigt das Auftreten eines Jitters, wie er durch einen asynchron zum CPU-Takt arbeitenden Feldbus entsteht. Dabei landet das Datenpaket des Busprotokolls irgendwann im Verlaufe eines CPU-Zyklus im Eingangspuffer der Steuerung und muss dort maximal einmal die Zeit T_{CPU} bis zur Bearbeitung warten. Wie in Bild 4.8 gezeigt, kann auch bei der Datenübergabe der CPU an den Feldbus ein Jitter auftreten, und rechts in Bild 4.9 wird gezeigt, wie sich der Jitter durch Übertragungsstörungen bzw. -unterbrechungen von einem Takt zum nächsten deutlich verändern kann.

Es ist daher bei Verwendung asynchron arbeitender Feldbusse infolge des *Übertragungsjitters* für jeden Übergang noch mindestens eine Zykluszeit T_{CPU} bzw. T_{FBZ} in der Berechnung der Reaktionszeit zu berücksichtigen. Allerdings dürfte T_{FBZ} in Bild 4.8 schwer zu ermitteln sein, sodass in diesem Fall nur grobe Schätzungen oder Ergebnisse aus Langzeitmessungen verwendbar sind.

Unter Berücksichtigung der Annahmen 1 bis 6 und der Einbeziehung von Eingangs- und Übertragungsjitter ergibt sich damit für die Berechnung der Reaktionszeit in einer zentralen Architektur nach Bild 4.7:

$$T_{Reaktion} \leq T_{Sensor} + T_{Inp} + 2 \times T_{CPU} + T_{Out} + T_{Aktor} \tag{4.4}$$

Für die dezentrale Struktur gilt nach Bild 4.8:

$$T_{Reaktion} \leq T_{Sensor} + T_{Inp} + 4 \times T_{FBZ} + 2 \times T_{CPU} + T_{Out} + T_{Aktor} \tag{4.5}$$

Der einzukalkulierende Jitter beträgt damit in der zentralen Struktur

$$T_{Jitter} \leq T_{CPU} \tag{4.6}$$

und in einem dezentralen Aufbau

$$T_{Jitter} \leq T_{CPU} + 2 \times T_{FBZ}, \tag{4.7}$$

wobei noch nicht die Schwankungen von T_{FBZ} berücksichtigt sind.

Nachfolgend soll gezeigt werden, mit welchen Maßnahmen die Reaktionszeit durch Vermeidung bzw. Verkleinerung der Jitter zunächst stabilisiert werden kann.

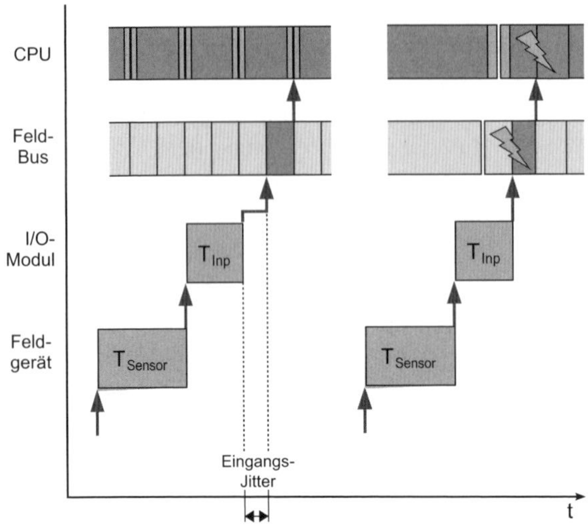

Bild 4.10 Verringerung des Eingangsjitters durch kürzere, synchronisierte Abtastzeit bzw. Interrupt

Eingangsjitter

Bild 4.10 zeigt im linken Teil wie der Eingangsjitter zwar nicht eliminiert, aber in seiner zeitlichen Dimension durch häufigeres Abtasten und die Synchronisation von CPU- und Feldbuszyklus reduziert werden kann. Diese Lösung ist praktikabel, wenn durch die höhere Belastung die CPU-Performance für die übrigen Prozesse ausreicht. Die rechts im Bild dargestellte Interrupt basierte Lösung kann zwar den Eingangsjitter in der Tat beseitigen, dafür wird aber Jitter an anderen Stellen erzeugt bzw. verstärkt (Abschnitt 4.2.3).

Übertragungsjitter

Wie die Interruptvariante rechts in Bild 4.10 zeigt, kann mit der Methode auch der Übertragungsjitter eliminiert werden[13]. Ob dieses Prinzip oder ein fest definierter Feldbuszyklus die bessere Variante ist, hängt einzig von den technologischen Vorgaben ab. In einer Anlage zur Gebäudeautomatisierung mit weit verzweigtem Netzwerk und vielen dezentralen Teilnehmern spielen andere Faktoren eine Rolle als in einer Verarbeitungsmaschine. Ob bei aufkommendem Sturm der Befehl zum Einfahren aller Rollläden eine Sekunde früher oder später ausgeführt wird, ist völlig unerheblich. In einer Maschine mit elektronisch gekoppelten, hochdynamischen Servoantrieben können dagegen schon stochastische Übertragungsverzögerungen von wenigen Mikrosekunden die Regelgüte negativ beeinflussen.

Es gibt auch Verfahren, die einen Jitter tolerieren, indem vor der Übertragung die Nutzdaten mit Zeitstempeln versehen und dann im Empfänger die tatsächlichen Werte auf den Zeitpunkt der Verwendung interpoliert werden. Diese Methode kann aber gerade bei hochdynamischen Anwendungen versagen, weil sich beispielsweise bei starken Beschleunigungen die Geschwindigkeit während der Übertragung in gleichem Maße ändert und hochgerechnete Positionswerte zwangsläufig abweichen. Die Folge ist eine Verschlechte-

[13] Praktisch bleiben ein paar Mikrosekunden übrig, denn Feldbus und CPU müssen die Anforderung erkennen und laufende Prozesse unterbrechen.

rung der Laufruhe in den beteiligten Antrieben und dadurch bedingter erhöhter mechanischer Verschleiß.

Von allen Lösungsansätzen ist für eine weitgehend jitterfreie Datenübertragung die Beseitigung aller vermeidbaren Störstellen, an denen Jitter entstehen kann, sicher die beste Wahl. Das kann in einem ersten Schritt ein konstanter Feldbuszyklus sein, der zwar in der Dimension nicht viel bewirkt (prinzipiell gelten weiter die Beziehungen 4.5 und 4.7), der aber zumindest die Reaktionszeit insgesamt vorhersagbarer macht (Bild 4.11).

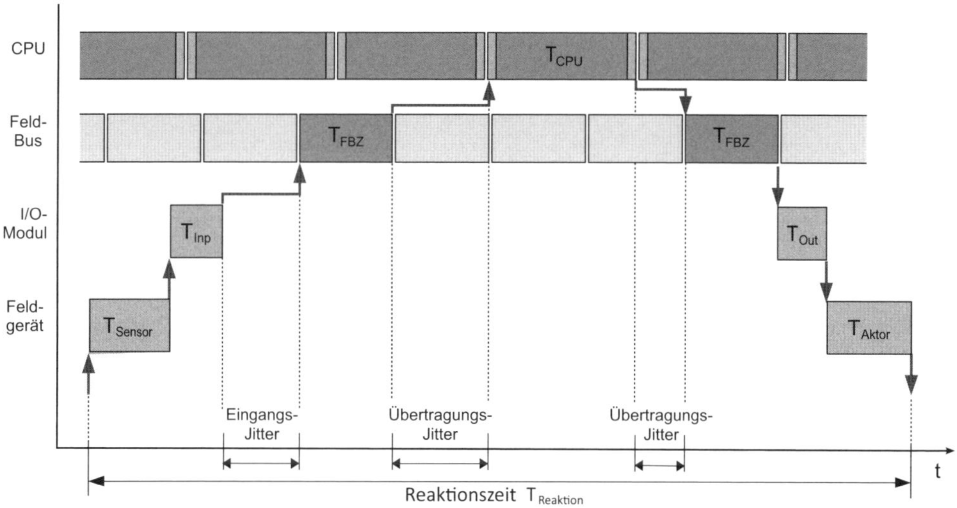

Bild 4.11 Prinzipieller Signalverlauf in einer dezentralen Architektur und asynchroner Datenübertragung mit festem Feldbuszyklus

Eine deutliche Verbesserung tritt erst dann ein, wenn die Zyklen von CPU und Feldbus synchronisiert werden. Diese Möglichkeit bietet beispielsweise der Feldbus *POWERLINK* [3]mit dem hochgenauen Synchronisationsimpuls *Start of Cycle* (SoC). Auf dieses Signal können sich alle Busteilnehmer synchronisieren und damit die Übertragung praktisch jitterfrei ablaufen lassen (Bild 4.12).

Damit bewegt sich der Gesamtjitter analog zur zentralen Struktur nur auf dem Niveau des Eingangsjitters bei

$$T_{Jitter} \leq T_{CPU} \tag{4.8}$$

und die Reaktionszeit beträgt:

$$T_{Reaktion} \leq T_{Sensor} + T_{Inp} + 3 \times T_{FBZ} + T_{CPU} + T_{Out} + T_{Aktor} \tag{4.9}$$

Mit $T_{FBZ} = T_{CPU}$ ergibt sich:

$$T_{Reaktion} \leq T_{Sensor} + T_{Inp} + 4 \times T_{CPU} + T_{Out} + T_{Aktor} \tag{4.10}$$

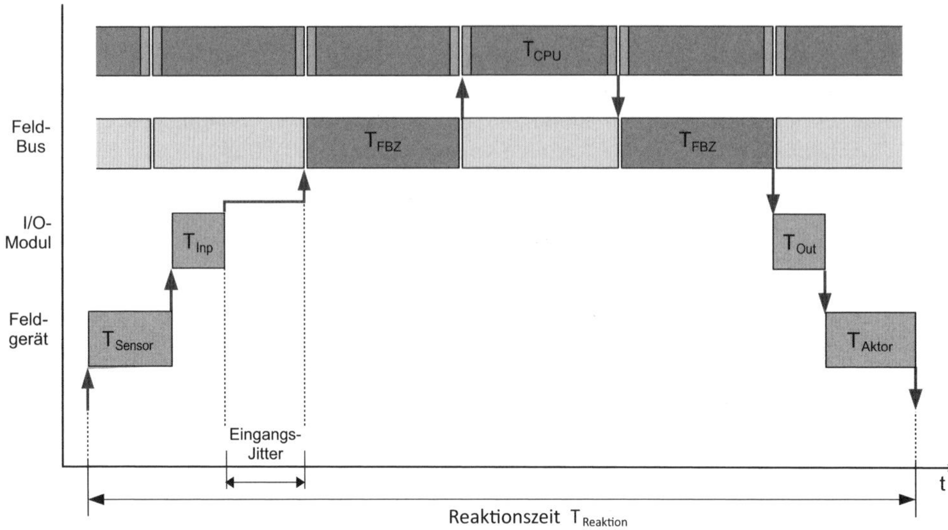

Bild 4.12 Prinzipieller Signalverlauf in einer dezentralen Architektur mit Synchronisation von Feldbus- und CPU-Zyklus

Die Darstellung zeigt zwar, wie der *Übertragungsjitter* eliminiert werden kann, sie verdeutlicht aber auch, dass sich die Reaktionszeit in einer dezentralen Struktur gegenüber einem zentralen Aufbau durch die erforderliche Datenübertragung um bis zu zwei CPU-Zyklen vergrößern kann. Es ist exakt diese Tatsache, die bei der Herauslösung technologischer Funktionen von einer zentralen Steuerung in ein modulares System, ganz gleich ob integrierbar oder autonom, zu Problemen in der Regelgüte und damit der Qualität in der Ausführung technologischer Funktionen führen kann.

Um diesen Einfluss zu minimieren bzw. ganz zu vermeiden, existieren Lösungsansätze, die wir nun betrachten wollen.

4.2.3 Kurze Reaktionszeiten in dezentralen Strukturen

Um diese Problematik und die unterschiedlichen Lösungsansätze zu demonstrieren, wollen wir ein einfaches Beispiel aus der Broschürenfertigung aufgreifen. Bild 4.13 zeigt das Funktionsprinzip einer *Schräglagenerkennung*, wie sie in vielen, teilweise sehr einfachen Maschinen verwendet wird. Beispiele dafür sind die Schnittkontrolle des Dreiseitenbeschnittes einer klebegebundenen Broschüre oder das Schneiden von Pappe für die Herstellung von Buchdeckeln.

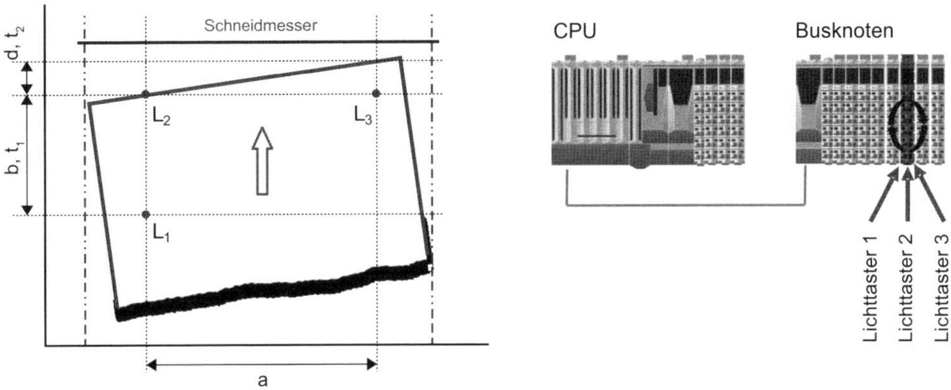

Bild 4.13 Funktionsprinzip und Automatisierungsschema für eine Schräglageerkennung

Die prinzipielle Funktionsskizze zeigt, wie sich das zu vermessende Produkt bei mangelhafter Einstellung in den seitlichen Führungen verdrehen kann. Das können mitunter nur wenige zehntel Grad sein, die aber je nach qualitativer Vorgabe das Produkt in den Ausschuss verbannen würden. Der Bediener muss deshalb an der Maschine die Häufigkeit einer zu starken Schräglage und möglichst auch das Maß der Abweichungen überwachen, um entsprechende Feinjustierungen vornehmen zu können.

Die Ermittlung einer Schräglage kann mit der im Bild gezeigten konstruktiven Ausführung im einfachsten Fall durch eine Antivalenzprüfung der Lichttaster L_2 und L_3 erfolgen. Werden beide zugleich abgedeckt, liegt keine Schräglage vor, andernfalls wird das Produkt ausgeschleust. Soll auch das Maß der Abweichung d gemessen werden, sind zwei Lösungsansätze möglich.

Steht ein synchrones Positionssignal z. B. vom Transportsystem zur Verfügung, können beide Lichttaster die jeweilige aktuelle Position triggern. Aus der Differenz beider Werte lässt sich mit Konstante a das Maß der Schräglage d leicht berechnen. Steht dagegen keine Position oder nicht in der erforderlichen Genauigkeit zur Verfügung, ist über die Konstante b und die Zeitdifferenz t_1, mit der die Lichttaster L_1 und L_2 abgedeckt werden, die Produktgeschwindigkeit direkt ermittelbar[14]. Geht man nun davon aus, dass es sich um eine gleichförmige Geschwindigkeit handelt, was sehr wahrscheinlich der Fall sein wird, dann kann mit diesem Wert, der Konstante a und der Zeitdifferenz t_2, ebenfalls eine qualitative Aussage getroffen werden.

Was in der Theorie sehr einfach aussieht, wirft in der Praxis einige Hürden auf. Schon bei der einfachen Antivalenzprüfung muss die Frage geklärt werden, wie kurz oder besser wie lang die Signale sein müssen, um in der Steuerung erkannt zu werden. Betrachten wir die Situation in einem Sammelhefter zur Herstellung drahtgehefteter Broschuren, dann bewegt sich ein Produkt bei 14 000 Exemplaren pro Stunde mit einer Geschwindigkeit von 2,2 m/s durch die Messeinrichtung[15], und der Schnittwinkel darf um maximal ±0,5° abweichen[16]. Das bedeutet bei a = 100 mm ein $t_{2,\,gut}$ von ≈ 400 µs. Unter der Annahme, dass

---

[14] Das wäre ein typischer Lösungsansatz für ein autonomes Modul.

[15] Typische Werte für einen Sammelhefter mittlerer Leistung.

[16] Bei einem A4-Format bedeutet die sich ergebende Abweichung von 0,5 mm schon fast Makulatur.

CPU und Feldbus synchron und mit der Zykluszeit $T_{CPU} = T_{FBZ} = 1$ ms arbeiten - was in der Praxis schon recht sportlich ist -, können in einer zentralen Architektur die Sensorsignale unabhängig vom Jitter auch nur im 1 ms-Takt erkannt und ausgewertet werden. In Bild 4.14 sind die sich daraus ergebenden Konsequenzen gut zu erkennen.

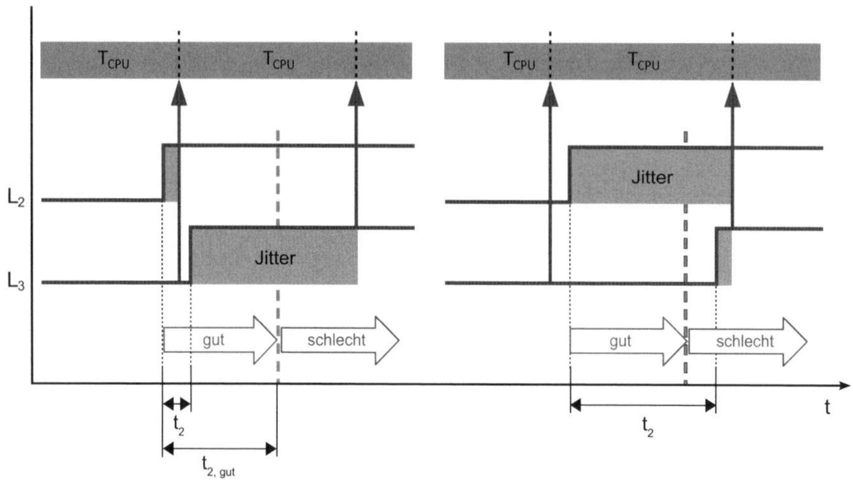

Bild 4.14 Mögliche Fehlinterpretationen durch zu große Abtastzeit

Je nachdem, in welcher Distanz zum Abtastzeitpunkt die Signalflanken auftreten, können Fehlinterpretationen entstehen. Im linken Teil wird eine gute Produktlage als schlecht und im rechten Teil eine fehlerhafte als gut detektiert. Das Problem ist schon so lange bekannt, wie es digitale Systeme gibt, und man kann es recht einfach nach dem *Nyquist-Shannon-Abtasttheorem* durch eine höhere Abtastrate lösen und zwar mit mindestens der doppelten Frequenz. Mit einer CPU-Zykluszeit von $T_{CPU} \leq ½ \times t_{2,\,gut}$, können so die Zustände *gut* und *schlecht* sicher erkannt werden.

Das Beispiel zeigt uns, dass die Erkennbarkeit sehr kurzer Impulse schon für eine zentrale Struktur eine Herausforderung darstellt, in einer dezentralen Anordnung mit beteiligtem Feldbus ist das noch seltener möglich. Es wird auch deutlich, dass selbst in scheinbar einfachen Prozessen durchaus hochdynamische Signale verarbeitet werden müssen, und die dynamischen Anforderungen an die Verarbeitung nur eines Signals können eine durchgreifende Modularisierung deutlich erschweren oder gar scheitern lassen.

Nachdem wir das Problem erkannt haben, wollen wir nun einige Lösungsansätze diskutieren, wie sie in modularen aber auch zentralen Konzepten umgesetzt werden können.

4.2.3.1 Erhöhung der Systemleistung

Die Betrachtungen zu Bild 4.14 haben gezeigt, dass Signalzustände zur Erkennung und Verarbeitung in technologisch erforderlicher Genauigkeit in zyklisch arbeitenden Systemen mindestens doppelt so schnell abzutasten sind. Daraus folgt, dass sowohl die Steuerungshard- und -software wie auch der Feldbus entsprechend auszulegen sind. Die Auswirkung einer allein leistungsfähigeren Datenübertragung zeigt Bild 4.15.

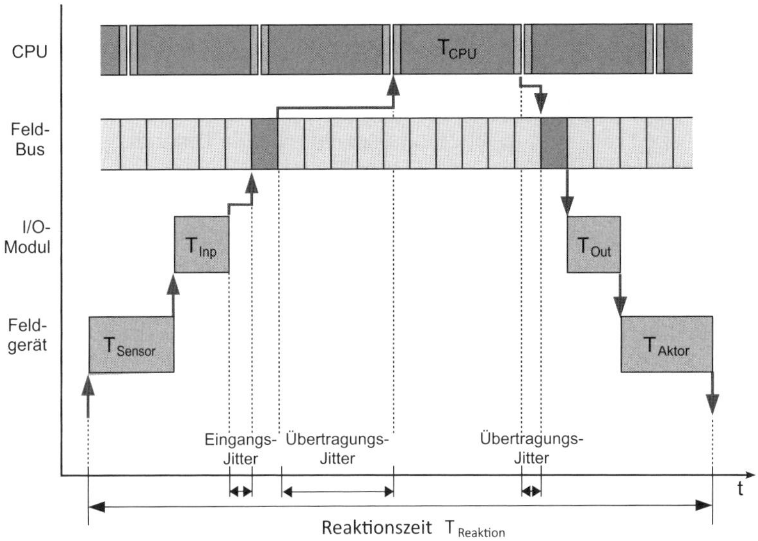

Bild 4.15 Verkürzung der Reaktionszeit durch leistungsfähige, asynchrone Datenübertragung

Prinzipiell wirkt auch in diesem Fall das *Nyquist-Shannon-Abtasttheorem*, indem die Signalweiterleitung in Bezug auf einen CPU-Zyklus wesentlich häufiger erfolgt.

Wird die Systemleistung insgesamt erhöht, kann $T_{Reaktion}$ noch weiter verkürzt werden, denn in diesem Fall geht es auch dem dominanten Zeitanteil T_{CPU} an den Kragen und werden die Zyklen von CPU sowie Feldbus dazu noch synchronisiert, entsteht auch kein Übertragungsjitter mehr (Bild 4.16). Damit dominiert allein T_{CPU} die Reaktionszeit, während der Zeitanteil der Datenübertragung an Einfluss verliert und fast die dynamischen Verhältnisse einer zentralen Struktur erreicht werden. Die im gleichen Zug erreichte Stabilität der Reaktionszeit wäre ein weiterer Vorteil dieses Konzeptes.

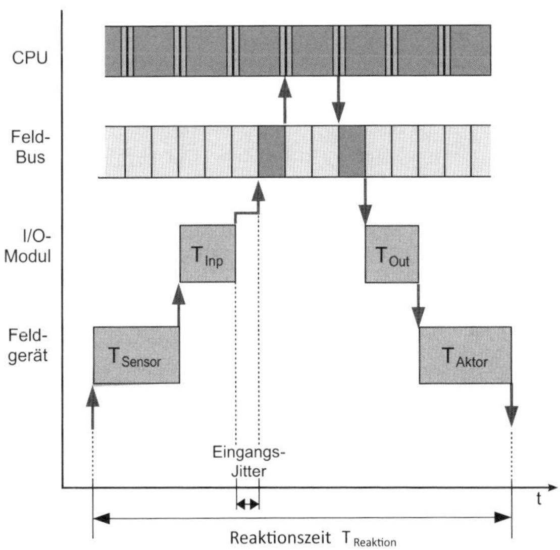

Bild 4.16 Prinzipieller Signalverlauf in einer dezentralen Architektur mit synchroner Übertragung bei hoher Systemleistung

Auch wenn der Lösungsansatz recht simpel und einleuchtend erscheint, so ist er doch in der Praxis kein Allheilmittel. Um die in unserem Anwendungsfall der *Schräglagenerkennung* erforderliche CPU-Zykluszeit von $T_{CPU} < 200\ \mu s$ zu realisieren, wäre nur für diese Funktion eine Hochleistungs-CPU erforderlich, die in dieser Dimension nahezu jedes Budget sprengen würde[17]. Dabei ist noch gar nicht daran gedacht, wie die Qualitätsgrenze parametriert werden kann. Diese kann bei einem solchen Ansatz entweder nur in engem Rahmen erfolgen, oder es muss bei höheren Genauigkeitsforderungen die CPU-Zykluszeit angepasst werden. Das zieht aber die Frage nach sich, welche Auswirkungen das auf alle anderen Prozesse hat. Noch offensichtlicher wird der Sachverhalt, wenn die Schräglage quantitativ vermessen werden soll und dafür noch wesentlich feiner abgetastet werden muss, was uns zu folgender Schlussfolgerung führt:

Erhöhung der Systemleistung

- Reaktionszeiten deutlich unter 1 ms sind in dezentralen Systemen auch mit hoher Systemleistung nicht realistisch
- Das grundsätzliche Systemverhalten wird nicht beeinflusst
- Die Verwendung leistungsfähigerer Hardware ist kostenintensiv
- Die Infrastruktur zur Datenübertragung erfordert höheren Aufwand
- Der I/O-Umfang ist nicht beliebig erweiterbar

\+ Die Software kann flexibel und mit Standardwerkzeugen entwickelt werden

4.2.3.2 Interrupt basierte Systeme

Die Nutzung von Interrupts wurde schon zur Reduzierung des Eingangsjitters als eine mögliche Maßnahme betrachtet. Bild 4.17 zeigt, wie sich dieses Verfahren für die Verkürzung der Reaktionszeit insgesamt anwenden lässt und welche Nebeneffekte berücksichtigt werden müssen.

Zunächst muss festgestellt werden, dass das Ziel einer drastischen Verkürzung der Reaktionszeit mit diesem Konzept nur für die Funktionen erreicht werden kann, die mit dieser Methode auch konzipiert werden. Das kann auch im Beispiel der *Schräglagenerkennung* funktionieren, wenn die Lichttaster jeweils einen Interrupt auslösen, die Informationen dadurch sofort übertragen und auch in der CPU in einer *Interrupt-Service-Routine* (ISR) ohne Verzögerung verarbeitet werden. Je nach Hardwareausstattung können so Reaktionszeiten von wenigen Mikrosekunden erzielt werden. Besonders interessant wird dieser Ansatz in kleinen Systemen mit vielen zeitunkritischen Aufgaben und nur wenigen hochdynamischen Funktionen. Damit hat dieser Ansatz auch in wirtschaftlicher Hinsicht die Nase vorn.

[17] Wenn man außerdem davon ausgeht, dass infolge eines geringeren Arbeitspensums die Steuerungshardware in einem autonomen Modul eher weniger leistungsfähig sein muss, dann wirkt dieser Lösungsansatz geradezu absurd.

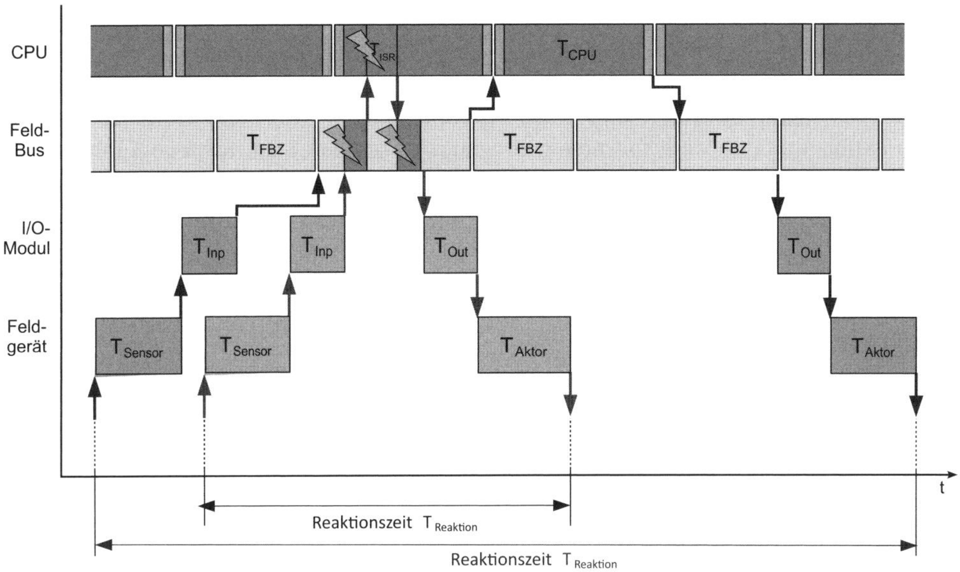

Bild 4.17 Prinzipieller Signalverlauf in einer dezentralen Architektur mit Interrupt basierender Übertragung und Verarbeitung

Allerdings setzt er auch technologische Grenzen, wie in Bild 4.17 zu erkennen ist. Jeder Interrupt erzeugt für alle übrigen Funktionen zusätzlichen und vor allem sehr unkalkulierbaren Jitter. Außerdem ist in Interrupt basierten Systemen keine Synchronisation möglich, denn diese würde ja ständig gestört. Demzufolge existiert Eingangs- *plus* Übertragungs- *plus* durch Interrupts verursachter Jitter. Stellt man sich nun noch vor, dass viele Funktionen mit dieser Methode arbeiten (müssen), dann entsteht ein extrem instabiles System mit deutlich erhöhtem Test- und Inbetriebnahmeaufwand.

Interrupt basierende Systeme

- Infolge fehlender Synchronisierung erfolgt die Datenübertragung asynchron und Jitter-behaftet
- Interrupts verursachen für das übrige System zusätzlichen unkalkulierbaren Jitter
- Der Umfang der Interrupt basierten Funktionen ist limitiert und nicht beliebig erweiterbar
- Das System neigt besonders bei zahlreichen Interrupt auslösenden Funktionen zur Instabilität
- Erhöhter Test- und Inbetriebnahmeaufwand

+ Die Software kann flexibel und mit Standardwerkzeugen entwickelt werden
+ Je nach Systemleistung sind Reaktionszeiten im Bereich weniger Mikrosekunden erreichbar

4.2.3.3 Intelligente Feldgeräte

Mit intelligenten Feldgeräten ist die Realisierung vielfältiger Funktionen schon außerhalb des Steuerungssystems möglich. Dazu haben die Hersteller ihren Feldgeräten leistungsfähige Prozessoren spendiert und mit Softwarefunktionen versehen, die beispielsweise die Funktionalität der *Schräglagenerkennung* durch exakte und hochgenaue Kantenerkennung selbstständig ausführen könnten [4]. Dazu verfügen sie über optimierte Ein- und/oder Ausgänge und verhalten sich auch sonst wie ein eigenständiges autonomes Modul. Über den Feldbus oder andere serielle Interfaces[18] stellen sie die aufbereiteten Daten der Steuerung zur Verfügung, wo sie innerhalb des übrigen Programmablaufes weniger zeitkritisch verarbeitet werden. Das Schema in Bild 4.18 zeigt den prinzipiellen Aufbau dieses Konzeptes.

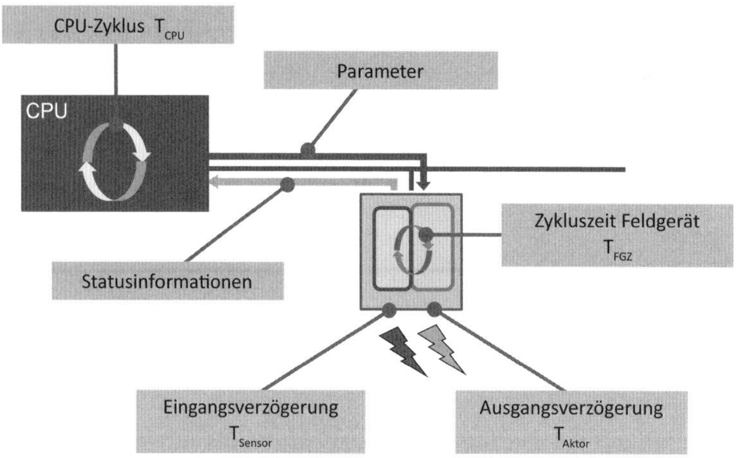

Bild 4.18 Elemente der Reaktionszeit mit intelligenten Feldgeräten

Dabei arbeitet das Feldgerät völlig autark in einem eigenen Zyklus, nachdem die gewünschte Funktionalität in der Initialisierungsphase asynchron aus einem zur Verfügung stehenden Funktionsvorrat ausgewählt und parametriert wird. Im operativen Betrieb werden die Ergebnisse als Statusinformationen mit entsprechend geringeren dynamischen Anforderungen an die Steuerung übertragen. In Bild 4.19 ist der zeitliche Verlauf bei einer synchronen Datenübertragung in zwei unterschiedlichen Arbeitsweisen dargestellt.

[18] Zur Anschaltung derartiger Feldgeräte kann auch IO-Link verwendet werden, bei dem neben den Sensorsignalen zusätzliche Informationen und die Parametrierung seriell übertragen werden können [42].

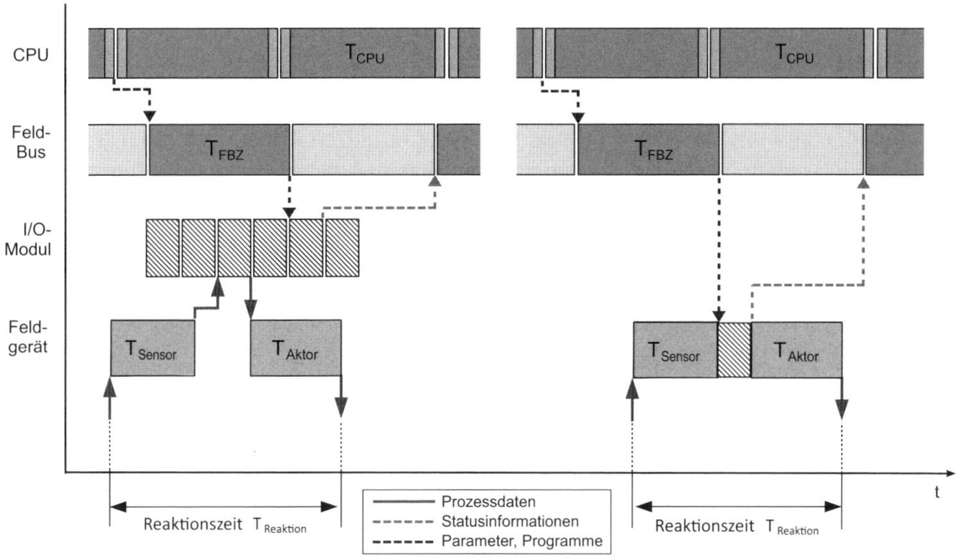

Bild 4.19 Prinzipieller Signalverlauf in einer dezentralen Architektur mit intelligenten Feldgeräten

Das Feldgerät links arbeitet ähnlich wie eine Steuerung mit festem Zyklus und muss daher mit dem Effekt des Eingangsjitters zurechtkommen. Das andere Gerät reagiert dagegen direkt auf das Eingangssignal, wobei die tatsächliche Arbeitsweise zum Knowhow der Hersteller gehört.

Unabhängig davon wird deutlich, dass sich die Reaktionszeit durch Verlagerung der Highspeed-Signalverarbeitung in separate Hardware bis in den Bereich weniger Mikrosekunden und darunter reduzieren lässt. Dazu kommt, dass beliebig viele dieser Anwendungen in einer Anlage installiert werden können, ohne dass Rückwirkungen auf die Dynamik des Gesamtsystems zu erwarten sind. Die Kontrolle der Schräglage kann demzufolge direkt auf einem intelligenten Feldgerät und auch mehrfach in der Maschine erfolgen. Beispielsweise könnte ein Feldgerät bei jedem Signalwechsel der Lichttaster diese Information mit einem hochaufgelösten Zeitstempel versehen oder die Zeitdifferenzen zwischen L_1 und L_2 sowie L_2 und L_3 eigenständig ermitteln. Anschließend werden die Daten ohne besondere Maßnahmen zur CPU geschickt, wo die Auswertung in einem zeitunkritischen Programmteil erfolgen kann. Beide Lösungen wären akzeptabel und wirtschaftlich selbst in kleinsten Systemen vertretbar.

So verlockend diese Lösung auch ist, birgt sie auch einige Risiken. Die Hersteller bieten intelligente Feldgeräte nur dann an, wenn entsprechend hoher Bedarf besteht und die Geräte in wirtschaftlich sinnvollen Stückzahlen verkauft werden können. Daraus folgt, dass die implementierten Funktionen den Anforderungen einer Branche und/oder einer Technologie entsprechen müssen. Die Geräte erhalten daher nur genau die Funktionen in ihre Hard- und Software gepackt, für die am Markt eine möglichst breite Akzeptanz erwartet wird. Infolgedessen werden Hersteller neue Geräte für einen möglichen Technologietrend auch erst dann anbieten, wenn die Wahrscheinlichkeit einer Marktdurchdringung in erforderlichem Maß gegeben ist.

Das führt jedoch dazu, dass diese Geräte auch allen anderen Marktteilnehmern zur Verfügung stehen, sodass die Chancen zur Bildung von Alleinstellungsmerkmalen für einen Maschinenhersteller schwinden. Um dieser Schwachstelle zu begegnen, werden die integrierten Funktionen mit möglichst vielen Optionen versehen, sodass scheinbar für jeden Anwendungsfall eine mögliche Variante existiert und durch eine geschickte Parametrierung eigene Vorteile generiert werden können. Beispielsweise stehen in einem handelsüblichen Frequenzumrichter mitunter mehr als hundert Parameter in zahlreichen Funktionsmodellen für den optimalen Antrieb von Pumpen, Ventilatoren, Verdichtern etc. zur Verfügung. Dar Haken dabei ist, dass für die richtige Parametrierung hoher Aufwand entsteht, und mitunter gibt es nur wenige Experten, die das auch bis ins letzte Detail beherrschen.

Und was ist, wenn für eine brandneue Technologie oder die Bildung von Modulen spezielle Funktionen benötigt werden, für die es noch keine intelligenten Feldgeräte gibt? Einen Hersteller dazu zu bewegen, in einem bestehenden Produkt für eine neue Funktionalität kundenspezifische Softwareänderungen vorzunehmen, ist nahezu unmöglich. Schließlich erwarten alle anderen Kunden eben genau aus den zuvor genannten Gründen höchstmögliche Konstanz.

Und wenn im Sinne des technischen Fortschrittes ein Gerät in seiner Funktionalität doch verändert und dadurch inkompatibel zu seinem Vorgängermodell wird? Wie erfolgt in einem solchen Fall der Service für bestehende Maschinen und Anlagen? Oder was passiert, wenn ein Gerät vom Hersteller abgekündigt wird?

Schlussfolgernd bleibt festzuhalten, dass intelligente Feldgeräte sehr schnell und mit vertretbaren wirtschaftlichem Aufwand hochdynamische Funktionalität dezentral zur Verfügung stellen kann. Der Anwender hat jedoch über eine spezielle Parametrierung hinaus fast keinen Einfluss, sein eigenes Knowhow in diese Geräte einzubringen.

Intelligente Feldgeräte

+ Reaktionszeiten unter 1 µs sind je nach Systemleistung und Feldgerät möglich
+ Beliebiger Highspeed-I/O-Umfang realisierbar
- Die Funktionalität des Feldgerätes wird für spezielle Anforderungsprofile entwickelt, für die am Markt ein möglichst hoher Bedarf besteht
- Geräte werden mit hoher Stückzahl gefertigt und stehen allen Marktteilnehmern zur Verfügung
- Mitunter generiert aufwendige Parametrierung höheren Engineering-Aufwand
- Kundenspezifische individuelle Softwareänderungen sind nahezu unmöglich

4.2.3.4 Spezialentwicklungen

Die prinzipielle Struktur und Funktionsweise von speziell für einen Anwendungsfall entwickelten Geräten entspricht exakt den Bildern 4.17 und4.18 und den Kriterien intelligenter Feldgeräte. Es gibt jedoch einen großen Unterschied zu beachten.

Stehen intelligente Feldgeräte in der Regel dem gesamten Markt zur Verfügung, dann trifft dies für individuell und nur für einen Kunden entwickelte Geräte genau nicht zu. Weltweit existieren zahlreiche Firmen, die ihren Kunden genau die Funktionen maßschneidern, die sie benötigen. Auch die eigene Elektronikfertigung eines Maschinenherstellers ist dazu in der Lage und zumeist auch aus keinem anderen Grund etabliert. Allerdings müssen die Anbieter von individuellen Lösungen auch die Anforderungen nach Liefertreue, Zertifizierungen, Verfügbarkeit erfüllen, und ist das alles gegeben, bleibt noch die Frage nach der Wirtschaftlichkeit. Auch kundenspezifische Geräte sind nur dann kostengünstig zu fertigen, wenn eine gewisse Mindeststückzahl abgesetzt werden kann, damit Entwicklungskosten in mitunter sechsstelligen Dimensionen auch refinanziert werden können.

Ist ein kundenspezifisches Gerät einmal entwickelt, schafft es exzellente Alleinstellungsmerkmale für das dafür vorgesehene Produkt. Ist dieser Ansatz also die Lösung?

Mitnichten, denn einerseits stehen die Ressourcen für die Eigenentwicklungen meist nicht zur Verfügung oder die wirtschaftlichen Randbedingungen passen nicht. So bleibt dies nur Herstellern vorbehalten, die ihre Maschinen in hohen Stückzahlen verkaufen und damit die Entwicklungskosten schultern können. Allein für die *Schräglagenerkennung* wäre eine Spezialentwicklung wirtschaftlich sicher nicht vertretbar.

Spezialentwicklungen

+ Reaktionszeiten unter 1 µs sind je nach Systemleistung und Eigenschaften der Spezialgeräte möglich
+ Beliebiger Highspeed-I/O-Umfang realisierbar
– Hard- und Software werden speziell für das Gerät und die Anforderung entwickelt
– Geräte werden mit kleinster Stückzahl gefertigt, dadurch sehr hohe Stückkosten
– Lieferzeiten, Service und Bindung an den Zulieferer sind zu beachten
– Zumeist sehr hoher Aufwand bei Änderungen

■

Es bleibt also die Frage, wie dynamisch anspruchsvolle, individuelle Funktionen innerhalb eines Moduls aber auch in beliebig anderen Automatisierungsstrukturen realisiert werden können, ohne den eigenen Anspruch an Flexibilität und Wirtschaftlichkeit aufzugeben. Ein dazu geeigneter Lösungsansatz wird im folgenden Abschnitt vorgestellt.

4.2.3.5 Intelligente I/O-Module

Das Ziel, immer kürzere Reaktionszeiten zu erreichen, steht schon immer auf der Prioritätenliste der Hersteller von Automatisierungssystemen ganz oben. In den frühen 1990er Jahren haben einige Hersteller damit begonnen, ihre Systeme mit sogenannten *Peripherieprozessoren* auszustatten. Diese Geräte wurden ganz einfach mit entsprechenden Ein- und Ausgängen bestückt und wie normale I/O-Module in Steuerungssysteme gesteckt[19]. Es gab

[19] Beispiele dafür sind die Positionierbaugruppen WF723 von Siemens oder die Peripherieprozessoren PP40/60 von B&R.

sie für die Realisierung von Antriebsfunktionen, schnellen I/O-Operationen oder in Kombination mit entsprechenden HMI-Geräten für die Realisierung anspruchsvoller Bedien- und Visualisierungsfunktionen. Der Vorteil dieser Technologie ist die Möglichkeit der zumeist freien und individuellen Programmierung.

Parallel dazu wurden I/O-Module mit immer leistungsfähigeren Prozessoren und Zusatzfunktionen bestückt. Beispiele dafür sind Zählmodule, mit denen hochdynamische Signale erkannt und ausgewertet werden können und wie sie heute zum Standardportfolio der meisten Hersteller gehören. Das Verhalten und die Bedienung dieser Module ähneln dem der intelligenten Feldgeräte. Das heißt, sie arbeiten mit einer fixen Firmware, und die genaue Funktionalität wird über eine mehr oder weniger aufwendige Parametrierung festgelegt. Es gab aber auch schon Ende der 1990er Jahre I/O-Module mit einer Firmware, die vom Anwender selbst erstellt werden konnte [5]. Deren Anwendersoftware wurde entweder mit Standardprogrammiersprachen oder Bausteinen einer speziellen Funktionsbibliothek im gleichen Engineering-Werkzeug erstellt, mit dem auch die Entwicklung der übrigen Applikation erfolgte.

Der Vorteil dieser Technologie liegt darin, dass die gesamte Highspeed-Applikation vom Anwender frei und ohne Einschränkungen entwickelt und vor allem auch gewartet werden kann. Das Knowhow verbleibt beim Anwender, denn Funktionserweiterungen können jederzeit in eigener Regie erfolgen. Außerdem wird das Programm genau auf die gewünschte Funktion hin entwickelt, sodass eine aufwendige Parametrierung entfällt bzw. nur für wenige Anpassungen erfolgen muss. So ist es nur folgerichtig, dass diese Technologie auch für die Bildung von modularen Konzepten zu favorisieren ist.

In [6] und [7] wird vorgestellt, wie mit intelligenten und frei programmierbaren Ein- und Ausgangsmodulen Reaktionszeiten von bis zu 1 µs[20] erreicht werden können. Dabei ist es gar nicht zwingend die eine Mikrosekunde, sondern allein die Möglichkeit, in beliebigen Automatisierungsstrukturen von CPU und Feldbus entkoppelte Reaktionszeiten erreichen zu können. In Bild 4.20 sind die Elemente der Reaktionszeit dargestellt, und Bild 4.21 zeigt dazu den prinzipiellen Signalverlauf in einer dezentralen Architektur.

Das I/O-Modul verfügt für eine schnelle Signalerfassung und -ausgabe über optimierte Ein- und Ausgangsphysik. Die Eingangssignale werden vom I/O-Modul abgetastet, in Logiksignale umgewandelt und anschließend im integrierten Prozessor verarbeitet. Das resultierende Ergebnis wird über den Ausgangstreiber unmittelbar an den Aktor ausgegeben. Das I/O-Modul übernimmt auf diese Weise Funktionen der zentralen Steuerung, die somit entlastet wird. So kann die CPU grundsätzlich auch kleiner dimensioniert werden, und es können mit einer Steuerungs-CPU, die im Bereich von Millisekunden arbeitet, trotzdem Reaktionszeiten von wenigen Mikrosekunden erreicht werden.

20 In den genannten Beiträgen wird der Eingangsjitter in die Berechnung der Reaktionszeit nicht mit einbezogen.

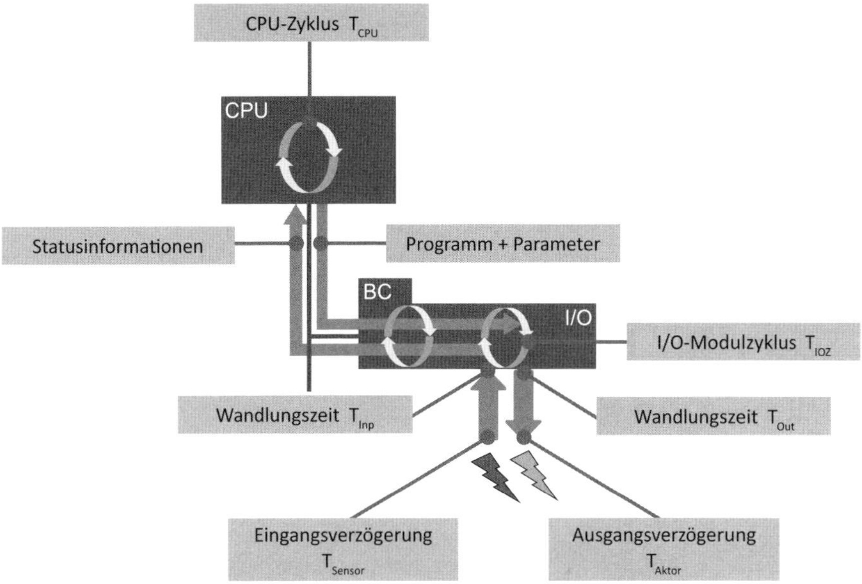

Bild 4.20 Elemente der Reaktionszeit mit intelligenten I/O-Modulen

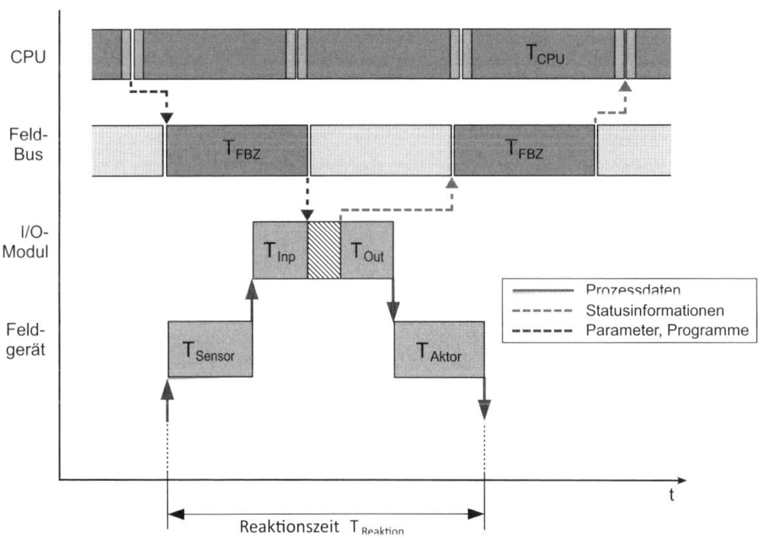

Bild 4.21 Prinzipieller Signalverlauf in einer dezentralen Architektur mit intelligenten I/O-Modulen

Bei der in [6] vorgestellten *reACTION-Technologie* programmiert der Anwender die jeweiligen technologischen Funktionen, genau wie alles andere, direkt in der Engineering-Software selbst. Das erfolgt in Form von Funktionsblöcken nach IEC61131 mittels logischer Operationen wie beispielsweise AND, OR oder XOR sowie arithmetischen Operationen wie ADD, PWM, Komparator- bzw. Zählfunktionen (Bild 4.22). Damit können auch komplexere Aufgaben wie z.B. anspruchsvolle Regler realisiert werden. Die per Funktionsblock erstellten Verschaltungen lassen sich wie klassischer Steuerungscode durch Ausführung der Module auf der Steuerung testen. Funktioniert alles einwandfrei, wird die Softwarefunktion auf die ausführende Hardwarekomponente allein durch Anpassung der Hardwarekonfiguration zugewiesen und ist einen Mausklick später auf dem jeweiligen I/O-Modul programmiert und aktiv. Dazu kommt, dass auch im operativen Betrieb technologieabhängige Änderungen des *reACTION-Programms* innerhalb weniger Zyklen allein durch einen Methodenaufruf im Applikationsprogramm der übergeordneten CPU ausgetauscht werden kann.

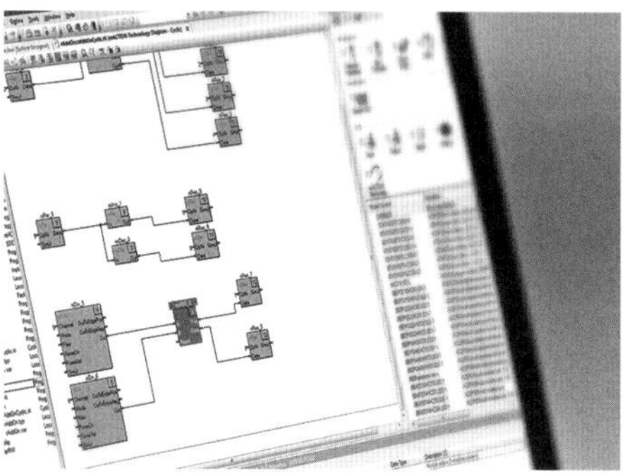

Bild 4.22 Die Programmierung von *reACTION-Funktionen* erfolgt in einem Funktionsdiagramm mit Funktionsbausteinen nach IEC61131(Quelle: B&R Industrial Automation GmbH)

Für die Funktion der *Schräglagenerkennung* wäre eine Lösung mit intelligenten I/O-Modulen sicher die beste Wahl. So könnte aus der im Modul selbst berechneten Geschwindigkeit und der Zeitdifferenz zwischen den Signalwechseln von L_2 und L_3 auch direkt das Ausgangssignal für einen nachfolgenden Auswerfer gesetzt werden. Wird diese Funktion in einem autonomen Modul ausgeführt, kann sogar die Auswertemethode entsprechend der konkreten Implementation in die Gesamtmaschine angepasst werden. Steht beispielsweise eine exakte Masterposition zur Verfügung, kann das I/O-Modul diese mit den Signalwechseln von L_2 und L_3 in einer Programmversion A direkt berechnen. Gibt es diesen Wert nicht, wertet eine Programmversion B zusätzlich L_1 aus und berechnet die Schräglage über die Geschwindigkeit. Wenn beide Varianten außerdem noch automatisiert detektiert werden können, lässt sich auf diese Weise die Modulvielfalt und der Inbetriebnahmeaufwand ganz einfach reduzieren. Die entsprechende Steuerungskonfiguration entspricht der Darstellung in Bild 4.13.

Intelligente I/O-Module

+ Reaktionszeiten von wenigen Mikrosekunden sind je nach Systemleistung erzielbar
+ Beliebiger Highspeed-I/O-Umfang möglich
+ Hardware basiert auf Standards, dadurch nur gering höhere Stückkosten
+ Programmierung erfolgt individuell für die benötigte Funktionalität
+ Softwareänderungen sind im gesamten Lebenszyklus jederzeit möglich
+ Softwareänderungen sind auch im operativen Betrieb möglich
+ Individuelle Programme sichern Alleinstellungsmerkmale
– Feldgeräte müssen nach den dynamischen Anforderungen ausgewählt werden ■

4.2.4 Zusammenfassung und Lösungsbeispiele

In den Ausführungen wurden Einflüsse auf die Reaktionszeit in zentralen sowie dezentralen Steuerungskonzepten analysiert und Problemfelder aufgezeigt, die bei einer modularen Gestaltung zu beachten sind. Des Weiteren wurden unterschiedliche Szenarien betrachtet, wie diese Einflüsse eliminiert bzw. deren Auswirkungen minimiert werden können. Im Folgenden sollen anhand von weiteren Funktionen eines *Sammelhefters* für die Fertigung gehefteter Broschuren die gestalterischen Möglichkeiten demonstriert werden.

4.2.4.1 Dickenmessung sammelgehefteter Broschüren

Zur Herstellung drahtgehefteter Broschuren wie z.B. Zeitschriften, Handbüchern oder Prospekten, werden die einzelnen gefalzten Druckbögen in *Sammelheftmaschinen*[21] nacheinander von innen nach außen übereinandergelegt, mit Drahtklammern zusammengeheftet und in einem *Dreiseitenschneider* beschnitten. Zusätzlich können mit einem *Inserter* oder *Warenprobenkleber* z.B. Datenträger, Postkarten oder Probepäckchen mit Kosmetikartikeln eingefügt bzw. auf bestimmte Seiten motivgenau eingeklebt werden. Um sicherzustellen, dass erstens alle Bögen vorhanden sind und zweitens die Warenproben ebenso wie deren Platzierung exakt erfolgt, wird vor dem Heften die Dicke der Broschüre gemessen. Bild 4.23 zeigt das prinzipielle Schema einer Dickenmessung mit Andruckrolle und Sensorelement.

[21] Siehe Beispiele in [15], [32] und [31].

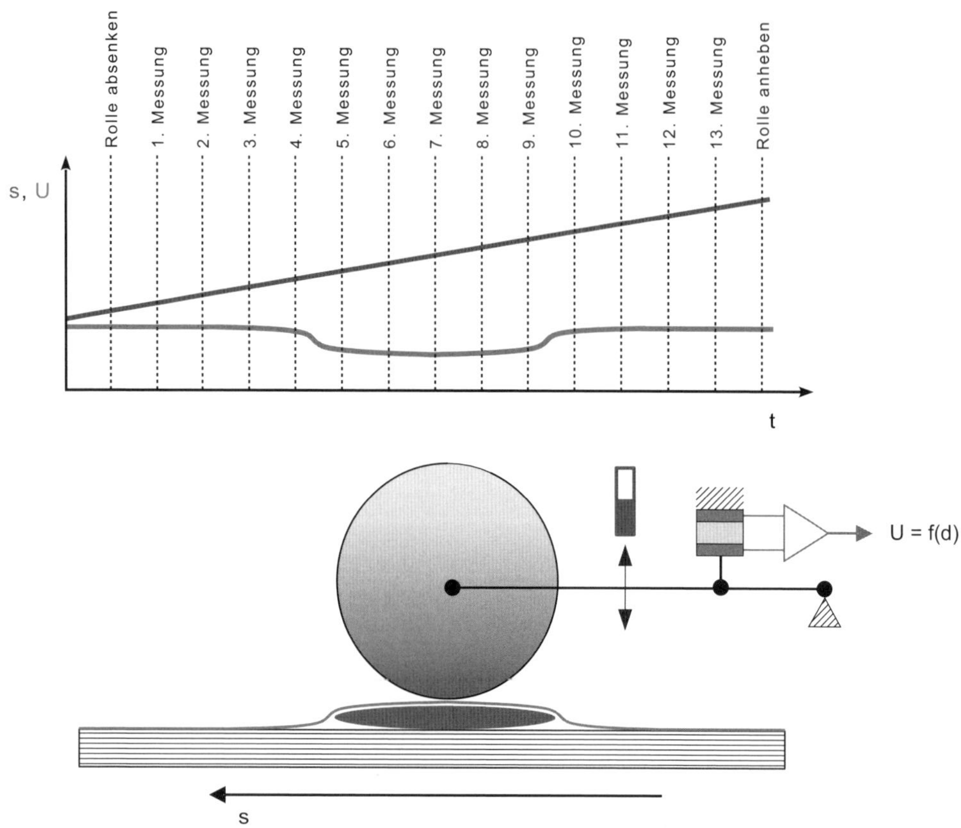

Bild 4.23 Prinzipschema der Funktion *Dickenmessung* für eine Broschüre mit Warenprobe

Um die Vollständigkeit und die exakte Lage der eingefügten Warenprobe zu erkennen, werden je nach konstruktiver Ausführung möglichst viele Messwerte erfasst und mit einem zuvor angelernten Profil verglichen. Nur wenn das gemessene Profil identisch ist, erfolgt die weitere Verarbeitung.

Die Herausforderung besteht darin, auch bei einer maximalen Maschinenleistung von 18 000 Produkten/h[22], so viele Messungen wie möglich durchzuführen. Das erfordert bei 200 ms Verarbeitungszeit pro Produkt, dessen maximaler Länge von 320 mm und einer geforderten Genauigkeit von 1 mm eine Abtastzeit von 0,625 Millisekunden. Eine Aufgabe, die mit intelligenten I/O-Modulen sehr gut gelöst werden kann. Bild 4.24 zeigt dazu das Automatisierungsschema mit zwei dezentralen Busknoten und dem Servoantrieb des Transportsystems (hier in Gestalt einer Sammelkette) im Bereich der *Heftmaschine*[23]. Das intelligente I/O-Modul befindet sich in einem der Busknoten und besitzt einen analogen Eingang für den Dickenmesswert und einen digitalen Ausgang, über den ein Andruck-

22 Die nachfolgenden Daten beziehen sich auf eine reale Applikation wie in [32] präsentiert.

23 Als *Heftmaschine* wird der Teil des Sammelhefters bezeichnet, in dem die *Dickenkontrolle* und das anschließende *Heften* mittels Drahtklammern erfolgt.

magnet für die Messrolle angesteuert wird. Um die Andruckrolle exakt an der Vorderkante eines Produktes absetzen und jedem Messwert eine Positionsinformation zuordnen zu können, erhält das Modul über den Feldbus die synchrone Position der Sammelkette und damit die exakte Lage der Produkte. Die Gut/Schlecht-Information wird an die Steuerung übergeben, die bei Bedarf ihrerseits im nächsten Takt positionsgenau einen Auswerfer ansteuert, der das fehlerhafte Produkt in den Makulaturbehälter befördert.

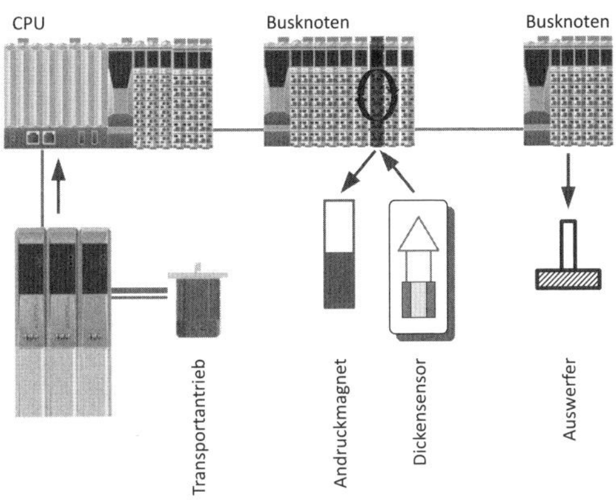

Bild 4.24 Automatisierungsschema für die Funktion *Dickenmessung* in einem Sammelhefter

Bild 4.25 zeigt den Signalverlauf und die erreichten Reaktionszeiten für diese Funktion. Es wird deutlich, dass deren Realisierung in der geforderten Dynamik mit einem intelligenten I/O-Modul überhaupt kein Problem darstellt.

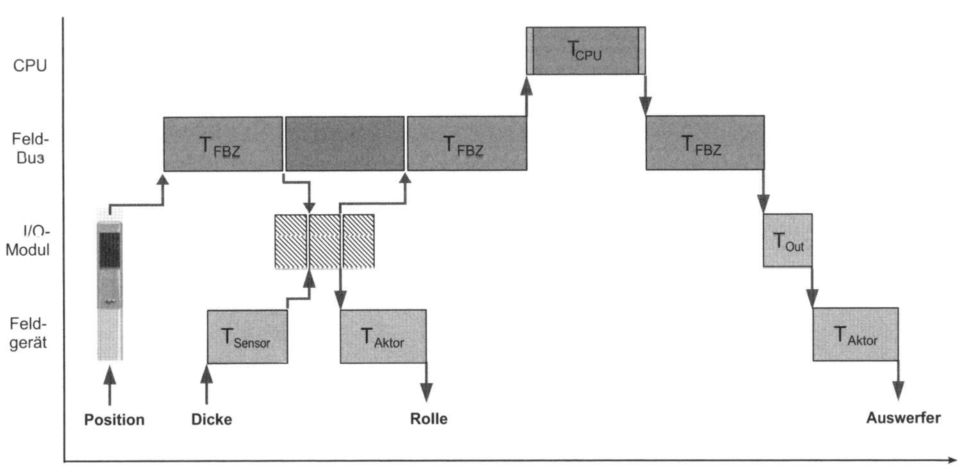

Bild 4.25 Signalverlauf für die Funktion Dickenmessung in einem Sammelhefter mit synchroner Datenübertragung

Tabelle 4.2 Applikationswerte der Funktion Dickenmessung mit intelligentem I/O-Modul

Bezeichnung		**Werte der Applikation**	**Bemerkung**
Eingangsverzögerung Sensor	T_{Sensor}	50 µs	- gemessener Wert
Ausgangsverzögerung Andruckmagnet	$T_{andruckmagnet}$	120 ms	- Ansteuerung des Andruckmagneten mit dynamisch totzeitkompensiertem Nockenschaltwerk (NSW)
Zykluszeit I/O-Modul	T_{IOZ}	2 µs	- gemessener Wert - Progammlaufzeit für Messwerterfassung, Soll-Istwert-Vergleich und Berechnung NSW
Zykluszeit Feldbus	T_{FBZ}	400 µs	- Datenübertragung zwischen den Busteilnehmern in Echtzeit
Reaktionszeit Messzyklus	$T_{FBZ} + T_{IOZ}$	402 µs	<< 625 µs
CPU-Zyklus	T_{CPU}	10 ms	- zyklische Bearbeitung der Anwenderprogramme
Ausgangsverzögerung Auswerfer	$T_{Auswerfer}$	180 ms	- Ansteuerung des Auswerfers über einen Pneumatikzylinder
Reaktionszeit Auswerfer	$T_{CPU} + 3{*}T_{FBZ} + T_{Auswerfer}$	191,2 ms	< 200 ms

4.2.4.2 Fehlbogenkontrolle

Ein moderner Sammelhefter kann je nach Hersteller und Ausstattung mit bis zu 32 sogenannten *Anlegermodulen* ausgestattet sein [8]. Das bedeutet, dass an 32 Positionen *Falzbögen* von einem Stapel abgezogen und nacheinander auf eine *Sammelkette* geworfen werden. Das bedeutet aber auch, dass es 32 Möglichkeiten einer fehlerhaften Auflage geben kann, wie es z. B. durch Verklebung in den Bogenstapeln mehr oder weniger häufig vorkommt. Würde im extremen Fall gleich der erste Bogen nicht fehlerfrei auf der Sammelkette landen, könnte ohne eine geeignete Kontrolle erst bei der Dickenmessung dieser Fehler aufgedeckt werden. Das erzeugt jedoch einen sehr hohen Anteil an Makulatur, was natürlich vermieden werden soll.

Um dem zu begegnen, können die Anlegermodule des in [8] vorgestellten Sammelhefters mit der Funktion einer *Fehlbogenkontrolle* ausgestattet werden. Dazu wird an jedem Anlegermodul eine Kamera vor der Sammelkette montiert und die Bildaufnahme durch ein Signal des jeweiligen Anlegers ausgelöst. Die Bildverarbeitung der Kamera vergleicht dann das aufgenommene mit einem zuvor eingelernten Referenzbild. Bei Ungleichheit wird eine Information an die folgenden Anleger gesandt, die ihrerseits keinen Bogen mehr auflegen.

In dieser Applikation besteht die Aufgabe darin, exakt im Zeitpunkt des Auflegens und noch vor der Beschleunigung durch die Sammelkette die Bildaufnahme auszulösen. Erfolgt das nur wenige Mikrosekunden zu früh oder zu spät, dann würde das Bild durch die endende Fall- bzw. die beginnende Transportbewegung unscharf und damit unbrauchbar. Das Automatisierungsschema des autonomen Anlegermoduls zeigt Bild 4.26.

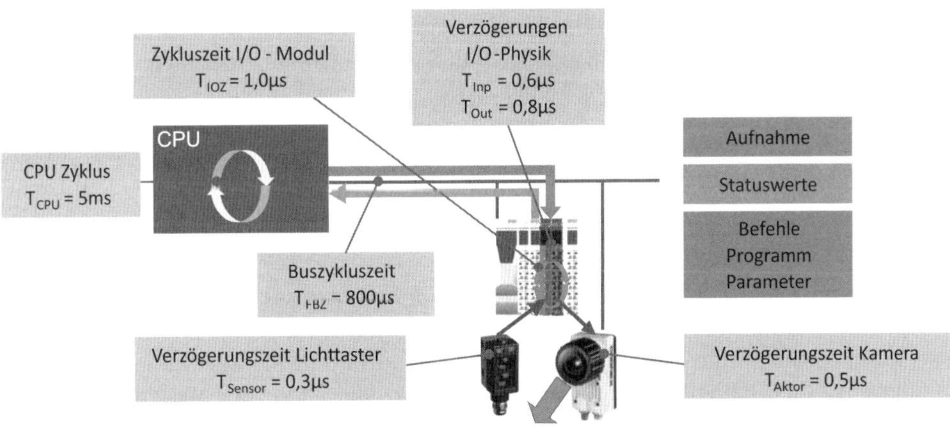

Bild 4.26 Automatisierungsschema einer Fehlbogenkontrolle mit intelligentem I/O-Modul, Lichttaster und Kamera

Dabei erfasst ein spezieller Lichttaster den fallenden Bogen und sendet dieses Signal an ein intelligentes I/O-Modul. In diesem wird auf Basis von verbleibender Fallhöhe und der im vorhergehenden I/O-Zyklus berechneten Geschwindigkeit der Sammelkette, der exakte Zeitpunkt für die Bildaufnahme berechnet und der Befehl zur Auslösung übermittelt. Das Auswertungsergebnis wird anschließend von der Kamera über den Feldbus als Statusinformation für CPU und nachfolgende Anlegermodule bereitgestellt.

Die Reaktionszeit ergibt sich aus

$$T_{Reaktion} \leq T_{Sensor} + T_{Inp} + T_{IOZ} + T_{Out} + T_{Aktor} \leq 3{,}2\mu s \tag{4.11}$$

und ist damit noch kleiner als die technologische Vorgabe von $T_{Reaktion} \leq 4\ \mu s$.

4.3 Maschinensicherheit

Die Notwendigkeit zur Gewährleistung der Sicherheit für Bediener, aber auch zum Schutz von Produktionsanlagen, der Umwelt sowie der Produkte selbst, wurde bereits in Kapitel 1 thematisiert. Wird ein Produktionssystem modularisiert, kommen noch weitere Anforderungen hinzu, denn ein modulares System ist per Definition ein strukturell veränderliches. Genau das ist aber eine Eigenschaft, die in der Sicherheitstechnik nicht zielführend ist, denn der Hersteller einer Maschine hat dafür zu sorgen, dass eine Risikobeurteilung für alle Optionen vorgenommen wird und die Einhaltung der geltenden Sicherheits- und Gesundheitsschutzanforderungen mit einer sogenannten *Konfirmitätserklärung* zu dokumentieren ist[24]. Wird demzufolge eine individualisierte Maschine in zehn Varianten angeboten, dann sind auch dementsprechend viele Testprozeduren durchzuführen - eine Anforderung, die den Gestaltungsgrundsätzen einer modularisierten Struktur diametral entgegenläuft.

Den Herstellern von sicherer Automatisierungstechnik ist dieser Tatbestand durchaus bewusst, und so existieren zahlreiche Konzepte, um auch für modulare Systeme mit Safety-Funktionalität einen akzeptablen Engineering-Aufwand zu erzielen. In diesem Abschnitt werden die wichtigsten Strategien vorgestellt und bewertet, ohne die entsprechenden Normen und Vorschriften im Einzelnen zu behandeln. Dafür steht weiterführende Literatur in großem Umfang zur Verfügung[25]. An einem kurzen Blick auf die *Maschinenrichtlinie* und deren Konsequenzen für die Gestaltung einer sicheren Automatisierung kommen wir jedoch nicht vorbei.

4.3.1 Anwendung der Maschinenrichtlinie in modularen Systemen

Die Maschinenrichtlinie existiert seit 1995 und ist in Europa als Richtlinie 2006/42/EG des Europäischen Parlaments und des Rates vom 17. Mai 2006 über Maschinen und zur Änderung der Richtlinie 95/16/EG (Neufassung), kurz Maschinenrichtlinie 2006/42/EG, seit dem 29. Dezember 2009 bindend. Sie beschreibt einheitliche Anforderungen an die Sicherheit und Gesundheit bei der Interaktion von Mensch und Maschine. Unabhängig von Herstellungsort und -datum unterliegen alle Maschinen, die erstmals ab dem 01. Januar 1995 im europäischen Wirtschaftsraum eingesetzt werden, der EU-Maschinenrichtlinie und müssen somit mit einer CE-Kennzeichnung versehen sein. Trägt demzufolge ein

---

[24] Vgl. [9], Anhang 1, „Allgemeine Grundsätze", Abs. 1.

[25] Für einen umfassenden Einstieg in die Thematik der Maschinensicherheit eignet sich das online verfügbare *Sicherheitskompendium* der Firma Pilz GmbH & Co. KG [16].

Gerät, eine Maschine oder Anlage dieses Zeichen, dann ist sichergestellt, dass eine Maschine den Sicherheitsbestimmungen entspricht, und mit der Ausstellung einer EG-Konformitätserklärung erklärt der Hersteller, dass er alle für das Produkt zutreffenden Richtlinien berücksichtigt hat [9].

Unter der Maschinenrichtlinie sind zahlreiche Normen gelistet, die mit den allgemeinen Gestaltungsgrundsätzen für sicherheitsbezogene Teile von Steuerungen und deren Validierung (EN ISO 13849-1 und -2) [1], [10] beginnen. Sie definieren weiterhin Regeln für sicherheitsbezogene elektrische, elektronische und programmierbare elektronische Steuerungssysteme (EN 61508) [11] bis hin zu allgemeinen Regeln und Profilfestlegungen für eine funktional sichere Übertragung bei Feldbussen in industriellen Kommunikationsnetzen (EN 61784-3) [12] sowie für die Herstellung und den Betrieb sicherer Maschinen und Anlagen [13].

Grundsätzlich beschreibt die Maschinenrichtlinie Anforderungen an neue Maschinen. Wird eine Maschine jedoch verändert, muss sichergestellt werden, dass keine neuen Gefährdungen entstehen. Dazu muss geklärt werden, ob durch den Umbau sogenannte wesentliche Änderungen erfolgen, und ist das der Fall, muss die Maschine die gleichen Prozeduren durchlaufen wie bei ihrer Herstellung. Wie das zu erfolgen hat, zeigt prinzipiell Bild 4.27. Es liegt demnach auf der Hand, dass bei einer modularen Maschine sicherzustellen ist, dass durch das Zufügen oder die Entnahme von Maschinenmodulen keine neue Gefährdung bzw. kein neues Risiko entstehen darf.

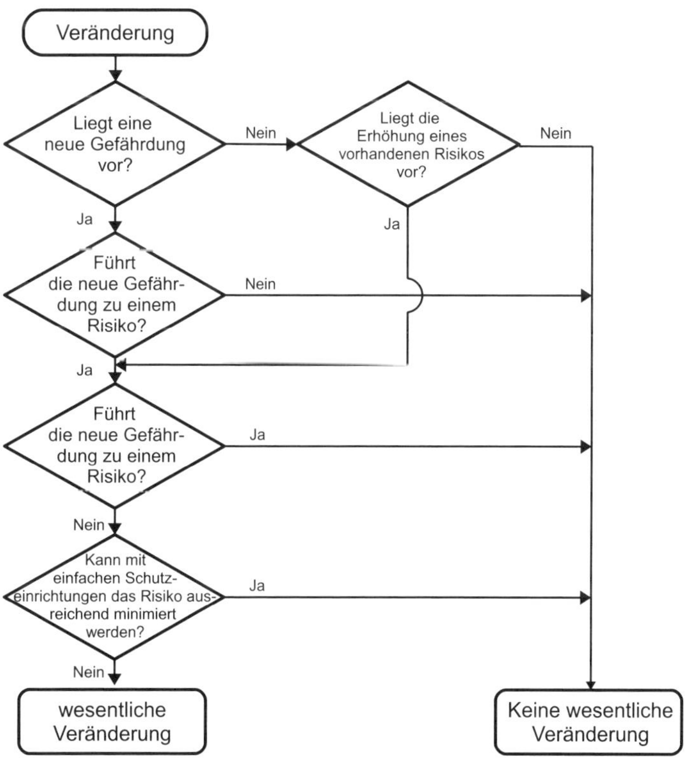

Bild 4.27 Entscheidungsdiagramm „Wesentliche Veränderung von Maschinen“ (nach [14])

Im Übrigen gilt für eine modulare Maschine, die aus mehreren zusammengesetzten Einzelmaschinen besteht, der gleiche Zertifizierungsprozess wie für Produktionslinien. Die Anforderungen an die Maschinensicherheit muss jedes einzelne System für sich selbst und in logischer Folge die Anlage als Ganzes erfüllen. Schließlich kann sich ja ein Ereignis an einer Maschine oder einem Modul sicherheitstechnisch auf eine andere Maschine, die ganze Produktionslinie oder in modularen Konstruktionen auf den Rest der Maschine auswirken. Somit trägt auch jedes Teilsystem für sich eine CE-Kennzeichnung, genau wie die Gesamtanlage ebenfalls einen CE-Kennzeichnungsprozess durchlaufen muss.

Diese Problematik kann einfach an einem Sammelhefter verdeutlicht werden, bei dem die einzelnen Bogenanleger als autonome Module ausgeführt sind [15]. Diese sind genau wie die übrige Maschine jeweils für sich sicherheitstechnisch getestet und validiert. Wird ein einzelner Anleger entfernt, tritt jedoch eine Leerstelle auf, an der durch die freiliegende Transportkette eine zusätzliche Gefährdung entsteht. Es muss daher zunächst verhindert werden, dass ein Modul bei laufender Maschine überhaupt entfernt werden kann. Des Weiteren muss der Bediener nach der Entnahme des Anlegers diese Leerstelle entweder durch einen anderen Anleger oder das Anbringen einer Abdeckung beseitigen, und es muss sicher verhindert werden, dass während dieser Umrüstung keine gefährliche Bewegung der Transportkette stattfinden kann. Bei dem in [15] beschriebenen Sammelhefter wird jeder Modulplatz mit einem Sicherheitsschalter überwacht, der entweder durch den Anleger oder eine Abdeckung betätigt wird. Ist er das nicht, aktiviert die Sicherheitssteuerung im sicheren Servoantrieb der Transportkette die Safe-Motion-Funktion *Safe Operational Stop* (SOS), und damit keine Motivation zur Manipulation entsteht, ist die Abdeckung an einem Scharnier neben der Transportkette angebracht und muss nur mit einem Handgriff hochgeklappt werden. Auf diese Weise dauert der gesamte Umrüstvorgang keine ganze Minute, was für diesen Sammelhefter ein Alleinstellungsmerkmal darstellt.

So weit, so gut. Was bedeutet das aber für die Automatisierungstechnik? Von dem Moment an, zu dem beispielsweise ein Anleger in den Sammelhefter hinzugefügt wird, gibt es in der gesamten Maschine mindestens einen Not-Halt-Schalter mehr – und zwar den oder die des einzelnen Anlegers. Es ist aber vorgeschrieben, dass jeder Not-Halt-Schalter auf jenen Bereich einer Maschine wirken muss, den man von der Stelle aus überblicken kann, an der er montiert ist. Das kann auch die komplette Maschine oder Produktionslinie betreffen. Schließlich muss ja ein Bediener, der an einem Ende der Maschine steht und am anderen Ende eine Gefahr erkennt, sofort eingreifen können. Er darf nicht erst überlegen müssen, welcher Not-Halt-Schalter denn für diesen oder jenen Bereich vorgesehen ist. So würde wertvolle Zeit verloren gehen, die unter Umständen dem Gefährdeten das Leben kosten kann.

Demzufolge muss gewährleistet werden, dass der sicherheitstechnische Teil der Maschinensteuerung durch Modulintegration die zugefügten Not-Halt-Schalter und ggf. auch weitere, für die Gesamtmaschine relevanten, Sicherheitseinrichtungen möglichst automatisch erkennt und aktiviert. Die in [15] praktizierte Lösung verlangt nach dem automatischen Erkennen der neuen Komponenten vom Bediener noch einen kurzen Dialog an der Hauptbedienstelle, und nach wenigen Sekunden ist die Maschine komplett betriebsbereit und vor allem weiterhin sicher.

Aus dieser Anforderung folgt für die Automatisierung, dass ein Modul neben dem rein technologisch orientierten operativen Datenverkehr auch sicherheitstechnisch kommunikationsfähig sein muss. Dazu betrachten wir im nächsten Abschnitt die unterschiedlichen

Varianten sicherer Schaltungs- und Automatisierungstechnik. Doch zuvor wollen wir uns einen Überblick über etablierte sicherheitstechnische Konzepte verschaffen.

4.3.2 Sicherheitstechnik im Überblick

Schon von Beginn an, als noch in den Maschinen nur ein Elektromotor als Hauptantrieb arbeitete, musste es eine Vorrichtung geben, mit der bei einer drohenden Gefahr die Maschine zum Stillstand gebracht werden konnte. Die damals eingeführte Not-Aus-Schleife war denkbar einfach und simpel aufgebaut. Man schaltete einfach nur einen oder mehrere öffnende Schalter in den Haltestromkreis des Hauptschützes und trennte damit den Motor von der Energieversorgung.

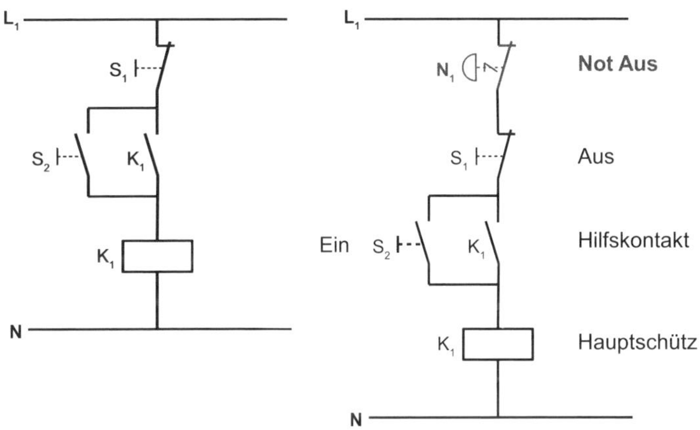

Bild 4.28 Das Prinzip einer einfachen Schützschaltung mit zusätzlichem Not-Aus-Schalter ist so schon lange nicht mehr zulässig

So einfach wie in Bild 4.28 dargestellt, ist es jedoch schon lange nicht mehr. So schreibt die EN ISO 13850:2008 - *Sicherheit von Maschinen - Not-Halt - Gestaltungsleitsätze* vor, dass beispielsweise die Zuleitungen zu den *Not-Halt-Schaltern*[26] fortwährend gegen Erd- und Kurzschluss geprüft werden müssen. Außerdem reifte nach und nach die Erkenntnis, dass diese Art von Sicherungssystem im Fehlerfall außer Kraft gesetzt werden könnte und die Schutzfunktion somit nicht mehr gegeben wäre [16]. Weil das in dieser Schaltung nicht möglich ist, gibt es spezielle und für die unterschiedlichen Sicherheitsanforderungen speziell zertifizierte *Notausschaltgeräte*[27] (Bild 4.29).

26 Grundsätzlich besteht der Unterschied zwischen den Bezeichnungen *Not-Aus* und *Not-Halt* darin, dass bei einem *Not-Halt* eine gefahrbringende Bewegung gestoppt und bei *Not-Aus* der Antrieb bzw. die Maschine stromlos geschaltet wird.

27 Siehe entsprechende Produkte in [33] und [34] u. v. a. m.

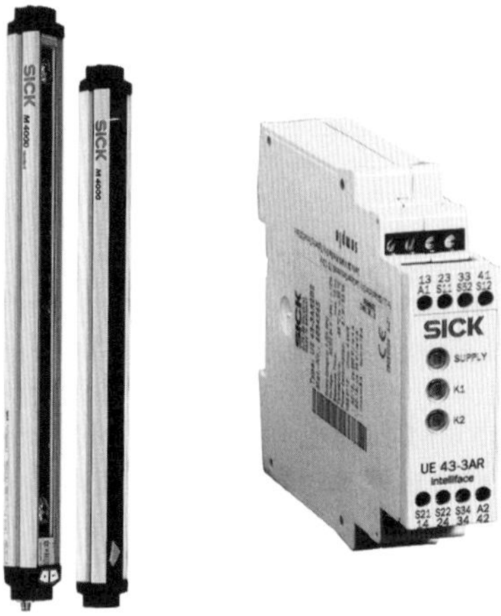

Bild 4.29 Sicherheitslichtschranke und -schaltgerät zur Überwachung von Schutzbereichen (Quelle: Sick AG)

Des Weiteren gibt es für viele technologische Standardapplikationen wie z.B. für Pressen oder Biegemaschinen spezielle Schaltgeräte, die in Kombination mit sicheren Feldgeräten (Sicherheitslichtgitter, Drehzahlwächter oder Laserscanner u.v.a.m.) die dazu erforderlichen Sicherheitsfunktionen realisieren. Bild 4.30 zeigt die Vielzahl von möglichen Sicherheitseinrichtungen am Beispiel einer Palettieranlage.

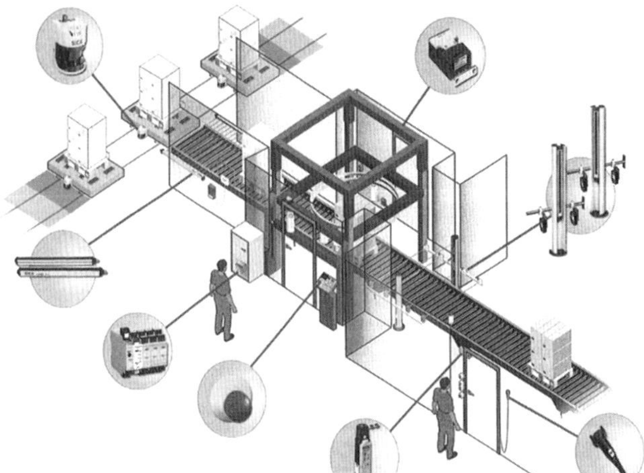

Bild 4.30 Prinzipdarstellung der Sicherheitstechnik an einer Palettieranlage (Quelle: Sick AG)

Die allein durch die Maschinenrichtlinie enorm gestiegene Qualität und Quantität der Sicherheitsanforderungen und die Menge der dazu erforderlichen Gerätetechnik hat dazu geführt, dass die Realisierung der erforderlichen Elektrokonstruktion recht unübersichtlich werden kann.

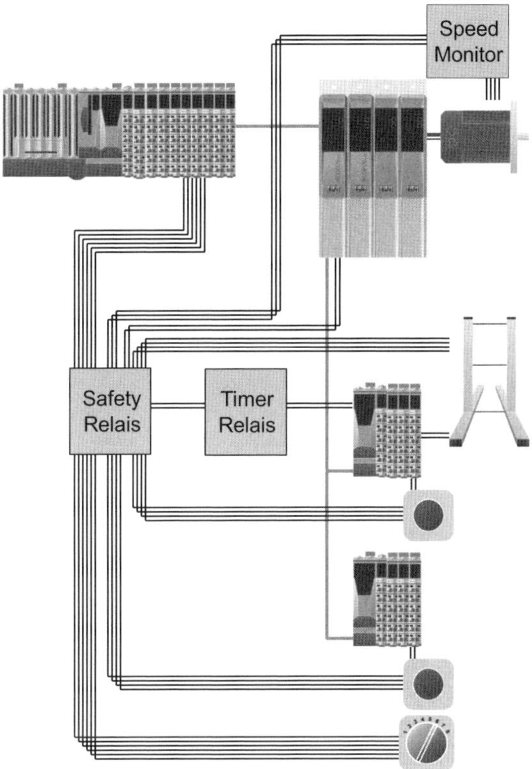

Bild 4.31 Beispiel einer Sicherheitsapplikation mit dedizierten Safety-Komponenten

Bild 4.31 zeigt eine relativ einfache Applikation mit zwei Not-Halt-Schaltern, Betriebsarten-Wahlschalter, Lichtgitter und Geschwindigkeitswächter für eine *sicher begrenzte Geschwindigkeit*, wie es noch vor wenigen Jahren Stand der Technik war. Die eingezeichneten Verbindungen entsprechen in etwa der Realität und demonstrieren den gewaltigen Verdrahtungsaufwand. Man stelle sich nur vor, der Safety-Relaisblock muss getauscht werden - sicher eine zeitraubende und fehleranfällige Angelegenheit. Dazu kommt, dass in den einzelnen Geräten Parameter existieren, die alle einzeln und zum Teil mit speziellen Diagnosegeräten eingestellt und kontrolliert werden müssen.

Aktuell geht das zum Glück besser. Dank moderner elektronischer Sicherheitsschaltgeräte kann die Verdrahtung, die Diagnose und das gesamte Engineering in einer komplexen Safety-Applikation deutlich vereinfacht werden. Bild 4.32 zeigt, wie die Palettieranlage mit dedizierten Sicherheitsschaltgeräten ausgerüstet werden kann. Die einzelnen Geräte können sich in einem zentralen Schaltschrank oder in dezentralen Schaltkästen an technologisch und konstruktiv geeigneten Stellen befinden.

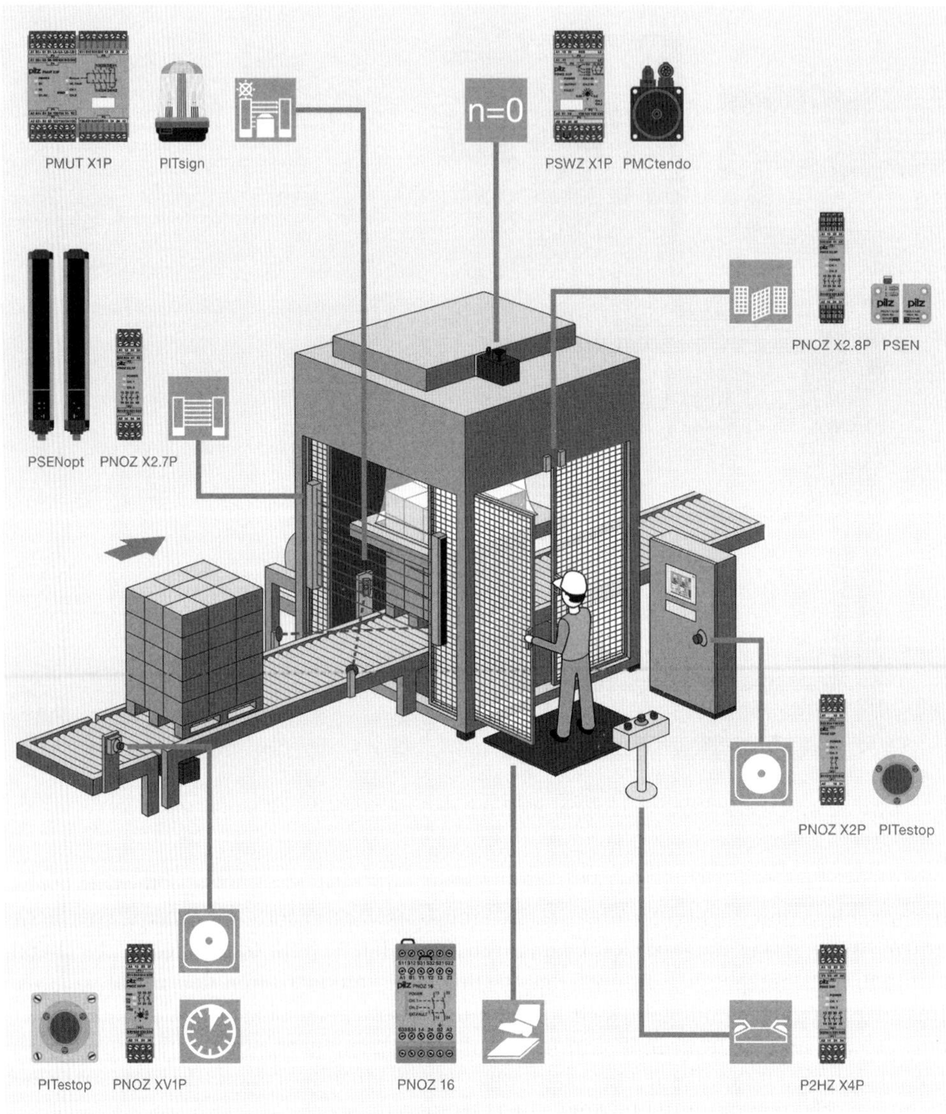

Bild 4.32 Safety-Applikation einer Palettieranlage mit Sicherheitsschaltgeräten (Quelle: Pilz GmbH & Co. KG)

Zur vereinfachten Diagnose können Schaltgeräte auch mit Kommunikations-Schnittstellen ausgestattet sein, über die nicht sichere Informationen an die zentrale Steuerung übermittelt werden können (Bild 4.33). So kann z. B. der Maschinensteuerung mitgeteilt und an HMI-Geräten angezeigt werden, welcher Not-Halt-Schalter ausgelöst oder welche sichere Betriebsart durch einen Betriebsarten-Wahlschalter eingestellt wurde.

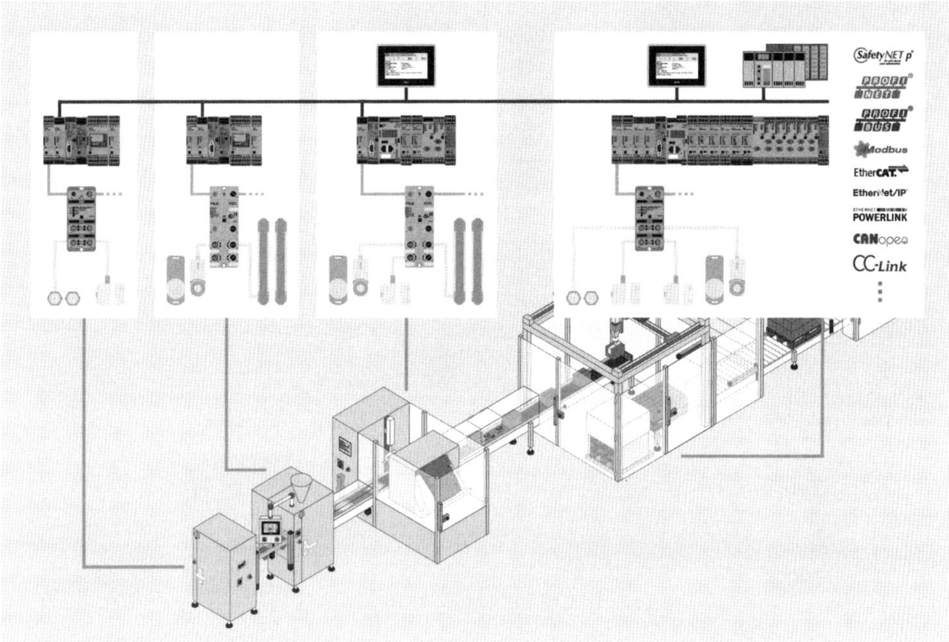

Bild 4.33 Safety-Applikation mit kommunikationsfähigen Sicherheitsschaltgeräten (Quelle: Pilz GmbH & Co. KG)

Soll diese Anlage nun modularisiert werden, ganz gleich ob nach integriertem oder autonomem Prinzip, sieht sich der Konstrukteur wieder mit dem im vorherigen Abschnitt thematisierten Problem der modulübergreifenden Sicherheitsfunktionen konfrontiert. Daher muss es möglich sein, dass die Safety-Komponenten über einen dazu geeigneten Safety-Bus kommunizieren können. Den Steuerungen ist es somit möglich, je nach Anforderung auf beliebige sicherheitsrelevante Ereignisse und Informationen des gesamten Produktionssystems zu reagieren. Bild 4.34 zeigt am Beispiel einer modularen Palettieranlage, wie die Safety-Funktionen mit verteilten *Sicherheitssteuerungen* realisiert werden können.

Bild 4.34 verrät uns noch ein weiteres Detail. Wie wir wissen, gibt es in einem Produktionssystem nicht nur sicherheitsrelevante Funktionalität, auch wenn deren Anteil von Fall zu Fall stark differieren kann. Deshalb ist es in den meisten modernen Sicherheitssteuerungen möglich, auch rein funktionale Applikationen abzuarbeiten. In diesem Fall werden die Begriffe „Safety-integriertes Steuerungssystem“ oder auch „Integrierte Sicherheitstechnik“ verwendet, je nachdem, von welcher Seite es betrachtet wird. In Bild 4.34 wird das mit der Darstellung grauer I/O-Module[28] in den einzelnen Steuerungsracks symbolisiert. Damit können diese Steuerungen genauso modular für die jeweiligen Anforderungen konfiguriert werden wie ihre „grauen“ Pendants, und es lassen sich komplette Produktionssysteme und -linien mit diesen Sicherheitssteuerungen automatisieren. Ob und unter welchen Voraussetzungen das sinnvoll ist und was es für alternative Lösungen gibt, soll im folgenden Abschnitt behandelt werden.

[28] Die Begriffe „grau“ und „gelb“ werden von vielen Herstellern als Synonyme zur Unterscheidung von funktionaler (grauer) und sicherheitstechnischer (gelber) Applikation verwendet.

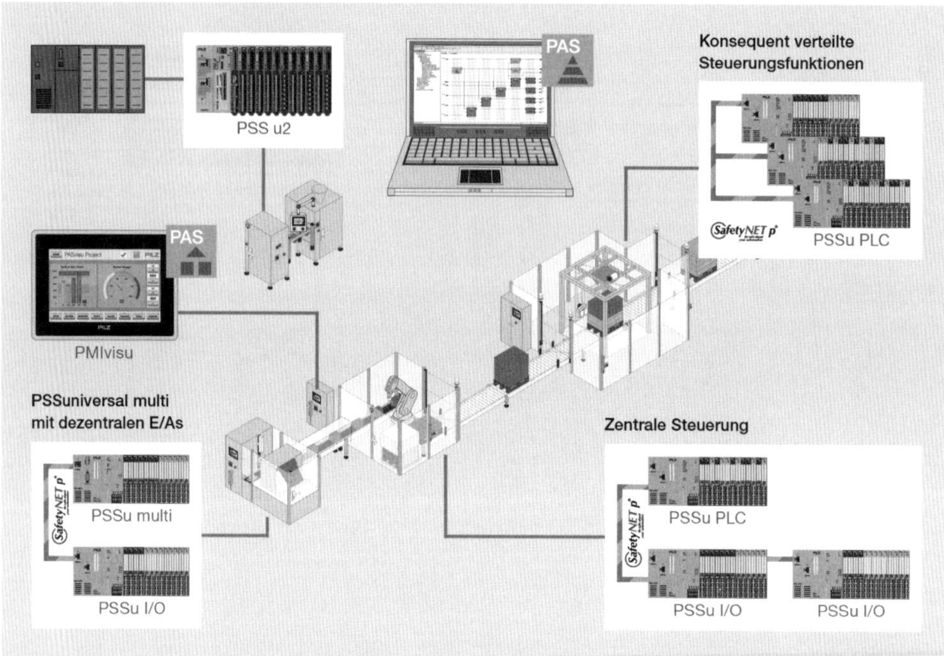

Bild 4.34 Modulare Safety-Applikation mit Sicherheitssteuerungen (Quelle: Pilz GmbH & Co. KG)

4.3.3 Sichere Steuerungstechnik

Die vorangegangenen Ausführungen haben den Weg von der einfachen *Notausschaltung* über *Sicherheitsschaltgeräte* bis hin zu *sicherer Steuerungstechnik* aufgezeigt. Konsequenterweise standen und stehen in dieser Entwicklung stets die Aspekte der Sicherheit im Vordergrund. Daher sind Safety-Systeme so konzipiert, dass durch Fehler, ganz gleich ob in Hard- oder Software, keine zusätzliche Gefährdung generiert und der sichere Zustand einer Maschine soweit als möglich[29] niemals verlassen wird. Das erfolgt durch eine ganze Reihe konstruktiver Maßnahmen.

Grundsätzlich werden sicherheitstechnische elektrische Geräte, ganz gleich ob Sicherheitsschaltgeräte, -steuerungen oder deren Peripherie, nach EN 61508 bzw. EN ISO 13849 u. v. a. entwickelt und validiert. In Steuerungen und Schaltgeräten beginnt das bereits mit dem Anschluss der Sensorik und Aktorik. Um sicherzustellen, dass die Anschaltung fehlerfrei ausgeführt wurde und im Betrieb dauerhaft funktionsfähig ist, müssen im operativen Betrieb fortlaufend Tests durchgeführt werden, deren Umfang in einer Risikoanalyse zu ermitteln ist. Dazu versehen die meisten Hersteller ihre sicheren digitalen I/O-Module mit Pulsausgängen, durch deren Hilfe Verdrahtungsprobleme wie Kurz- oder Masseschluss, Schluss gegen 24 VDC oder Querschlüsse erkannt werden können[30] (Tabelle 4.3).

---

29 „So weit als möglich" bedeutet in diesem Kontext, dass die Maschine oder Anlage zum Zeitpunkt des Inverkehrbringens mit notwendiger Sicherungstechnik nach „neuestem Stand von Wissenschaft und Technik" ausgestattet ist [16].

30 Das erfolgt auch in den Sicherheitsschaltgeräten.

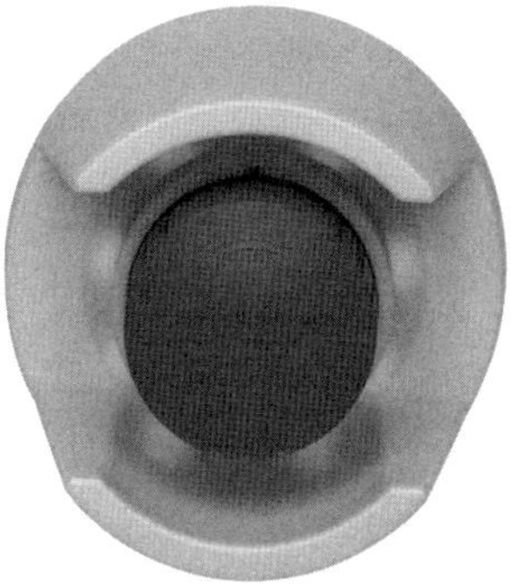

Bild 4.35 Not-Halt-Taster IP65, beleuchtet mit Schutzkragen (Quelle: Pilz GmbH & Co KG)

Auf diese Weise wird aber nur der elektrische Anschluss getestet, was noch nichts über die Funktionsfähigkeit der angeschlossenen Feldgeräte verrät. Während intelligente Geräte sich selbst diagnostizieren und das Verlassen des sicheren Zustandes signalisieren können, ist das bei passiven Geräten wie z. B. Not-Halt-Tastern (Bild 4.35) nicht möglich.

Tabelle 4.3 Fehleraufdeckung durch interne Pulsgenerierung eines sicheren Eingangsmoduls [17]

Bezeichnung	Fehler bei Kontakt	
	offen	geschlossen
Masseschluss auf Pulsausgang	wird erkannt	wird erkannt
Schluss gegen 24 VDC auf Pulsausgang	wird erkannt	wird erkannt
Querschluss zwischen Pulsausgang und anderem Pulssignal	wird erkannt	wird erkannt
Masseschluss auf Signaleingang	**wird nicht erkannt**	wird erkannt
Schluss gegen 24 VDC auf Signaleingang	wird erkannt	wird erkannt
Querschluss zwischen Signaleingang und anderem Pulssignal	wird erkannt	wird erkannt
Querschluss zwischen Pulsausgang und Signaleingang	wird erkannt	**wird nicht erkannt**
Drahtbruch	**wird nicht erkannt**	wird erkannt

Eine Variante, um auch diese Geräte in ihrer Funktion überwachen zu können, ist die zweikanalige Ausführung der Eingangskreise. Bild 4.36 zeigt die Schaltung und Auswertung für einen Not-Halt-Taster in einer Applikation, für die ein Performance Level *e*[31] zu realisieren ist.

[31] Siehe Abschn. 3.4 in [16] „Bestimmung des erforderlichen Performance Levels PL_R".

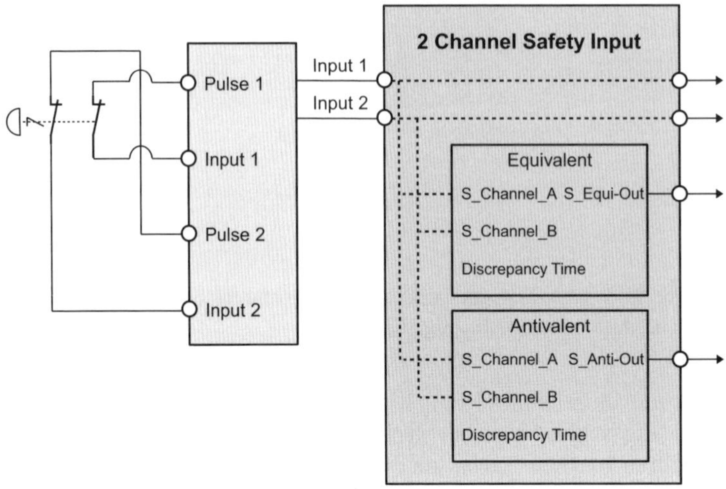

Bild 4.36 Prinzipdarstellung einer zweikanaligen Notausschaltung mit Auswertung in einem sicheren Eingangsmodul (Quelle: B&R Industrial Automation GmbH)

Im dargestellten Fall wird ein Befehlsgerät verwendet, das zwei getrennte Öffner-Kontakte[32] hat, die auf zwei separate Eingänge eines sicheren Eingangsmoduls verschaltet werden. Um den Schaltzustand sicher zu erkennen, müssen bei einer Betätigung beide Kontakte innerhalb einer einstellbaren Diskrepanzzeit ihren Zustand wechseln. Nur wenn dieser Wechsel als gültig erkannt wird, darf er von der Sicherheitssteuerung weiterverarbeitet werden. Ist dem nicht so, wird ein Fehler vermutet, und die Anlage ist mit der schnellstmöglichen Reaktionszeit stillzusetzen und so in einen gefahrlosen Zustand zu überführen. Dazu verfügt das im Bild gezeigte I/O-Modul über eine interne Äquivalenzauswertung für gleichwirkende Kontakte gemäß Bild 4.36 und eine Antivalenzauswertung für gegenwirkend schaltende Kontakte.

Aber auch die CPU der Sicherheitssteuerung, deren Firmware, die interne Kommunikation und die Controller auf jedem einzelnen Modul müssen diesen Anforderungen entsprechen. Dazu wird ein Verfahren verwendet, das wir aus dem täglichen Leben als *Vier-Augen-Prinzip* kennen, indem beispielsweise ein wichtiger Vertrag von einer weiteren Person geprüft wird. Erst wenn alle gegenseitig zustimmen, wird unterzeichnet, ansonsten kommt der Vertrag so nicht zustande. Das *Zustimmprinzip* in einer Sicherheitssteuerung funktioniert genau nach diesem Grundsatz. Danach arbeitet ein Gerät nur dann fehlerfrei, wenn zwei parallele und separate Sicherheitskreise zu dem gleichen Ergebnis kommen. Auch im Zusammenwirken von funktionaler und nicht sicherer „grauen“ sowie sicherer „gelben“ Applikation gilt dieses Prinzip. So kann beispielsweise ein „grauer“ Schaltbefehl auch an einen sicheren Ausgang gesendet werden. Der wird jedoch nur dann ausgeführt, wenn die „gelbe“ Safety-Applikation dem zustimmt. Bild 4.37 zeigt dieses Prinzip für einen sicheren digitalen Ausgang in einem Konzept mit *integrierter Sicherheitstechnik*.

[32] Alternativ kann auch die Kombination Öffner/Schließer eingesetzt werden. In diesem Fall erfolgt die Auswertung mit einer Antivalenzprüfung.

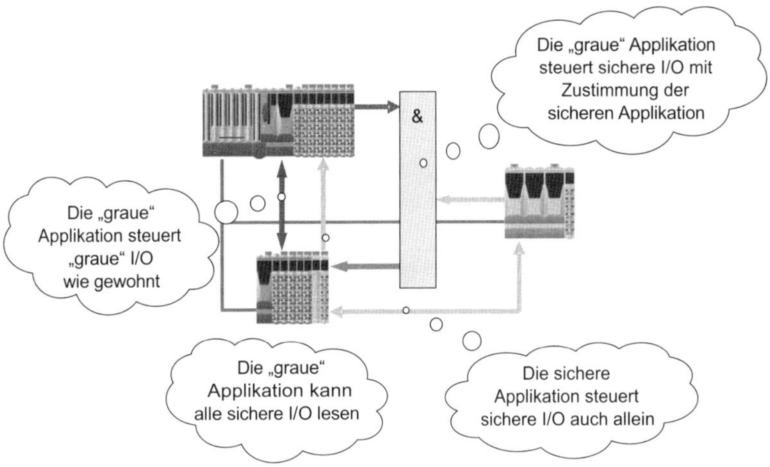

Bild 4.37 Zustimmprinzip: Sichere Ausgänge können durch die funktionale Applikation nur mit Zustimmung der Safety-Applikation beeinflusst werden

Damit ist auch ein Grundprinzip dargestellt, wie sichere und nicht sichere Applikationen miteinander umzugehen haben. Ganz einfach gilt, dass der „gelbe" Teil einer Sicherheitssteuerung über die Hoheitsrechte auf alle sicheren I/O-Kanäle verfügt. Die funktionale „graue" Applikation besitzt ihrerseits die gleichen Zugriffsrechte auf alle „grauen" Ein- und Ausgänge. Allerdings ist ihr Horizont dadurch erweitert, indem sie zu jeder Zeit und in jedem Zustand auch auf den kompletten sicherheitstechnischen Teil lesend zugreifen kann. Nur um aktiv sichere Schaltbefehle auslösen zu können, bedarf es der Zustimmung der „gelben" Applikation.

Das grundsätzlich lesende Zugriffsrecht der „grauen" Seite auf das gesamte System ist auch ein wesentlicher Vorteil dieser Technologie, denn es bedarf keines zusätzlichen Datenaustausches, wie es bei der Verwendung von Sicherheitsschaltgeräten erforderlich wäre. Wird beispielsweise über einen sicheren Betriebsartenwahlschalter eine bestimmte Betriebsart eingestellt, landet diese Information auf diese Weise unmittelbar auf beiden Seiten, und während die „graue" Applikation alle vorgesehenen Zustandswechsel durchführt, wird sie vom sicheren „gelben" Teil dabei überwacht. Oder es gibt ein direktes Zusammenspiel beider Applikationen, wie es an der sicheren Türverriegelung einfach demonstriert werden kann.

Betrachten wir dazu noch einmal Bild 4.32. Möchte in dieser Anlage der Bediener in den abgesperrten Bereich eintreten, um beispielsweise eine Einstellung vorzunehmen, muss er das anmelden. Im einfachsten Fall wäre das ein Tastendruck am HMI oder auch ein Schlüsselschalter. Wird dieser sichere Signalwechsel ausgelöst, startet der in Bild 4.38 gezeigte Ablauf.

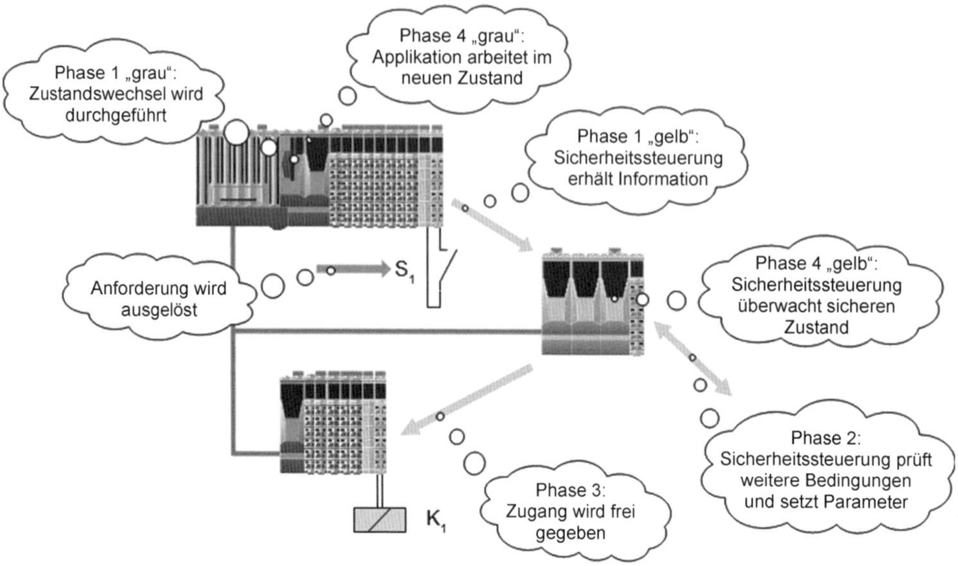

Bild 4.38 Zusammenspiel von funktionaler und sicherer Applikation am Beispiel der Zugangskontrolle einer sicher verriegelten Zugangstür in den gefährlichen Arbeitsbereich einer Maschine

Dabei wird der Zugang erst von der „gelben“ Steuerung entriegelt, wenn die sicherheitsrelevanten Bedingungen erfüllt und entsprechende Überwachungsparameter gesetzt sind. Kann die Anlage beispielsweise mit einer sicher reduzierten Geschwindigkeit weiterarbeiten, dann muss zuerst der funktionale Teil die Geschwindigkeit aller eingeschlossenen und relevanten Antriebe auf höchstens diesen Wert herunter regeln. Die Information an den „gelben“ Teil erfolgt erst wenn das erreicht ist und ggf. noch weitere Aktoren in den geforderten Zustand versetzt wurden. Bild 4.39 zeigt dieses Zusammenspiel am Beispiel von *Safe Motion* und der Anforderung an eine sicher begrenzte Geschwindigkeit *Safe Limited Speed* (SLS).

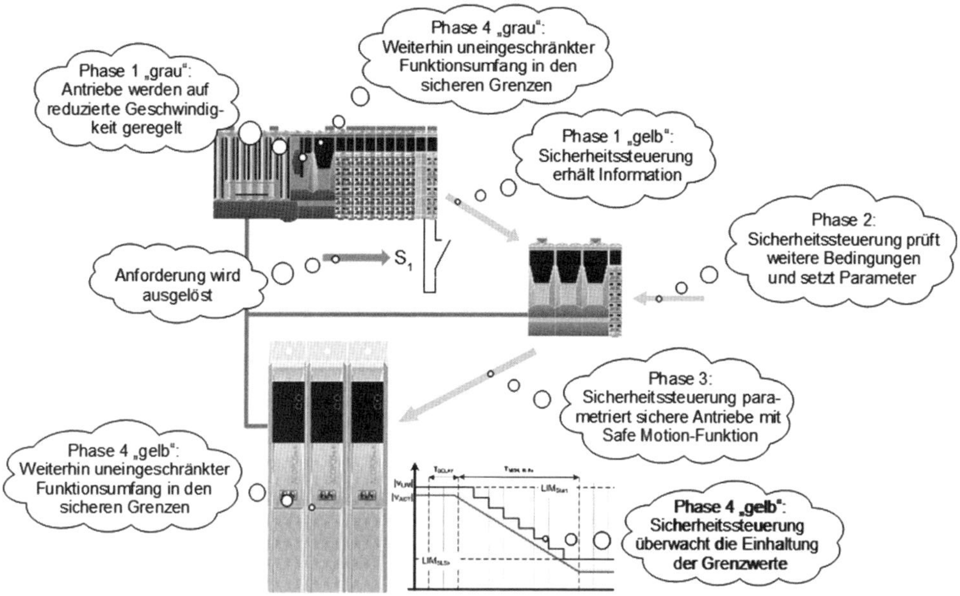

Bild 4.39 Zusammenspiel von funktionaler und sicherer Applikation am Beispiel der Safe-Motion-Funktion *Safe Limited Speed* (SLS).

Das *Zustimmprinzip* wirkt in dieser Applikation so, dass der sichere „gelbe“ Teil der Steuerung prinzipiell alle Bewegungen zulässt, solange die Grenzwerte der aktivierten *Safe-Motion*-Funktion nicht verletzt werden[33]. In diesem Fall würde durch die Sicherheitssteuerung sofort der Befehl *Safe Stop 1* (SS1) ausgelöst und anschließend mit *Safe Torque Off* (STO) die sichere Wiederanlaufsperre aktiviert[34].

In den letzten Bildern zu diesem Thema wurde eine Automatisierungsstruktur verwendet, bei der eine funktionale „graue“ und eine sichere „gelbe“ Steuerung auf gemeinsame via Feldbus gekoppelte Ein- und Ausgangsmodule zugreifen. Bild 4.34 zeigt dagegen Sicherheitssteuerungen, die mit „grauen“ I/O-Modulen ergänzt wurden und einem etwas anderen Lösungsansatz folgen. Auch wenn das Zusammenspiel zwischen „grauem“ und „gelbem“ Anteil im Prinzip nach den gleichen Regeln erfolgt, so gibt es doch einige Unterschiede, die speziell in einer modularen Maschine zu beachten sind und die wir im folgenden Abschnitt herausarbeiten wollen.

4.3.4 Sicherheitstechnik ergänzen oder integrieren?

Um die Problematik besser zu verstehen, lohnt nochmal ein kurzer Blick in die Entstehungsgeschichte sicherer Steuerungstechnik. Lange beherrschten Sicherheitsschaltgeräte den Markt, die allein durch die Einstellung von Betriebsarten und Parametern via DIL-

---

33 Das gilt auch für gekoppelte Antriebe mit asymmetrischen Bewegungsprofilen.

34 Vgl. die unterschiedlichen Safe-Motion-Funktionen in [16], Abschn. 7.4.

Schalter oder auch schon mit Diagnosegeräten und Computern für den bestimmungsgemäßen Einsatz konfiguriert wurden. Erfolgte die Kommunikation mit dem funktionalen Teil der Automatisierung am Anfang allein über eine entsprechende Verdrahtung auf zusätzliche Ein- und Ausgänge der „grauen" Steuerungen, so verfügen Sicherheitskomponenten heute auch über serielle Schnittstellen zum direkten Datenaustausch. Diese Geräte werden nach wie vor produziert und haben ihre Daseinsberechtigung in vielen Applikationen.

Für die rasant zunehmenden technologischen und sicherheitstechnischen Anforderungen entwickelt sich die strikte Trennung der beiden Hardwareplattformen jedoch immer mehr zu einem Hindernis. Um die in Kapitel 1 thematisierten Zielstellungen erreichen zu können, sind Sicherheitsfunktionen in zunehmender Qualität und Quantität sowie neue Safety-Technologien (Stichwort: *Safe Motion*) unverzichtbar. In dieser Konstellation führt deren Anwendung jedoch zu stark zunehmender Komplexität, was in letzter Konsequenz zusätzliche Risiken generiert, die ja eigentlich vermieden werden sollen. Dieser Trend wurde schon um die Jahrtausendwende sowohl von den Herstellern der „gelben" Sicherheitstechnik als auch von denen der funktionalen „grauen" Steuerungstechnik erkannt, und beide Seiten begannen ihre Systeme sukzessiv um den jeweils anderen Part zu erweitern. Wie nicht anders zu erwarten, bildeten und bilden sich immer mehr Alleinstellungsmerkmale für beide Lösungsansätze heraus.

Für welches System soll sich nun der Konstrukteur entscheiden und welcher Weg ist für eine objektorientierte Modularisierung der bessere? Wie so oft gibt es dafür keine eindeutige Antwort, denn auch das hängt von den Randbedingungen der Applikation ab, und es ist somit auch kein allgemeingültiger Systemvergleich möglich. Grundsätzlich gilt, dass beide Ansätze den gleichen sicherheitstechnischen Gesetzen, Normen und Vorschriften unterliegen, und es haben auch beide Lager breite Produktportfolios zur Verfügung. Das eine ist etwas kompakter, das andere etwas schneller, das nächste etwas preiswerter.

Ein relevantes Entscheidungskriterium ist sicher die anteilige Menge der Sicherheitstechnik in einer Applikation. Müssen beispielsweise in einer pharmazeutischen Anlage wegen hoher gesundheitlicher Risiken die meisten Funktionen auf der „gelben" Seite angesiedelt werden und sind demzufolge fast alle Hardwarekomponenten Safety-Module, wird eine Sicherheitssteuerung bestimmt die erste Wahl sein. Werden dagegen in einer Rundstrickmaschine nur ganz wenige sicherheitsrelevante Signale mit nur einer anspruchsvollen Safe-Motion-Funktion verarbeitet, dann fällt die Antwort ganz anders aus.

Auch die für die einzelnen Funktionen zu realisierende Reaktionszeit kann ein Aspekt sein, denn durch die Menge an Sicherheitstests und Plausibilitätskontrollen sind Sicherheitssteuerungen dynamisch meistens im Nachteil. Das wird zwar durch immer schnellere Prozessoren und optimierte Hard- und Software mehr und mehr ausgeglichen, aber die andere Seite tut das auch. Daher sind vor einer Entscheidung pro Sicherheitssteuerung die dynamischen Kennwerte mit den Anforderungen konkret abzugleichen.

Des Weiteren kann der mögliche Funktionsumfang der Firmware in Kombination mit dem Engineering-System entscheidend sein. Dazu kommt das Angebot an vorgefertigten Technologiepaketen für die sichere Steuerung von Pressen, Biege- oder Kunststoffverarbeitungsmaschinen und vielen weiteren Bibliotheksfunktionen. Auch die für eine erfolgreiche Modularisierung empfohlene Trennung von Physik und Logik sollte beachtet werden. Muss beispielsweise für neue technologische Ansätze tief in die Trickkiste der Programmierung gegriffen werden, kann das schon ein K.-o.-Kriterium für die Sicherheitssteuerung sein.

Der Grund dafür liegt im Verständnis über die Anforderungen an sicheres Programmieren gemäß EN ISO 13849. Danach sollte, wann immer möglich, auf bereits validierte Funktionsblock-Bibliotheken zurückgegriffen werden. Die meisten Hersteller bieten eine Vielzahl von bereits validierten und zertifizierten Funktionsbausteinen in den Bibliotheken ihrer Programmierwerkzeuge an. Auch bietet sich die Möglichkeit, auf anwendungsspezifische Bibliotheken zurückzugreifen, die entsprechend den Anforderungen zur Entwicklung der *Safety Relate Application Software* (SRASW) nach EN ISO 13849 - 1 entwickelt und dokumentiert sind. Bild 4.40 zeigt ein solches Programm für die Auswertung eines zweikanaligen Not-Halt-Tasters mit sicheren PLC open-Funktionsbausteinen.

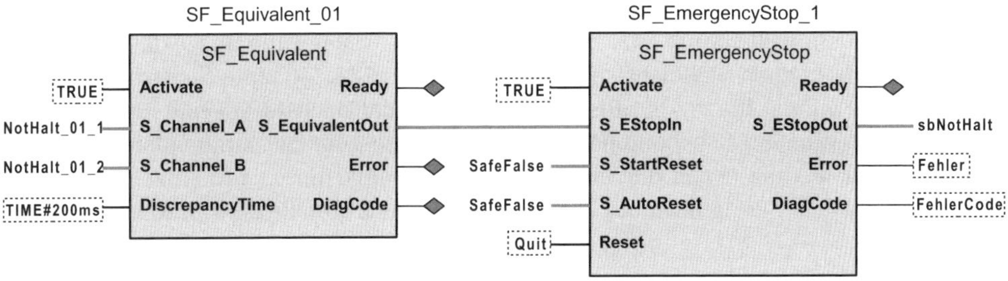

Bild 4.40 Funktionsplandarstellung im B&R Safe Designer für die Auswertung eines 2-kanaligen Not-Halt-Tasters (Quelle: B&R Industrial Automation GmbH)

Um den Softwarentwicklern auch in Sicherheitssteuerungen größtmögliche Freiheiten bei der Wahl der Funktionen und Befehle einzuräumen, lassen sie eine Vermischung von sicherheitsgerichteter mit nicht sicherer Programmierung zu, wobei diese Softwareteile in unterschiedlichen Funktionsblöcken und mit definierten Schnittstellen realisiert werden. Es dürfen auch keine logischen Verknüpfungen von sicherheits- und nicht sicherheitsbezogenen Daten vorkommen, die eine Reduzierung der Integrität der sicheren Signale bewirken. Um das zu verhindern werden für die Erstellung der SRASW in den Entwicklungswerkzeugen Programmiersprachen mit einem eingeschränkten Sprach- oder Funktionsumfang, sogenannte *Limited Variability Language* (LVL) angeboten. Diese Sprachen zeichnen sich durch die Fähigkeit aus, bereits entwickelte Bibliothekselemente mit neuem Applikations-Code zu kombinieren und damit die geforderte Spezifikation an die Sicherheitsfunktion einzuhalten. Klassische Beispiele für LVL-Sprachen sind SPS-Sprachen wie Kontakt- oder Funktionsplan. Es ist in einigen Systemen auch möglich, die Programmiersprache *Strukturierter Text* oder Hochsprachen wie C oder *C++* einzusetzen. Allerdings werden diese in ihrer Funktionalität so weit eingeschränkt, dass auch sie zu den LVL-Sprachen gezählt werden können[35]. Somit sind den Softwareentwicklern auf beiden Seiten

[35] Siehe Abschn. 3.7 in [16].

Grenzen gesetzt, was jedoch im funktionalen „grauen“ Teil besonders schmerzhaft sein kann[36].

Schließlich ist auch die Kommunikationsfähigkeit für eine Systementscheidung in Erwägung zu ziehen. Sicherheitssteuerungen, die über keine offenen Schnittstellen wie beispielsweise Ethernet verfügen und keine offenen Protokolle wie OPC UA bedienen können, werden sicher bald als Elektronikmüll enden. Aber auch Safety-integrierte „graue“ Systeme benötigen diese Kommunikationsmöglichkeiten, und beide sind gefordert, sicherheitsgerichtete Daten mit möglichst offenen Protokollen in gleicher Weise auszutauschen. Mehr dazu in Abschnitt 4.4, wo dieses Thema vertiefend behandelt wird.

Welche Konsequenzen folgen daraus für die modulare Gestaltung einer Maschine? Die unterschiedlichen Ausprägungen integrierter Sicherheitstechnik können für die Art und Weise eines Modularisierungsprozesses entscheidende Bedeutung haben. Werden die genannten Eigenschaften in den Analyseprozess mit einbezogen, können autonome Module entstehen, die sinnvollerweise nur mit einer Sicherheitssteuerung ausgestattet werden. Andere Module können vielleicht so gestaltet werden, dass sie ohne Sicherheitstechnik auskommen, weil von ihnen kein Risiko ausgeht und der nächste Not-Halt-Taster sich in unmittelbarer Nähe am Backbone befindet. Somit können für die Automatisierungstechnik autonomer Module genau die vorgenannten Auswahlkriterien pro einzelnem Modul angewandt werden. Streng nach der Devise: für jede Funktion die dafür am besten geeignete Technik.

So gut dieser Ansatz auch klingen mag, so hat er doch auch Nachteile. Vorsicht ist geboten, wenn für die unterschiedlichen Module Automatisierungssysteme von unterschiedlichen Herstellern bezogen werden, die nur die eine Technologie anbieten, also nur „grau“ und nur „gelb“. In diesem Fall ist es zum einen die Menge an unterschiedlichen Komponenten, was die Anzahl der verwendeten Gleichteile reduziert und damit sowohl die Herstellkosten als auch den Serviceaufwand in die Höhe treibt. Dazu kämen in diesem Fall noch unterschiedliche Programmier- und Diagnosewerkzeuge, die zusätzliche Kosten für Anschaffung und Ausbildung generieren. Besser ist daher die Auswahl eines Herstellers, der geeignete Systeme für beide Seiten anbietet.

Ein weiteres Achtungszeichen betrifft den Lebenszyklus einer modularen Maschine. Nehmen wir an, im ersten Entwurf fiel die Entscheidung auf ein singuläres, also entweder ein Sicherheits- oder ein klassisches „graues“ Automatisierungssystem. Nun sollen in einem Update neue Funktionen hinzukommen, für deren effektive Bearbeitung das zu erweiternde System nicht geeignet ist. Dann könnte der Fall eintreten, dass die aufwendig applizierte Sicherheitssteuerung dann doch weichen muss, und der gesamte Validierungsprozess wird genauso aufwendig wie bei der Neuentwicklung (worauf es ja auch letztendlich hinausläuft). Wurde dagegen von Beginn an ein Safety-integrierter Ansatz wie in Bild 4.41 gewählt, dann besteht diese Gefahr nicht mehr und neue Funktionen können, ganz gleich ob „grau“ oder „gelb“ oder kombiniert, auf der jeweiligen Seite ohne Rücksicht auf die andere implementiert werden. Die Validierung der Sicherheitsfunktionen muss in diesem Fall zwar auch durchgeführt werden, aber der Gesamtaufwand dürfte deutlich geringer ausfallen.

---

[36] Es soll auf keinen Fall unerwähnt bleiben, dass auch Entwickler nicht sicherer Software mit einer defensiven Arbeitsweise stabilere Ergebnisse codieren als solche, die in der Unübersichtlichkeit ihrer Programme eher ihre Selbstverwirklichung zelebrieren.

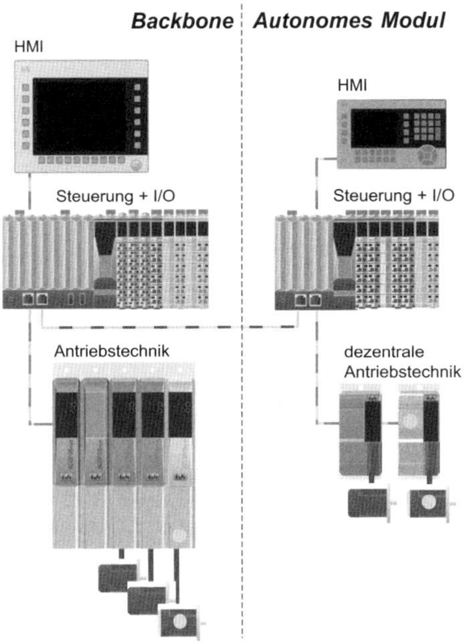

Bild 4.41 Modulares System mit integrierter Sicherheitstechnik und sicherer Kommunikation

Das ist genau dann möglich, wenn beide Welten über eigene Steuerungsintelligenz und entsprechende Kommunikationsmöglichkeiten verfügen, wie es in [18] dokumentiert ist. Dieser Lösungsansatz vereint die Vorteile von „grauer" und „gelber" Steuerungstechnik in einem System, ohne sie in ihren Möglichkeiten und Leistungsdaten einzuschränken. Des Weiteren können auf jeder Seite nahezu beliebige Erweiterungen erfolgen, ohne dass die jeweils andere Welt überhaupt etwas bemerkt oder gar eingeschränkt wird. Und schlussendlich verfügt das Programmierwerkzeug über getrennte Editoren, verwaltet aber die komplette Applikation in nur einem Projekt. Darüber hinaus bietet das System in [18] noch den Vorteil, *sichere Optionen* in nur einem Projekt zu verwalten, was auch die modulare Gestaltung einer Maschine mit integrierbaren Modulen deutlich vereinfacht.

Bleibt noch das Thema sichere und nicht sichere Kommunikation, dem wir uns im Abschnitt 4.4 widmen wollen.

4.3.5 Zusammenfassung

Am Schutz von Mensch, Maschine, Umwelt und Produkt vor gefährlichen Zuständen in Maschinen oder Anlagen kommt auch deren modulare Gestaltung nicht vorbei. Daher sind Automatisierungskonzepte zu wählen, die sowohl die funktionalen wie auch die sicheren Applikationen abdecken können. Voraussetzung für eine erfolgreiche Modularisierung ist neben einer sicheren Kommunikationsfähigkeit die Möglichkeit der freien Gestaltung des für die technologischen Funktionen erforderlichen Steuerungssystems. Dazu gehört auch, dass die sichere und nicht sichere Hard- und Software im Verlauf des Lebenszyklus eines Moduls rückwirkungsfrei weiterentwickelt werden kann. Es wurde gezeigt, dass *Safety-integrierte Automatisierungstechnik* für eine funktionale und objektorientierte Modularisierung am besten geeignet erscheint.

4.4 Kommunikation ist (fast) alles

Um das Thema *digitale Kommunikation* umfassend zu behandeln, würden wohl nicht einmal 100 weitere Bücher ausreichen, denn in unserer vernetzten Welt ist Kommunikation schon lange nicht mehr nur *fast* alles. Ganz gleich ob digitales Fernsehen oder Radio hören, Telefon, Internet oder globalisierte Arbeitswelt - ohne digitale Vernetzung geht gar nichts mehr. Der aufmerksame Leser wird sicher bemerkt haben, dass in jedem Kapitel dieses Buches das Thema *Kommunikation* eine wichtige, teilweise sogar die entscheidende Rolle spielt. Was wäre schließlich das *Industrial Internet of Things* (IIoT) oder die *digitale Produktion* ohne schnellen und vor allem zuverlässigen Datenaustausch? Wie sollen moderne Automatisierungskonzepte mit dezentralen I/O-Modulen, Antriebssystemen und Bediengeräten ohne einen echtzeitfähigen, schnellen Feldbus arbeiten, und wie soll ein modulares System überhaupt ohne eine Datenverbindung funktionieren?

Das Thema *Kommunikation* ist derart vielgestaltig, dass wir in diesem Abschnitt stark auf die speziellen Themen fokussieren müssen, die für den Entwurf modularer Automatisierungstechnik von Bedeutung sind. Dazu wollen wir uns zunächst mit den unterschiedlichen Anforderungen an den Datenverkehr im industriellen Umfeld von der Historie her nähern, um anschließend die wichtigsten Feldbusse für die Automatisierung in aller Kürze vorzustellen und zu bewerten. Schließlich sollen diese Erkenntnisse auf das modulare System im Umfeld der digitalen Produktion angewendet werden, und auch das Thema *Datensicherheit* wollen wir nicht vergessen.

4.4.1 Industrielle Kommunikation im Überblick

Als 1989 initiiert durch die Firma Siemens und das Bundesministerium für Bildung und Forschung der Startschuss für einen der ersten industriellen Feldbusse, den *Profibus* (Process Field Bus), fiel, glich das schon fast einer Revolution. Das Ziel „Realisierung und Verbreitung eines bitseriellen Feldbusses inklusive der Normung einer Feldgeräteschnittstelle als Grundvoraussetzung" beschreibt auch das dringlichste Anliegen der Industrie, nämlich den, durch die sich rasant weiterentwickelnde Automatisierungstechnik und die damit stark zunehmende Anzahl von Feldgeräten verursachten Verdrahtungsaufwand mittels einem seriellen Feldbus zu minimieren [19]. Als sich dann 1995 die inzwischen 27 regionalen Profibus- Nutzerorganisationen zur *Profibus & Profinet International* (PI) zusammenschlossen, gab es schon zahlreiche Anlagen und noch mehr Hersteller von Feldgeräten mit einem Profibus-Interface. Inzwischen ist der Feldbus in den Normen IEC 61508 und IEC 61784 [12] verankert, und es gibt wohl keinen Hersteller von Steuerungstechnik bzw. Feldgeräten, der für seine Produkte ein Profibus-Interface nicht mindestens als Option anbietet[37].

Obwohl der *Profibus* noch immer in zahlreichen Applikationen zum Einsatz kommt, so ist er doch inzwischen in die Jahre gekommen. Auch wenn er durch seine robuste Arbeitsweise und die inzwischen 12 Mbit/s schnelle Datenrate in vielen Applikationen immer

[37] Weiterführende Informationen in [19] und vielen weiteren Publikationen.

noch völlig ausreicht, kann er mit modernen Ethernet-basierten Bussystemen nicht annähernd mithalten. Die Gründe dafür sind vielfältig, wir wollen nur zwei herausgreifen.

Zum einen ist es die physische Schnittstelle auf Basis der standardisierten EIA-485-Physik[38]. Deren Charakteristik mit maximal 32 Teilnehmern, Linienarchitektur bei maximal 1200 m Ausdehnung und einer Datenrate von typisch 10 Mbit/s[39] ist für heutige Anforderungen bei weitem nicht mehr ausreichend. Heutige Zielstellungen orientieren sich eher am Standard-Ethernet mit möglichst unbegrenzten Ressourcen in Ausdehnung, Datenrate und Netztopologie.

Ein weiterer Schwachpunkt von *Profibus* ist die Übertragung nach dem *Master-Slave-Verfahren* ohne Querverkehr. Das heißt im Klartext, es ist nur zwischen dem Master (z. B. der Steuerungs-CPU) und genau einem Slave (dem Feldgerät oder auch einer dezentralen Peripheriebaugruppe mit digitalen/analogen I/O-Modulen) ein Informationsaustausch möglich. Die Slaves sind nicht in der Lage, untereinander zu kommunizieren, alles muss erst zum Master, und nur er kann diese Informationen weiter zu jedem einzelnen Slave-Teilnehmer transferieren. Eine Motion-Applikation, bei der viele im Verbund arbeitende Slave-Achsen zum gleichen Zeitpunkt und möglichst ohne Jitter die Position der Leitachse benötigen, ist in einer solchen Konstellation nicht möglich.

Das funktioniert mit dem *CAN-Bus* (Controller Area Network) schon besser. Ursprünglich wurde *CAN* durch die Automobilindustrie vorangetrieben, die damit dem stetig wachsenden Umfang der Kabelbäume ihrer Fahrzeuge Einhalt gebieten wollten, um damit neben Kosten auch Gewicht zu sparen. Das hat so gut funktioniert, dass neben der Luftfahrt auch die Automatisierung dieses Protokoll für sich entdeckte, und mit der Gründung der *CAN in Automation* (CiA) kamen auch höhere Layer dazu, wie 1995 der *CANopen*-Standard als Europäische Norm EN 50325-4. Der CAN-Bus basiert zwar auch auf der EIA-485- Physik und besitzt damit die gleichen elektrischen Eigenschaften wie der *Profibus*, aber das implizierte *Multi-Master-Protokoll* benötigt keine zentrale Instanz, und jeder Teilnehmer kann mit jedem kommunizieren. Außerdem arbeitet *CAN* nach dem *Producer-Consumer-Konzept* (einer sendet und alle können mithören). Mit entsprechender Konfiguration und Priorisierung können somit Achsverbünde mit bis zu 1 ms Zykluszeit betrieben werden, und der dienstorientierte *CANopen*-Standard erleichtert den Programmierern die Arbeit[40].

Obwohl der CAN-Bus mit *CANopen* nach wie vor in vielen Applikationen erfolgreich eingesetzt wird, so reichen dessen Ressourcen durch das zunehmende Datenaufkommen in immer stärker dezentralisierten Strukturen schon lange nicht mehr aus. Das ab den 1990er Jahren in der Bürowelt nahezu parallel und sich mit enormer Geschwindigkeit etablierende *Ethernet*[41] reizte mit seiner anfangs 10-20-fach höheren Datenrate die Automatisierungswelt schon von Beginn an. Aber sowohl die Ethernet-Physik wie auch das meist verwendete *TCP/IP-Protokoll* besitzen gegenüber der EIA-485-Physik und den darauf aufbauenden Bus-Protokollen einige Nachteile, wovon wir nur vier näher betrachten wollen:

---

38 EIA-485 beschreibt nur die physische Schnittstelle und kein Datenprotokoll. Die gleiche Physik nutzt z. B. auch der CAN-Bus.

39 Aber nicht bei Maximalausbau! Bei 32 Teilnehmern und großen Kabellängen landet man schnell unter 100 kbit/s.

40 Weiterführende Informationen zum CAN-Bus und CANopen in [37] und vielen weiteren Publikationen.

41 Ethernet entspricht weitestgehend der IEEE-Norm 802.3 und repräsentiert im OSI-Schichtenmodell die physische Schicht (Layer 1) sowie die Data-Link-Schicht (Layer 2).

Netzwerktopologie

Ethernet unterstützt keine direkte *Linientopologie*, wie sie in der Automatisierung vorrangig benötigt wird. Die einzelnen Teilnehmer sind stets über eine Punkt-zu-Punkt-Verkabelung mit einem *HUB* oder *Switch* verbunden. In einer Linientopologie benötigt daher jeder Teilnehmer mindestens einen 2-Port-HUB oder -Switch mit einem dritten (internen) Port.

Verkabelung, Stecker

Ethernet-Kabel sind mit standardisierten Steckern nach IEEE802.3 versehen, die für den Einsatz in einer Büroumgebung entwickelt und normalerweise einmal montiert werden, um dann bis zu ihrer Entsorgung im Gerät zu verbleiben. Die Umgebungstemperaturen liegen „elektronikfreundlich" irgendwo zwischen 20 und 30 °C, und wenn nicht gerade Kaffee oder Cola verschüttet wird, ist es auch trocken und vibrationsarm. In einer Industrieumgebung ist es deutlich wärmer (Schaltschranktemperaturen von über 50 °C sind keine Seltenheit), es vibriert und ist mitunter auch feucht. Kabel verlaufen in Maschinen, liegen auf Schleppketten und auch mal in einer Ölpfütze.

Echtzeitfähigkeit

Beim Ethernet-Standard IEEE 802.3 führt der *CSMA-Mechanismus* (Carrier Sense Multiple Acces) zur Auflösung von Datenkollisionen zu unregelmäßigen Verzögerungen im Datenverkehr. Und es kommt noch schlimmer. Die heute fast ausschließlich verwendeten Switches sollen den Datenverkehr im Netz optimieren, indem sie steuernd eingreifen. Dazu analysieren sie die Routen der Datenpakete, die über ihre Ports laufen. Wird festgestellt, dass plötzlich ein erhöhtes Datenaufkommen zwischen zwei Teilnehmern besteht, dann werden diese beiden hoch priorisiert bedient, während die anderen auf das Ende oder eine Pause in diesem Datenstrom warten müssen[42]. Dieses Verhalten ist die Ursache für den, in der Automatisierungstechnik extrem störenden *Übertragungsjitter* (Abschnitt 4.2.2) und bedeutet hier ganz klar ein K.-o.-Kriterium für das klassische Ethernet aus der Bürowelt.

Datensicherheit

Sobald ein Ethernet-Kabel an ein Gerät gesteckt wird und es so mit einem Netzwerk verbindet, besteht die Gefahr, dass unerwünschte, manipulierte oder sabotierende Daten das Gerät stören. Die Gefahr wird noch viel größer, wenn an irgendeinem Punkt des Netzwerkes ein Zugang zum Internet besteht. Was in der Automatisierung mit Profibus, CAN und anderen nicht Ethernet-basierten Feldbussen überhaupt kein Thema ist, kommt mit der Einbindung von Produktionsgütern in ein Firmennetzwerk via Ethernet urplötzlich auf die Tagesordnung. Selbst die scheinbar harmlose Verwendung des Ethernet-Anschlusses der CPU einer Maschinensteuerung für die Ferndiagnose (was bei Maschinenstillstand zur Fehleranalyse sehr von Vorteil ist) lehnen Produktionsbetriebe heute noch genau aus diesem Grunde ab. Stuxnet[43] lässt grüßen!

---

42 Das kann ganz einfach selbst ausprobiert werden, indem man mehrfach kurz hintereinander Pings von seinem Computer an einen anderen Teilnehmer sendet, der sich am besten „einige Switches weiter weg" befindet. Sie werden bemerken, dass für den ersten Ping noch eine recht hohe Transferzeit benötigt wird und diese schon nach wenigen Versuchen ihren kleinsten Wert erreicht. Die Geräte haben sich diesen Track gemerkt und priorisieren ihn von nun an.

43 Stuxnet ist ein Computervirus und soll 2010 Zentrifugen zerstört haben, um das iranische Atomprogramm zu sabotieren. Seitdem werden solche Arten von Schadprogrammen als ein Bestandteil der Cyber-Kriegführung gesehen [43].

Allein diese Aspekte bremsten den Siegeszug von Ethernet in die Automatisierung immer wieder vehement ab. Da half es auch nichts, dass sich diese Technik rund um den Globus millionenfach bewährte und sich die Kosten für Ethernet-Hardware im Vergleich zu den Feldbus-Pendants der Automatisierung tief im Keller bewegten.

Gegen Ende der 1990er Jahre erfuhr zunächst die Antriebstechnik durch die immer bessere Verfügbarkeit erforderlicher Elektronikkomponenten mächtigen Aufschwung, und Mechanik-Konstrukteure ersetzten immer mehr die von aufwendigen Getrieben umlagerten zentralen Hauptantriebe durch dezentrale Servotechnik. Damit wuchsen auch die technologischen Anforderungen nach immer anspruchsvollerer Dynamik, denn in die zuvor von einem großen, einfach drehzahlgesteuerten Hauptantrieb bestückte Maschine wanderten nun viele kleine Servoachsen, die auch noch synchron und möglichst in gleicher Präzision arbeiten sollen. Am Anfang behalf man sich noch damit, dass man einen „nur" drehzahlgeregelten Servoverstärker zur Parametrierung und Diagnose an einen Feldbus koppelte und die Sollwertführung weiterhin einfach über ein analoges Signal vom Achscontroller der Steuerung aus erledigte. Keine elegante Lösung, denn durch die Digital-Analog-Wandlung auf der einen und die Analog-Digital-Wandlung auf der anderen Seite litt nicht nur die Dynamik, sondern auch die Genauigkeit. Sehr schnell wurde klar, dass allein digitale intelligente Antriebe in der Lage sind, höchste Präzision und Geschwindigkeiten zu garantieren. Nur ohne eine leistungsfähige digitale Schnittstelle kann man nicht viel mit ihnen anfangen.

Zwischenzeitlich behalfen sich einige Hersteller mit dem *ARCNET* (Attached Resource Computer Network), das schon 1977 erstmals vorgestellt wurde[44]. Es repräsentiert im OSI-Modell wie Ethernet und CAN nur die Übertragungs- und keine Applikationsschicht. Die Entwicklung erfolgte zwar zeitgleich mit Ethernet, *ARCNET* konnte sich aber zunächst durch das bessere Zugriffsverfahren *Token Passing* am Markt durchsetzen. Bei diesem Verfahren wird von einem Master ein Token (identifizierbares Datenpaket) auf die Reise geschickt und in einer festen Reihenfolge weitergereicht. Diese wird im Entwurfsprozess durch eine Knoten-ID an den einzelnen Stationsmodulen eingestellt. Hat ein Teilnehmer einen Token empfangen, entnimmt er die für ihn bestimmten Informationen und fügt die seinen hinzu. Dann schickt er den Token weiter zum nächsten Teilnehmer, der somit neben den Informationen des Masters auch Daten seiner Vorgänger erhält. Damit ist einerseits ein gewisser Querverkehr möglich[45], andererseits bremst keine Kollision das Tempo der Übertragung, sodass auch bei höchster Netzlast schon mit 2,5 Mbit/s eine höhere Geschwindigkeit erreicht wird als bei 4-mal schnelleren Ethernet-Netzwerken. Auch wenn heute nach eigenen Angaben der *ARCNET Trade Association* (ATA) weltweit mehr als 22 Mio ARCNET-Nodes installiert sind und der Bus es in den 1990er Jahren sogar bis in Kleinsteuerungen schaffte, so spielt er doch in der Automatisierung von Maschinen aktuell keine Rolle mehr, denn die Entwicklung schritt einfach weiter voran.

Um den Jahrtausendwechsel wurde der Leidensdruck so groß, dass sich die Hersteller nun ernsthaft nach einem leistungsfähigen Feldbus auf die Suche machten. Inzwischen hatte sich *Ethernet* natürlich auch weiterentwickelt, und es gab und gibt bis heute keine technische Basis, die eine ernsthafte Konkurrenz darstellen könnte. Fast gleichzeitig fielen

---

44 Weiterführende Informationen zu ARCNET in [38].

45 Der Querverkehr ist jedoch nur auf eine Richtung beschränkt, da Informationen allein zum jeweiligen Nachfolger gelangen können. Besser ist das *Producer-Consumer-Konzept*, wie es bei CAN verwendet wird.

zahlreiche Hersteller, Institute und Organisationen über das Ethernet her, um ihn für die Automatisierungswelt salonfähig zu machen. Als dann zwei Jahre später die ersten Produkte vorgestellt wurden, begann ein regelrechter Kampf um den Titel „Mein Bus ist der schnellste!“ Die staunenden Anwender konnten kaum zwischen richtigen und falschen Behauptungen unterscheiden und um dem zu begegnen, überführten fast alle Hersteller ihre Lösungen in Nutzerorganisationen nach dem Vorbild der Profibus Nutzerorganisation (PNO) oder der CiA. Aber der Kampf hörte nicht auf, nur die Waffen waren andere. Jetzt wurde jedes einzelne Konzept durch unzählige Institute, Unternehmen, Ingenieurbüros und Hochschulen auf Herz und Nieren getestet, analysiert und mit den anderen verglichen. Am Ende war der Anwender zwar um einiges schlauer, aber immer noch so ratlos wie zuvor.

Inzwischen ist der Rauch verflogen, und die einzelnen Konzepte haben ihre Vor- und Nachteile in unterschiedlichen Branchen und zahlreichen Applikationen unter Beweis gestellt. So kann heute mit hoher Sicherheit das richtige System für die richtige Applikation ausgewählt werden, und viele Publikationen wie etwa der Systemvergleich der *EPSG* (Ethernet POWERLINK Standardization Group) [3] können durch die einfache Nachprüfbarkeit der Aussagen als seriös und belastbar zur Analyse herangezogen werden.

Und nun steht uns die nächste Revolution bevor, aber dazu später. Fassen wir an dieser Stelle die wichtigsten Eigenschaften eines Feldbusses zusammen, damit er den aktuellen Anforderungen genügt:

Investitionssicherheit

- Gewährleistung einer Auf- und Abwärtskompatibilität
- Einfache industrietaugliche Infrastruktur (Kabel, Stecker, Strukturkomponenten, Umgebungsbedingungen)
- Freie Wahl der Übertragungsmedien (Kabel, Licht, Funk)
- Freie Wahl der Netzwerk-Topologie (Linie, Stern, Baum)
- Hotplug-Fähigkeit (automatische Detektion und Registrierung von Teilnehmern)
- Zugang zur Technologie (Nutzerorganisation, Lizenzen)
- Unterstützung durch internationale Normen

Leistungsfähigkeit

- Geringstmögliche Zykluszeit
- Streng deterministisches Zeitverhalten mit möglichst keinem Jitter
- Synchroner und asynchroner Datenverkehr mit großen Datenmengen
- Direkte Querkommunikation z. B. nach dem Producer-Consumer-Prinzip (Pub/Sub)
- Möglichkeit einer Safety-Kommunikation

Wirtschaftlichkeit

- Kosten der einzelnen Komponenten (einzelner Knoten, Infrastruktur)
- Implementationsaufwand (Entwicklung, Applikation, Inbetriebnahme)
- Service und Diagnose (Gerätetechnik, Training)
- Kosten des Betriebes (Lizenzkosten)

4.4.2 Ethernet-basierte Feldbusse - Eigenschaften und Arbeitsweise

Um Ethernet fit für die Automatisierungstechnik zu machen (siehe die genannten Anforderungen) bedurfte es der Lösung zweier grundsätzlicher Probleme - erstens der industriegerechten Infrastruktur und zweitens der Gewährleistung der Echtzeitfähigkeit und Deterministik.

Dabei ist Ersteres ziemlich einfach zu bewerkstelligen - so war zumindest die allgemeine Wahrnehmung. Aber in der Realität sah es ganz anders aus. Zunächst war man der Ansicht, dass die millionenfach bewährten Komponenten der Bürowelt ihren Dienst auch in der Industrie ausreichend gut verrichten. Auf diesen Trugschluss fallen heute immer noch Anwender herein, wenn sie statt der teureren Industriekabel und -stecker einfach die wesentlich billigeren Ethernet-Kabel vom Großhändler einsetzen. Dazu muss man wissen, dass schon das Torsionsmoment eines einfach verdrehten Kabels und die damit einhergehende Verkantung des nahegelegenen Steckers ausreicht, damit eine nur geringfügige aber dauerhafte Vibration nach kurzer Zeit Kontaktausfälle verursacht, die zudem äußerst schwer zu finden sind.

Das wesentlich größere Problem ist aber die Deterministik. Der Ethernet Standard IEEE 802.3 benutzt zur Auflösung von Datenkollisionen nun einmal das *CSMA-Verfahren*, und das verhindert per Definition ein zuverlässiges Zeitverhalten.

Warum das so ist, lässt sich einfach erklären: Wenn auf der gesamten Leitung und im ganzen Netzwerk zwei Teilnehmer miteinander kommunizieren, müssen alle anderen Teilnehmer warten, bis die Leitung frei wird. Ist das der Fall, versucht jeder, der etwas senden will, das Zugriffsrecht zu erlangen. Dabei kommt es zwangsläufig zu Kollisionen, wenn mehrere Teilnehmer genau im selben Moment auf die freie Leitung zugreifen wollen. In dieser Situation ziehen sich alle zurück und warten eine zufällig generierte Zeit, bis sie es erneut versuchen. Das wiederholt sich solange, bis es einer geschafft hat. Die Wahrscheinlichkeit der mehrfachen Versuche für dieses Prozedere wird mit jedem zusätzlichen Teilnehmer im Netz größer, sodass die tatsächliche Datenrate in einem Netzwerk immer auch von den Teilnehmern und deren Netzaktivitäten abhängt. Um das Problem zu entschärfen, werden in der Office-Welt die bereits genannten *Switches* eingesetzt. Dadurch entsteht beispielsweise in einem Büro mit fünf PCs und zwei Druckern ein lokales Netzwerksegment mit sieben Teilnehmern. Soll nun von einem PC etwas gedruckt werden, schottet der Switch den Datenverkehr zwischen den beiden beteiligten Geräten so ab, dass das übergeordnete Netzwerk davon gar nicht betroffen wird. Erst wenn ein PC z.B. auf einen entfernten Server zugreifen will, gibt der *Switch* den Weg in dieses Netzwerk frei.

Wie bereits eingangs erwähnt, sind derartige Kollisionen genau wie die Verwendung von einfachen Switches für die Automatisierung von Produktionssystemen kontraproduktiv. Es gibt nur einen Weg, um die weit verbreiteten und billigen Ethernet-Chips zu verwenden und zugleich einen synchronen Datenverkehr zu garantieren - die Vermeidung von Kollisionen. Dazu haben sich drei grundsätzliche Lösungsansätze etabliert (Bild 4.42).

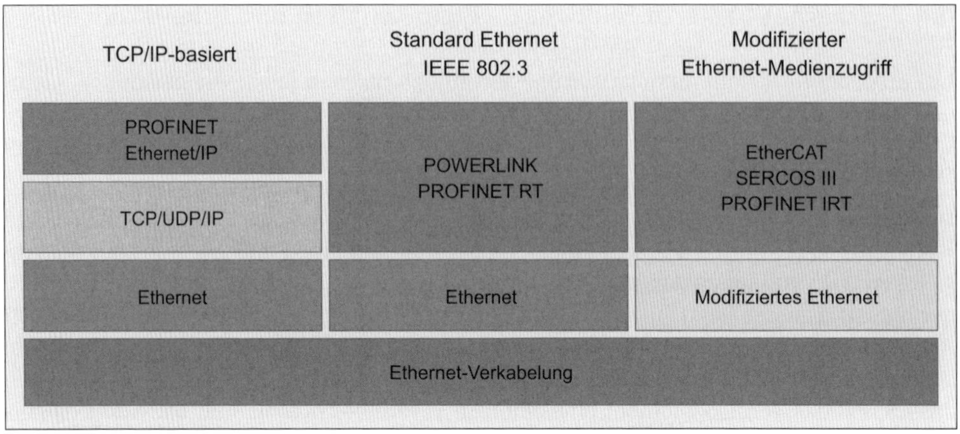

Bild 4.42 Drei Wege führen zur Echtzeitfähigkeit von Ethernet (nach [3])

1. **Aufbauend auf TCP/IP**

   Die Protokolle basieren auf den normalen Schichten von TCP/IP und in der obersten Kommunikationsschicht eingebetteten Echtzeit-Mechanismen.

2. **Standard-Ethernet**

   Die Protokolle basieren auf den normalen Ethernet-Schichten. Solche Lösungen profitieren ohne zusätzliche Investitionen von der Weiterentwicklung von Ethernet.

3. **Modifiziertes Ethernet**

   Die Ethernet-Schichten, der Mechanismus und die Infrastruktur von Ethernet wurden abgewandelt. Solche Lösungen stellen die Leistungsfähigkeit über Konformität.

Entscheidende Unterschiede der Industrial-Ethernet-Systeme liegen in der Organisation der Datenübertragung und der Art und Weise der Herstellung des Echtzeitverhaltens. Dazu haben sich zwei Verfahren durchgesetzt.

Summenrahmenverfahren

Dabei werden in jedem Zyklus die Daten für sämtliche Netzwerkteilnehmer in einem Telegramm gesendet, das nacheinander die in Ringtopologie angeordneten Knoten durchläuft und die Antwortdaten zugleich einsammelt. Das *Summenrahmenverfahren* wird von *Profinet IRT*, *SERCOS III* und *EtherCAT* verwendet (Bild 4.43).

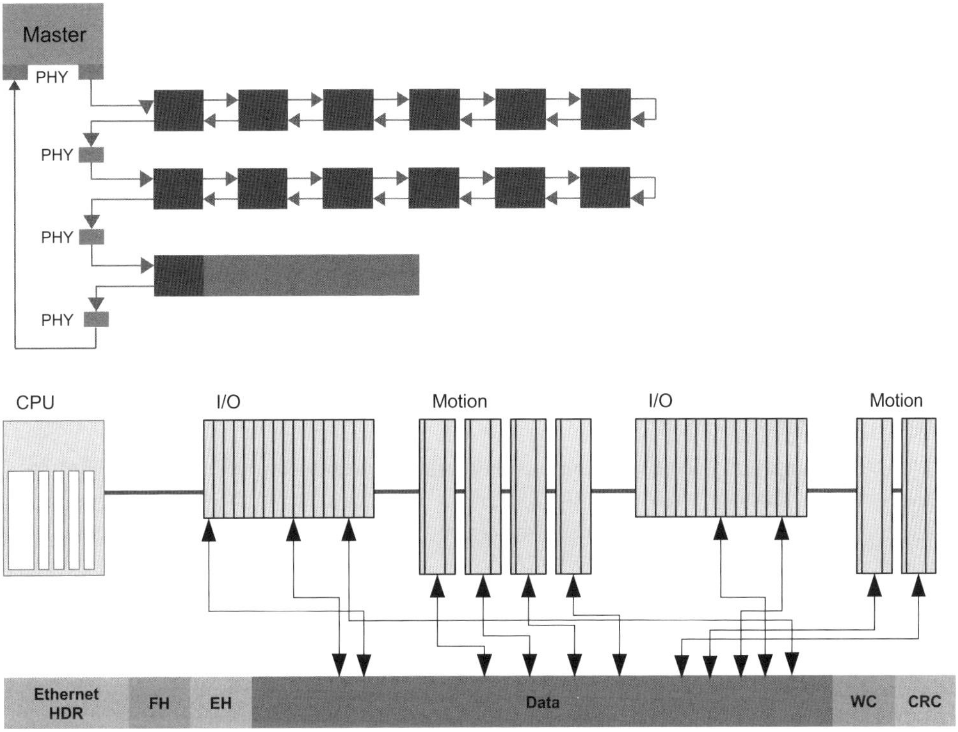

Bild 4.43 Summenrahmenverfahren am Beispiel des EtherCAT (nach [3])

Einzeltelegrammverfahren

Bei diesem Verfahren werden individuelle Telegramme an die Teilnehmer versendet, die daraufhin auch mit einzelnen Telegrammen antworten. Alle anderen Protokolle basieren auf diesem Verfahren (Bild 4.44).

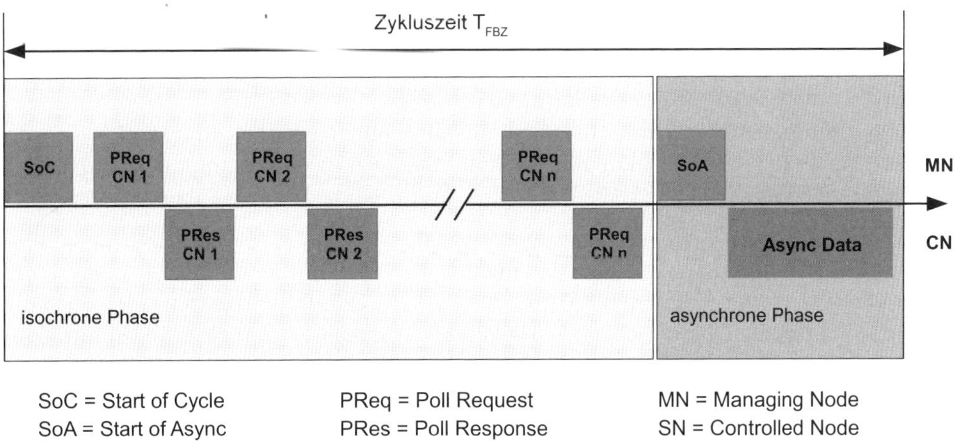

Bild 4.44 Einzeltelegrammverfahren am Beispiel des POWERLINK (nach [3])

Für Netzwerkzugriff und Datensynchronisierung nutzen die Systeme folgende unterschiedliche Verfahren:

- *POWERLINK*

  Der Master erteilt den Teilnehmern Sendeerlaubnis.
- *EtherCAT* und *SERCOS III*:

  Der Master gibt den Takt für den Versand der Summenrahmen-Telegramme vor.
- *PROFINET IRT*

  Synchronisierte Switches steuern die Kommunikation.
- *EtherNet/IP*

  Per CIP Sync wird eine Zeitinformation nach dem Standard IEEE 1588 im Netz verteilt.

Und welcher Feldbus ist nun am besten für eine funktions- und objektorientierte Modularisierungsstrategie geeignet?

Wir haben in Kapitel 2 herausgearbeitet, dass es im Interesse der Flexibilität möglich sein muss, einzelne Module je nach technologischer Anforderung einfach zu entfernen bzw. zu ergänzen und das ohne weitere Konsequenzen für die übrige Maschine oder Anlage. Demzufolge ist die Hotplug-Fähigkeit, womit die automatische Detektion und Registrierung von Teilnehmern gemeint ist, eine entscheidende Eigenschaft und ein ganz klares K.-o.-Kriterium für ein modulares Konzept im Sinne von *Automatisierung 4.0*. Des Weiteren soll die Anlage im Zuge einer Umrüstung nicht vollständig außer Betrieb genommen werden, weil das die Umrüstzeit unnötig verlängern würde. Auch die Verwendung modifizierter Schnittstellen passt nicht zu einer flexiblen und offenen Struktur, genau wie die technologisch erforderliche Echtzeitfähigkeit sowie die Übertragung von sicherheitsrelevanten Daten in jedem Fall gewährleistet sein müssen.

Auch wenn alle zu Beginn genannten Aspekte in Betracht gezogen werden müssen, so sind es doch letztere Punkte, die bei der Auswahl eines geeigneten Feldbusses für ein modulares System herangezogen werden müssen. Unter Berücksichtigung der Analyse und Bewertung in [3] wollen wir an dieser Stelle die genannten Aspekte herausgreifen und näher betrachten.

Hotplug-Fähigkeit

Grundsätzlich eignen sich in diesem Punkt alle die Systeme am besten, die nicht an eine bestimmte Topologie gebunden sind. Das ist nur beim *Einzeltelegrammverfahren* der Fall.

Das *Summenrahmenverfahren* führt aufgrund seiner obligatorischen Ringtopologie schon im Grundansatz zu Einschränkungen. Da ändert es auch nichts, wenn in den Architekturen und Protokollen diverse Maßnahmen für eine gewisse Hotplug-Fähigkeit umgesetzt sind.

EtherCAT bietet eine gewisse Hotplug-Fähigkeit, indem die Slave-Controller offene Ports automatisch schließen, wenn keine Verbindung erkannt wird. Aber dann werden auch die im System verteilten Uhren nicht synchronisiert, was manche Anwendungen beeinträchtigen kann. Das funktioniert aber nur dann, wenn genau eine Lücke entsteht. Wird an einer anderen Stelle ein zweites Modul entnommen, dann entsteht ein Segment, das weder von der einen noch von der anderen Seite erreicht werden kann. Dies bedeutet einen gravierenden Fehler, was zumeist ein Abschalten der Maschine zur Folge hat.

Modifizierte Schnittstellen

Sollen Maschinen nur mit integrierbaren Modulen strukturiert werden, ist es sicher unerheblich, auf welcher technischen Basis der Feldbus arbeitet, vorausgesetzt alle anderen Argumente sprechen für ihn. Für eine Struktur mit autonomen Modulen gilt das Gleiche für den intern verwendeten Bus. Nach außen wäre es inakzeptabel, denn dies würde die Investitionssicherheit einer modularen Struktur grundsätzlich infrage stellen.

Echtzeitfähigkeit

Nach IEEE 802.3 beträgt die Mindestlänge eines Ethernet-Frame 512 Bit, maximal sind es 12 208 Bit. Damit werden bei einer Datenrate von 100 Mbit/s zwischen 6,06 µs (ergibt sich aus 5,1 µs + 0,96 µs für den Interframe-Gap) und 122 µs zur Übertragung benötigt. Es lässt sich allein mit diesen Daten leicht nachvollziehen, wie leistungsfähig ein Feldbus sein kann.

Nehmen wir beispielsweise an, dass in einer Applikation mit dezentralen I/O-Knoten sowie Antrieben pro Knoten Framelängen von 256 bzw. 1024 Bit erforderlich sind und jeweils drei Geräte vorhanden sind. Dann müsste ein Summenrahmen die Nettolänge von $3 \times 256 + 3 \times 1024 = 3840$ Bit haben[46]. Dazu kommen noch ca. 50 Bit Overhead, sodass ein Frame etwa 4 Kbit lang wäre, was bei einer Datenrate von 100 Mbit/s eine Durchlaufzeit von ca. 40 µs bedeutet. Dazu kommen noch diverse Verzögerungszeiten in den jeweiligen Anschaltungen, und wenn in dem Frame noch ein Bereich für die Übertragung asynchroner oder sicherheitsrelevanter Daten reserviert wird, erhöht sich die Durchlaufzeit zusätzlich. Es wird aber deutlich, dass mit dem *Summenrahmenverfahren* und einer realen Applikation ein $T_{FBZ} \approx 100$ µs bei geringstem Jitter[47] real möglich ist.

Im *Einzeltelegrammverfahren* würde für die gleiche Applikation mindestens die doppelte Zeit benötigt, denn es gehört zu jedem Mastertelegramm ein adäquates vom Slave. Außerdem verzögern die Infrastrukturkomponenten den Datenfluss zusätzlich. Bei einem *HUB* sind das beispielsweise typisch 440 ns, was in der zuvor gewählten Applikation eine zusätzliche Verzögerung von mindestens 13×440 ns = 5,7 µs bei nur einem HUB bedeutet. Wird dagegen eine Linientopologie gewählt, befindet sich vor oder in jedem Knoten ein eigener HUB, sodass ein Telegramm im ungünstigsten Fall jeden HUB zweimal durchlaufen muss. Das bedeutet im gewählten Beispiel für die entfernteste Station insgesamt 12 HUB-Passagen, sodass die inklusive SoC insgesamt 48 HUB-Passagen eine zusätzliche Verzögerung von ca. 21 µs generieren. Trotzdem ist mit diesem Verfahren ein T_{FBZ} von 200 µs realistisch, auch wenn asynchroner Datenverkehr dazukommt[48].

Sicherheitsrelevante Daten

Alle in [3] genannten Systeme unterstützen eine Safety-Kommunikation auf unterschiedliche Art und Weise. Bei der Auswahl eines Feldbusses, speziell für die Kommunikation mit autonomen Modulen, muss daher hinterfragt werden, wie sicherheitsrelevante Tele-

---

[46] Der synchrone Datenumfang beträgt bei *EtherCAT* maximal 1024 Byte [40].

[47] Laut [40] sind das bei *EtherCAT* etwa ±20 ns.

[48] Bei *Powerlink* kann durch das sogenannte Multiplexverfahren die Anzahl der Mastertelegramme bis auf eins reduziert und damit ein beträchtlicher Performancegewinn erzielt werden.

gramme zu den einzelnen Safety-Komponenten durchgereicht werden können. Aktuell ist mit *openSAFETY* nur ein Safety-Protkoll für alle Bussysteme geeignet und frei verfügbar[49].

Sicher kann an dieser Stelle keine umfassende Empfehlung für ein spezielles Feldbus-System gegeben werden, denn wie immer hängt alles Für und Wider von der konkreten Applikation ab. Es kann daher nur dazu geraten werden, die Anforderungen genauestens zu spezifizieren und unter Berücksichtigung der vorgenannten Kriterien eine fundierte Auswahl zu treffen. Wählt man jedoch Lösungen, die auf Standards basieren oder selbst offene Standards darstellen[50] und die zugleich noch harte Echtzeitanforderungen erfüllen, ist man sehr wahrscheinlich auch für zukünftige Anforderungen gut gerüstet.

Vielleicht muss aber recht bald gar keine Grundsatzentscheidung mehr getroffen werden, wie wir im folgenden Abschnitt sehen werden.

4.4.3 OPC UA im Industrial Ethernet

Immer größer werdende Echtzeitnetzwerke in Produktionsanlagen stellen Maschinen- und Anlagenbetreiber vor große Herausforderungen, denn im Zuge der Umsetzung des *Industrial Internet of Things* (IIoT) werden Netzwerke mit mehreren hundert Knoten auf Feldebene immer häufiger. Mit wachsender Knotenzahl wird aber auch das Engineering der Netzwerke komplexer, aufwendiger und teurer. Zudem müssen häufig unterschiedliche inkompatible Protokolle über Schnittstellen zu einem Gesamtnetzwerk miteinander verbunden werden. Wenn in einer typischen Maschinenhalle für eine digitale Produktion verschiedene Maschinen zahlreicher Hersteller miteinander kommunizieren sollen, die wiederum unterschiedliche Steuerungssysteme mit unterschiedlichen Feldbussen oder Industrial-Ethernet-Netzwerken einsetzen, ist diese Heterogenität mit großem Aufwand bei Inbetriebnahme und Wartung verbunden. Selbst wenn diese Maschinen getrennt voneinander arbeiten, müssen zahlreiche Gateways und Schnittstellen programmiert und instandgehalten werden. Dazu ist Geld, Zeit und spezielles Fachpersonal nötig. Spätestens wenn Reaktionszeiten im harten Echtzeitbereich nötig werden, z. B. um einen Roboter und eine Spritzgießmaschine zu synchronisieren, lässt sich das so nicht mehr sinnvoll umsetzen[51], weil eine reibungslose Kommunikation zwischen den einzelnen Teilsystemen und Komponenten durch proprietäre Lösungen eingeschränkt wird.

An dieser Stelle kommt der offene Standard *OPC UA* (OPC Unified Architecture) ins Spiel. *OPC UA* ist ein herstellerunabhängiges industrielles M2M-Kommunikationsprotokoll, das sich insbesondere durch die Fähigkeit auszeichnet, Maschinendaten (Regelgrößen, Messwerte, Parameter usw.) nicht nur zu transportieren, sondern auch maschinenlesbar semantisch zu beschreiben. Das Protokoll wurde in einer ersten Version 2006 verabschiedet und ist seit 2010 als *IEC-Normenreihe IEC 62541* veröffentlicht. Die mehrschichtig serviceorientierte OPC UA-Architektur stellt Basisdienste als abstrakte protokollunabhängige Methodenbeschreibungen bereit, die für die gesamte OPC-UA-Funktionalität die Grundlage

49 Weiterführende Informationen zu *openSAFETY* in [41].

50 *Powerlink* ist seit 2017 bisher einziger international standardisierter Ethernet-Feldbus (IEEE 61158) und *openSAFETY* das bisher einzige offene und standardisierte Safety-Protokoll.

51 Siehe die Beispiele in Kapitel 1.

bilden und die aktuell von allen großen Steuerungsherstellern implementiert wurden[52] [20]. Der Standard garantiert, dass Maschinen mit Steuerungen verschiedener Hersteller problemlos in einem System koordiniert werden können. Auch das Protokoll selbst ist plattformunabhängig, und der Kommunikationsstack kann auf beliebige Betriebssysteme und Embedded-Hardware portiert werden. Damit ist OPC UA als ideales I4.0-konformes Kommunikationsprotokoll von der Steuerungsebene bis hin zu ERP-Systemen geeignet. Alle Daten des Produktionsprozesses, egal ob innerhalb einer Maschine, zwischen Maschinen oder zwischen einer Maschine und einer Datenbank in der Cloud, können mit OPC UA über ein einziges Protokoll übertragen werden, was die klassischen Feldbusse auf Factory-Ebene de facto überflüssig macht.

Damit dies zuverlässig funktioniert, überträgt OPC UA die Daten auf der Basis von Informationsmodellen, während klassische Bussysteme dimensionslose Daten transportieren, also einfache Zahlen ohne Einheiten oder sonstige Informationen, die auf dem Zielsystem zur weiteren Verarbeitung erst interpretiert werden müssen. Wir sprechen in diesem Zusammenhang von einer *semantischen Interpretation* der Daten. So lange Maschinen unabhängig voneinander arbeiten, ist dieses Vorgehen einigermaßen praktikabel. Doch sobald die Daten zu anderen Einheiten übertragen werden sollen – seien es andere Maschinen, SCADA- oder ERP-Systeme in einer Cloud – geht dieses semantische Wissen verloren. Die Daten sind nur dimensionslose Zahlen. Soll nun eine Kommunikation mit einem anderen System projektiert werden, so werden die semantischen Beschreibungen meist mit langen Tabellen weitergegeben und in diese Systeme häufig per Hand eingepflegt. Der Aufwand dafür ist immens und die Fehlerwahrscheinlichkeit sehr hoch. Mit OPC UA ist dieses Vorgehen überflüssig, denn die OPC-UA-Informationsmodelle ermöglichen es, dass Daten ohne weitere Erklärung von jedem Teilnehmer verstanden werden.

Nehmen wir als Beispiel einen Sensor, der eine Temperatur von 5 °C misst. Herkömmliche Protokolle übertragen den Wert „5" als Datentyp *integer* an die Steuerung. Dort ist gespeichert, dass es sich bei der übertragenen Zahl um einen Temperaturwert in °C handelt, der zudem bestimmte Grenzwerte hat. Mit OPC UA wird der Wert „5" inklusive der beschreibenden Daten zur Verfügung gestellt. In diesem Fall also mit der Information, dass es sich um einen Temperaturwert handelt, der in °C gemessen wurde und in welchen Grenzwerten sich der Wert bewegen soll. Andere Teilnehmer im OPC-UA-Netzwerk können nun diese Informationen abfragen.

Soll im ERP-System z. B. ein neuer Report generiert werden, kann es das Netzwerk nach Informationen durchsuchen. Die gefundenen Informationen können anschließend in einer Datenbank gesammelt und in einem Report dargestellt werden. Bisher war das nur möglich, wenn manuell eine Datenübertragung programmiert wurde und im ERP-System die semantischen Informationen zu jedem einzelnen Wert hinterlegt wurden. Wurde in der Maschine eine Variable geändert, musste auch im ERP-System neu programmiert werden. Durch Nutzung der Informationsmodelle von OPC UA sinkt die Fehleranfälligkeit und flexible Maschinen- und Anlagenkonzepte lassen sich viel einfacher umsetzen [21], [22].

Und OPC UA besitzt noch weitere Vorteile: Um die Produktions- und IT-Welt miteinander verbinden zu können, stellt das Protokoll implementierte *Security-Funktionen* zur Verfügung, mit denen Daten zuverlässig und sicher übertragen werden. Zudem ermöglichen die Methoden in OPC UA, dass Maschinen- oder Anlagenteile bestimmte Funktionen in

52 Weiterführende Informationen zu OPC UA in [20] und anderen Publikationen.

anderen Maschinen- oder Anlagenteilen aufrufen. So lässt sich nicht nur die vernetzte digitale Produktion einfach umsetzen, sondern auch eine Modularisierung im Sinne von *Automatisierung 4.0*.

Die grundsätzliche Bedeutung von OPC UA zeigt nicht zuletzt auch die Arbeit vieler Standardisierungsorganisationen, die auf das herstellerunabhängige Protokoll setzen. So hat die weltweit führende Standardisierungsorganisation in der Kunststoffindustrie *EUROMAP*, das Protokoll als die Basis zweier EUROMAP-Schnittstellen definiert, und auch die Dachorganisation der Verpackungsindustrie OMAC will es in den weltweiten Standard *PackML* integrieren. Viele weitere Branchen, wie auch die Hersteller von Robotern, werden diesen Beispielen folgen, und es ist nur eine Frage kurzer Zeit, dass große Anwender OPC UA als Standard für die Kommunikation in ihren Werkhallen vorschreiben, um für I4.0-Anwendungen vorbereitet zu sein.

Was so gut klingt, hat zumeist auch einen Haken, und so ist es auch im Fall OPC UA: OPC UA ist zwar schnell und durch die ressourcenschonende Codierung geeignet, um auch auf kleinen Steuerungen und Feldgeräten eingesetzt zu werden, aber es ist weder deterministisch noch zyklisch im Sinne der Automatisierung. Bei Prozessen mit Echtzeitanforderungen stößt OPC UA an seine Grenzen. Damit würde es auch für die intermodulare Kommunikation ausscheiden, wenn beispielsweise Bewegungen synchronisiert werden müssen. Daher arbeiten die *OPC Foundation* und das *Industrial Internet Consortium* (IIC) [23] unter anderem an zwei Erweiterungen, die OPC UA zum echtzeitfähigen Kommunikationsstandard machen sollen. Zum einen wird das Protokoll um ein *Publish/Subscribe-Modell* (Pub/Sub) erweitert und zum anderen soll es zukünftig auch auf dem *Time-Sensitive-Networking-Standard* (TSN, IEEE 802.1) aufsetzen. Beides wollen wir etwas näher betrachten und zugleich im Hinblick auf den Nutzen in einer modularen Automatisierungsstruktur bewerten.

Publish/Subscribe-Modell

Ein *Publish/Subscribe-System* ermöglicht sogenannten *Publishern* (Datenquellen, Servern), ausgewählte Daten oder Dienste an eine beliebige Anzahl von *Subscribern* (Datensenken, Clienten) zu verteilen. Dazu müssen die Subscriber mittels einer Anmeldung ihr Interesse an spezifischen Informationen angezeigt haben. OPC UA arbeitet bisher mit einem *Client/Server-Mechanismus*. Ein *Client* fragt eine Information an (Request) und erhält eine Antwort von einem *Server* (Response). Dieses System stößt unter anderem an seine Grenzen, wenn das Netzwerk viele Teilnehmer hat.

Das *Publish/Subscribe-Modell* (Pub/Sub) hingegen ermöglicht eine *One-to-many-* sowie eine *Many-to-many*-Kommunikation. Ein Server publiziert seine Daten in das Netzwerk und jeder Client kann teilnehmen und diese Daten empfangen (Bild 4.45). Damit ähnelt es dem sogenannten Broadcast-Verfahren eines CAN-Busses nach dem Prinzip „Einer sendet und alle hören“.

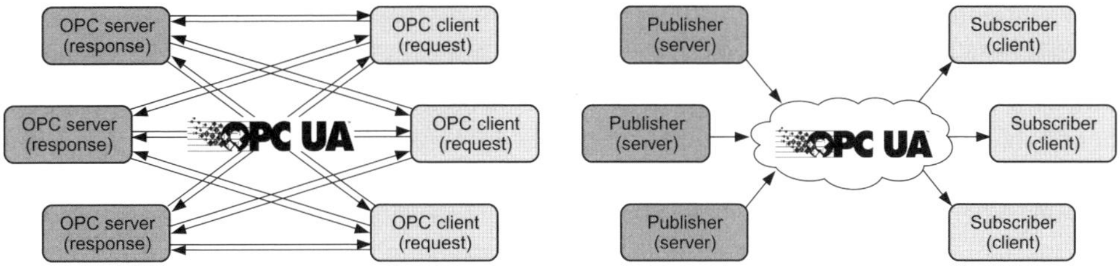

Bild 4.45 Prinzipielle Arbeitsweise von Client/Server- und Publish/Subscribe-Modell (Quelle: B&R Industrial Automation GmbH)

So lange die Maschinen einer Fabrik weitgehend autark arbeiten und nur Anweisungen empfangen oder Status- und Diagnosedaten senden, ist dieses Modell hervorragend für die Kommunikation auf Linienebene geeignet. Mit *Pub/Sub* ist es auch möglich, operative Automatisierungstechnik umzusetzen, sofern die Anforderungen an die Echtzeitfähigkeit nicht allzu hoch sind und die Größe des Netzwerkes überschaubar bleibt. Maschinen, Roboter und Förderbänder müssen jedoch in harter Echtzeit miteinander kommunizieren, um ihre maximale Produktivität zu erreichen. Bei diesen Prozessen bestehen dynamische Anforderungen im einstelligen Millisekunden-Bereich, und so stößt OPC UA auch mit diesem Verfahren an seine Grenzen. OPC UA selbst echtzeitfähig zu machen, wäre technisch durchaus möglich, jedoch mit hohem Aufwand und vielen Nachteilen verbunden.

Daher haben sich zahlreiche Automatisierungs- und Roboterhersteller zusammengeschlossen, um einen anderen Weg zu gehen: OPC UA soll auf einer Erweiterung des Ethernet-Standards IEEE 802.1, dem *Time Sensitive Networking* (TSN) aufsetzen.

Time Sensitive Networking

Time Sensitive Networking (TSN) bezeichnet eine Reihe von Unterstandards, die innerhalb der IEEE 802.1 standardisiert werden, um damit Ethernet grundsätzlich echtzeitfähig zu machen. Ein großer Vorteil von TSN ist, dass auch die Automobilbranche auf diesen Standard setzt. Damit werden die nötigen Halbleiter-Baugruppen sehr schnell und vergleichsweise kostengünstig verfügbar sein.

Und warum Ethernet im Auto? Die übertragenen Datenmengen in Kraftfahrzeugen sind in den vergangenen Jahren exponentiell gestiegen, sodass die Bandbreite bisheriger Bussysteme längst nicht mehr ausreicht. Die ganze Tragweite dieses Problems zeigt sich bei mobilen Arbeitsmaschinen. In einer typischen Systemarchitektur großer mobiler Arbeitsmaschinen kommunizieren hier bis zu 30 Steuergeräte mit mehreren Bedienterminals sowie über 100 Sensoren und Aktoren auf mehreren separaten Feldbussen. Dafür können in Summe über 3000 Meter Kabel erforderlich sein, die mehr als 100 kg auf die Waage bringen. Allein die Menge an Kabeln zu reduzieren, bringt enorme Vorteile für Produktion, Zuverlässigkeit, Service und Energieverbrauch mit sich.

Aber auch im PKW müssen immer mehr Mediendaten übertragen werden. Das können Videostreams von einer Rückfahr- oder Seitenkamera genauso sein wie Entertainment-Inhalte, die auf den Displays der Fondpassagiere abgespielt werden. In einem ersten Schritt hat die Automobilbranche daher den Standard IEEE 802.1 AVB (*Audio Video Bridging*) übernommen, der ein synchronisiertes und priorisiertes Streaming von Audio- und Videodateien ermöglicht. Damit können Daten in einem Auto via Ethernet übertragen werden.

Mit dem Ziel, weitere Industriebereiche zu erreichen und das Einsatzspektrum zu erhöhen, hat sich aus der AVB-Arbeitsgruppe die TSN-Initiative entwickelt. Ziel der Automobilbranche ist es, auch Steuerungsaufgaben und Anwendungen der funktionalen Sicherheit über Ethernet abzuwickeln. Dafür sind Zykluszeiten im Echtzeitbereich und ein deterministisches Netzwerkverhalten Grundvoraussetzung, und genau diese Anforderungen sind es auch, die in der Automatisierung moderner Produktionsanlagen bestehen. Seit Mitte 2017 werden unter der Regie des IIC erste Implementierungen in sogenannten *Testbeds* herstellerübergreifendend getestet und die Ergebnisse sukzessiv in die Weiterentwicklungen überführt. So entsteht mit TSN eine Erweiterung des Ethernet-Standards, die eine Vielzahl von Verbesserungen mit sich bringt, um Ethernet echtzeitfähig zu machen. Die Basis bilden grundlegende Standards, die in [24], [25] und [26] beschrieben sind:

Zeitsynchronisation nach 802.1AS-Rev

Dieser Punkt ist die Grundvoraussetzung für den Einsatz von TSN in der industriellen Echtzeitkommunikation. Der TSN-Unterstandard 802.1AS-Rev enthält Definitionen des *Precision Time Protocols* (PTP), das für die Synchronisation aller Geräteuhren im Netzwerk zuständig ist.

Zeitlich exakt getaktetes Versenden von Daten-Paketen und -Frames (*Traffic Scheduling*)

Darunter ist die gezielte Steuerung von Datenpaketen/Frames nach dem TSN-Unterstandard IEEE 802.1 Qbv zu verstehen. Ein sogenannter *Time-Aware Scheduler* sorgt dafür, dass zeitkritische Daten immer Vorfahrt haben und nicht durch allgemeinen Datenverkehr gebremst werden.

Zentralisierte, automatisierte Systemkonfiguration (*System Configuration*)

Diese Eigenschaft ist wichtig für das automatische Plug-in eines Gerätes. Kommt ein neues Gerät ins Netzwerk, meldet es sich automatisch bei einem sogenannten *Central Network Configurator* (CNC) an. Dieser baut die Kommunikationsbeziehung zu den anderen Geräten mit den entsprechenden Anforderungen auf und konfiguriert das Netz passend dazu um. Das Verfahren soll zukünftig im Standard IEEE 802.1 Qcc festgeschrieben werden.

In verschiedenen Pilotprodukten und sogenannten *Testbeds* wurde inzwischen die Funktionsfähigkeit dieser drei Verfahren bewiesen. So wurde mit PTP eine zyklische Übertragungszeit von 50 µs bei einem Jitter von weniger als 50 Nanosekunden erreicht. Das ist noch präziser, als es viele Feldbusse zu leisten vermögen. Diese Genauigkeit ist ausreichend für nahezu alle Industrieanwendungen von der Liniensynchronisation, der Anbindung von ERP- und HMI-Systemen bis hin zu hochdynamischen Steuerungsaufgaben mit dezentralen Ein- und Ausgängen und anspruchsvollen Motion-Applikationen.

Auch die Inbetriebnahme von Komponenten wird sich durch die gewonnene Interoperabilität massiv vereinfachen. Es muss nur noch das Netzwerkkabel eingesteckt werden, und schon funktioniert die Kommunikation im ganzen Netzwerk. Damit besitzt die Kombination von OPC UA TSN und Pub/Sub als einheitlicher Standard das Potenzial, die Kommunikation nicht nur oberhalb der Steuerungsebene, sondern gemeinsam mit TSN bis auf die Feldbusebene vollständig zu revolutionieren. Laut [26] ist damit das Zeitalter von Plug and Produce gekommen, und wir sind auch dem USB-Prinzip in der Produktion [27] ein ganzes Stück nähergekommen (Bild 4.46).

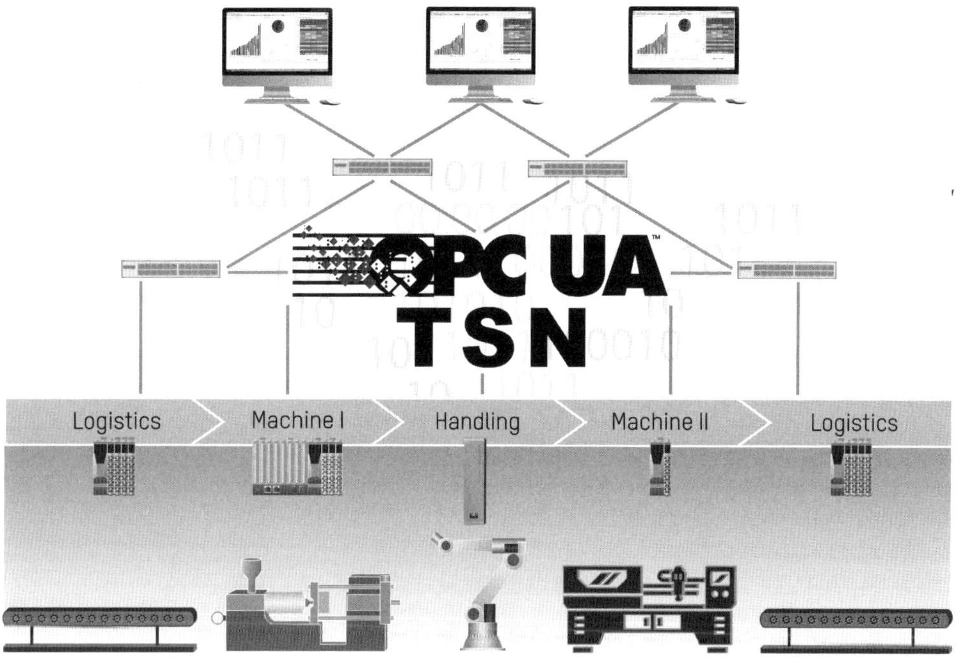

Bild 4.46 OPC UA TSN erfüllt alle Anforderungen, die eine moderne Fertigung an die Kommunikation stellt (Quelle: B&R Industrial Automation GmbH)

OPC UA TSN hat aber besonders in Verbindung mit dem Pub/Sub-Verfahren das Potenzial, den Ethernet-basierten Feldbussen Paroli zu bieten. Auch wenn die Entwicklung des Standards noch nicht abgeschlossen ist, so steht doch jetzt schon fest, dass die Performance von OPC UA TSN mit Pub/Sub besonders für modularisierte Strukturen im Sinne von *Automatisierung 4.0* noch auf lange Zeit völlig ausreicht und damit eindeutig unser Favorit ist.

Nun müssen wir noch der Frage nach einer sicheren Übertragung im Sinne von Safety und Security nachgehen.

4.4.4 Sichere Kommunikation – Safety

Zur Kommunikation in modularen und flexiblen Automatisierungskonzepten gehört neben dem funktionalen auch der sichere Datenaustausch – und das sowohl auf der Steuerungs- wie auch in der Linienebene komplexer Fertigungsanlagen. Demzufolge ist es notwendig, über die einzelne (modulare) Maschine hinaus auch die Sicherheitstechnik entsprechend flexibel zu gestalten und eine sichere Linienautomation zu ermöglichen. Bisher ist es gängige Praxis, dass Maschinen unterschiedlicher Hersteller mit viel Programmieraufwand direkt in der Maschinenhalle zu einem Sicherheitsnetzwerk zusammengeschlossen wurden. Wird während des Betriebes an den Maschinen etwas verändert, d. h. Maschinen werden entfernt oder neue kommen hinzu, muss jedes Mal die Sicherheitstechnik neu programmiert und überprüft werden.

Die OPC UA-Technologie ermöglicht in Kombination mit einem geeigneten Sicherheitsprotokoll wie beispielsweise dem quelloffenen *openSAFETY* sich selbst organisierende I4.0-konforme Sicherheitsnetzwerke. Mit dieser Technologie wird es möglich sein, Module oder ganze Maschinen aus dem Netzwerk zu entfernen oder zu ergänzen, ohne dass die Sicherheitstechnik neu programmiert werden muss. Laut [28] sind damit auch sich selbst validierende Maschinenlinien denkbar. Doch damit das Sicherheitsnetzwerk sich selbst organisieren kann und gleichzeitig alle Anforderungen an Security und Safety erfüllt werden, ist eine Reihe von Vorkehrungen notwendig, wozu die eingebetteten Mechanismen in OPC UA und *openSAFETY* bereits die Basis bilden (Bild 4.47).

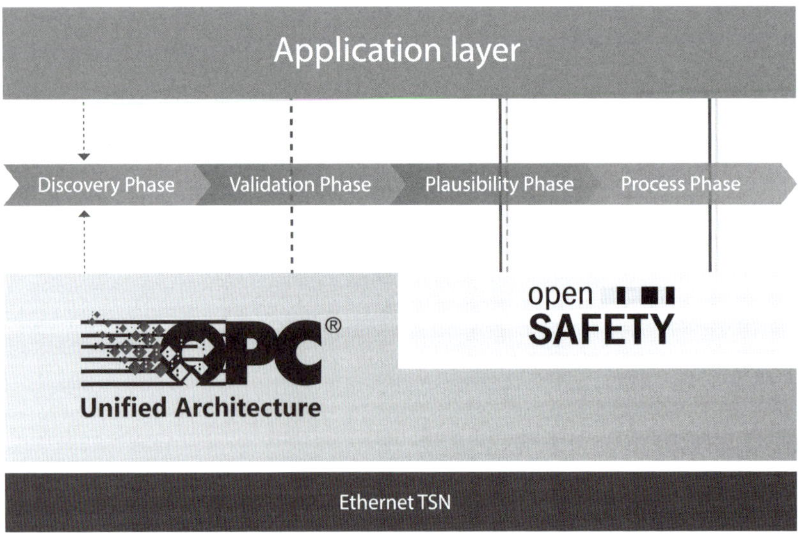

Bild 4.47 Zum Datenaustausch verwendet *openSAFETY* den Publish-/Subscribe-Mechanismus von OPC (Quelle: B&R Industrial Automation GmbH)

Die Funktionsweise lässt sich in vier Schritten abbilden (Bild 4.48), [28].

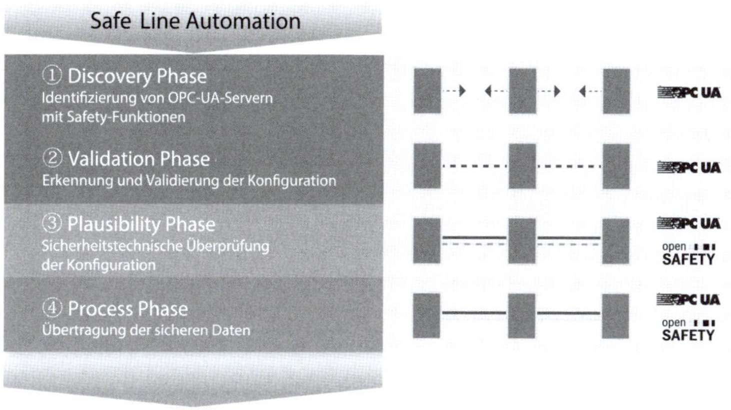

Bild 4.48 Phasenmodell eines selbstorganisierenden Sicherheitsnetzwerkes mit OPC UA und *openSAFETY* (Quelle: B&R Industrial Automation GmbH)

Discovery Phase

Wird ein neues Gerät – also eine Maschine, ein Maschinenmodul oder auch ein Roboter – an ein Netzwerk angeschlossen, wird zuerst mithilfe der *OPC-UA-Security-Mechanismen* eine sichere Verbindung hergestellt. Dabei sucht das neue Gerät nach weiteren Servern, die Safety-Funktionen anbieten. Zum Einsatz kommen dabei die OPC-UA-Mechanismen *Discovery* und *Server Capability*. Anschließend wird mit den *OPC-UA-Browsing-Services* festgestellt, welche Funktionen diese Server mit welchen Attributen anbieten. Auf diese Weise erlangt jeder OPC-UA-Server ein vollständiges Bild des Netzwerkes, ohne dass eine einzige Zeile Code programmiert werden muss.

Validation Phase

Nun prüft die Sicherheitsapplikation, ob die neue Komponente bereits bekannt ist oder ob alle Eigenschaften aus sicherheitstechnischer Sicht gleichwertig zu einer zuvor validierten Konfiguration sind. Ist dies der Fall, sind keine weiteren Aktionen durch den Maschinenbediener notwendig. Falls relevante Unterschiede erkannt werden, wird der Anwender mithilfe einer standardisierten Abfrage über die Visualisierung aufgefordert, die Richtigkeit der Konfiguration zu bestätigen. Die Eingaben werden permanent gespeichert, sodass die neue Linienkonfiguration in Zukunft automatisch erkannt wird.

Plausibility Phase

In diesem Schritt prüft jede einzelne Komponente, ob die vorliegende Konfiguration plausibel ist. Dieser Vorgang ist identisch mit den Prüfungen, die auch bei jedem Einschaltvorgang einer Maschine ablaufen. Dabei wird auch getestet, ob die Reaktions- und Zykluszeiten ausreichend kurz sind, um die erforderlichen Sicherheitsreaktionen zuverlässig auszulösen.

Process Phase

Sind alle vorausgegangenen Prüfschritte abgeschlossen, startet der Austausch von sicheren Prozessdaten über *openSAFETY* und der Linienverbund kann den vorgesehenen Produktionsbetrieb starten. Wird nun irgendein Not-Halt-Schalter im Verbund betätigt, werden automatisch alle Geräte im *openSAFETY*-Netzwerk informiert. Jedes Gerät entscheidet selbstständig, ob es auch in den Not-Halt-Zustand geht oder weiterlaufen kann. Das ist z. B. der Fall, wenn eine andere Not-Halt-Zone betroffen ist, was der im vorangegangenen Kapitel genannten grundsätzlichen Sicherheitsanforderung entspricht.

Das dargestellte Verfahren unterstützt nebenbei auch die Konfiguration eines *Linear-Profils*, womit sogar die in Kapitel 2 beschriebene objektorientierte Arbeitsweise möglich ist. Dabei kommunizieren Maschinen- oder Anlagenteile ihren Status direkt an ihre Nachbarn. Geht ein Maschinenteil in einen sicheren Zustand über, entscheiden die direkten Nachbarn selbstständig, ob sie auch in einen sicheren Zustand gehen müssen, oder – ggf. mit reduzierter Geschwindigkeit – weiterarbeiten können. So kommuniziert im Endeffekt die ganze Linie miteinander, ohne dass ein übergeordnetes System oder ein Mensch eingreifen muss.

Durch den Austausch von sicheren Prozessdaten, der sogenannten *Safety Process Data Objects*, mittels OPC UA-Protokoll und dem Pub/Sub-Mechanismus, ist auch garantiert, dass *openSAFETY*-Knoten direkt miteinander kommunizieren können und somit sehr kurze Reaktionszeiten erreicht werden. Für den Datenaustausch während der Plausibilisierung werden hingegen Datenabfragen in Form von *Safety Service Data Objects* benötigt. Diese nutzen OPC UA-Methodenaufrufe, um unnötige Datenlast in den Netzwerken und auf den OPC-UA-Servern zu vermeiden. Das Sicherheitsprotokoll *openSAFETY* kann prinzipiell jeden Feldbus und jedes Industrial-Ethernet-Netzwerk als Transportmedium nutzen. Außerdem ermöglicht das *Black-Channel-Prinzip*[53] den Austausch sicherheitsgerichteter Daten, ohne dass das Transportprotokoll die sicheren Daten beeinflussen kann [28].

Das Beispiel zeigt, dass mit den bereits heute verfügbaren Technologien eine sichere Kommunikation im Sinne von *Safety* und dem Prinzip von *Automatisierung 4.0* möglich ist.

4.4.5 Sichere Kommunikation bis in die Cloud – Security

In Abschnitt 1.2.9 wurden die Themen *Big Data* und die *Effizienzsteigerung* der (digitalen) Produktion als wichtige Zukunftsthemen dargestellt. Um diesen Ansprüchen gerecht zu werden, sind umfassende und aussagefähige Daten des gesamten Produktionsprozesses erforderlich, und damit es nicht zu der befürchteten Datenflut kommt, müssen die Daten in den einzelnen Systemen aggregiert werden. Darunter ist eine detaillierte Vorverarbeitung technologischer und prozessrelevanter Daten zu verstehen, die schon am Ort der Entstehung die Spreu vom Weizen trennt. Dies geschieht mit sogenannten Edge-Geräten, die von zahlreichen Herstellern angeboten und entweder in Steuerungssysteme integriert oder als Ergänzung in die lokalen Feldbusse eingebunden werden. Sie sind die letzte phy-

[53] Das *Black-Channel-Prinzip* erlaubt die Übertragung sicherer und nicht sicherer Prozessdaten über dieselben Netzwerke, unabhängig vom auf dieser Leitung verwendeten regulären Datentransportmechanismus.

sikalische Instanz vor der *Cloud* bzw. dem Netzwerk und nutzen logisch alle Instrumente von OPC UA.

Damit sind *Edge-Controller* in der Lage, je nach Bedarf die in der Steuerung anfallenden Daten wie z. B. Energie- und Schwingungsmesswerte und technologiebasierte Produktionsdaten direkt abzugreifen und vor zu verarbeiten. Die Steuerung wird damit gleich doppelt entlastet. Zum einen kann sie mit weniger Rechenleistung ausgestattet werden, und sie kommt auch mit weniger Speicherkapazität aus. Damit kann sie kleiner und kostengünstiger ausfallen. Wurden bisher Produktionsdaten in Steuerungen nur kurze Zeit gespeichert und anschließend gelöscht, um Platz für aktuellere zu schaffen, so übernimmt nun der Edge-Controller diese Aufgabe. Er aggregiert die Daten nicht nur, sondern er speichert sie auch solange, bis er alles in eine übergeordnete Cloud übertragen hat. Dadurch sinken Bandbreitenbedarf sowie Kosten für die Cloud, und es gehen keine Daten verloren, wenn die Verbindung unterbrochen wird.

In [29] werden drei Edge-Varianten unterschieden, an denen sich die prinzipiellen Arbeitsweisen gut veranschaulichen lassen und wie sie von unterschiedlichen Herstellern angeboten werden (Bild 4.49).

Edge Connect

Dieses Verfahren wird angewandt, wenn nur in größeren Abständen einzelne Messwerte übertragen werden sollen. Greift beispielsweise ein Sensor stündlich ein Signal ab, kann es zweckmäßig sein, die Daten direkt in die Cloud zu schicken. Für solche einfachen Anwendungen ist eine *Edge-Connect*-Lösung ausreichend, bei der unverarbeitete I/O-Signale verschlüsselt über OPC UA in die Cloud geschickt werden.

Edge Embedded

Darunter ist die Einbindung eines rein Software-basierten *Edge-Controllers* zu verstehen, der genau dann sinnvoll ist, wenn in einer Steuerung ausreichend Ressourcen zur Verfügung stehen und/oder die Menge an zu verarbeitenden Daten überschaubar bleibt. In diesem Fall ist die Steuerung selbst oder mit einer Zusatzbaugruppe via Ethernet und OPC UA in das Netzwerk eingebunden.

Edge Controller

Diese Geräte sind für größere Datenmengen relevant und werden als eigenständige Geräte mit entsprechender Firmware (beispielsweise auf einem Industrie-PC) oder auch als Ergänzungsbaugruppe in ein Steuerungssystem integriert.

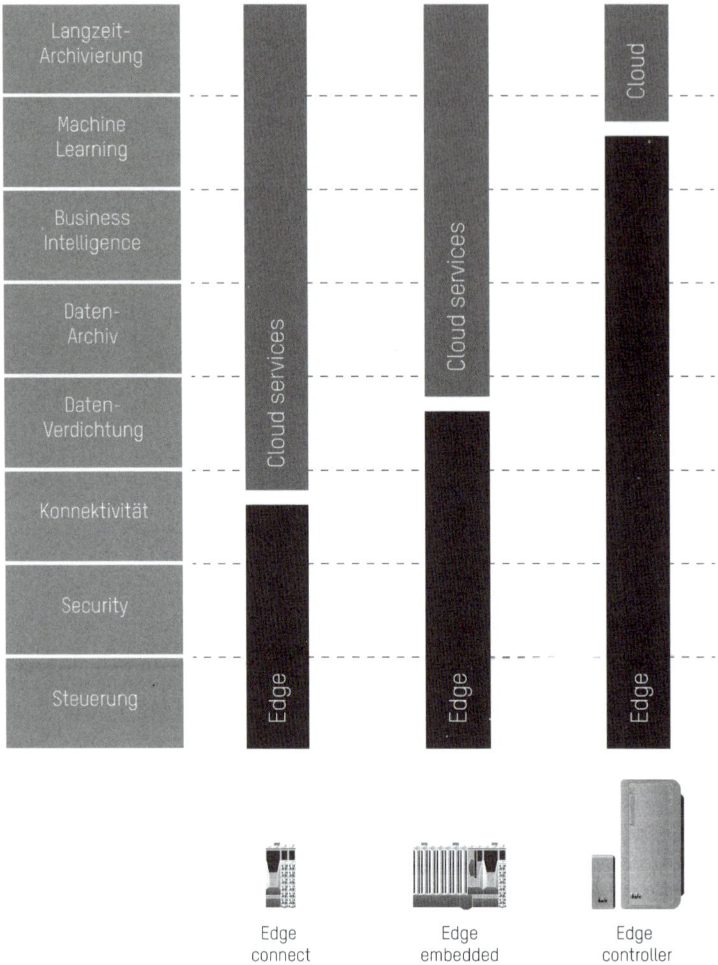

Bild 4.49 Drei grundlegende Edge-Architekturen bieten Lösungen für jeden Anwendungsfall (Quelle: B&R Industrial Automation GmbH)

Praktischerweise und ganz im Sinne von *Automatisierung 4.0* sollte die Übertragung in eine Cloud über OPC UA erfolgen. Das hat den Vorteil, dass eine herstellerübergreifende Verbindung sowohl in der IT-Welt als auch auf Steuerungsebene von nahezu jeder Hard- und Software verstanden wird.

Und das hat noch einen weiteren Vorteil: Es können die bereits im OPC UA-Protokoll eingebauten Security-Mechanismen für eine sichere Datenübertragung genutzt werden. Das sind beispielsweise die Funktionen zur *User-Identifikation* oder *Rollenzuordnungen*, mit denen *Zugriffsrechte* gezielt vergeben bzw. eingeschränkt werden können.

Um Produktionssysteme zuverlässig vor Cyber-Attacken zu schützen, sind jedoch weitere IT-technische Maßnahmen erforderlich, wie sie in [30] ausführlich beschrieben werden. Erst durch ein gestaffeltes System von Firewalls sowie Perimeter- und Pufferzonen, können Produktionsnetzwerke vor Sabotage und Manipulationen durch Schadsoftware wie Viren, Würmer und Trojaner zuverlässig geschützt werden (Bild 4.50).

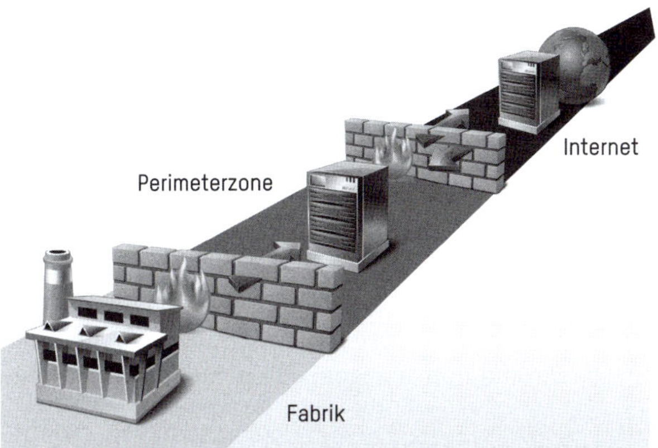

Bild 4.50 Maximale Sicherheit durch doppelte Firewalls: Daten aus einer Produktionsanlage werden in die *Perimeterzone* übertragen und stehen erst dort für den Zugriff von außen zur Verfügung [30]

Zusätzliche *Hardware Gateways* sorgen dafür, dass beispielsweise zur Fernwartung oder Diagnose einzelne Anlagen- oder Maschinen gezielt für Zugriffe geöffnet werden können, wie es in [30] beschrieben wird (Bild 4.51).

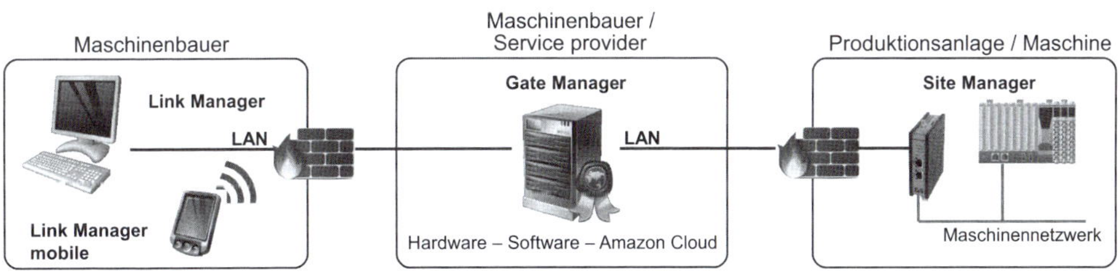

Bild 4.51 *Site Manager* fungieren als Hardware Gateways für einen sicheren Zugriff auf industrielle Anlagen (Quelle: B&R Industrial Automation GmbH)

Dabei wird ein *Link Manager* (VPN ähnlicher Zugriff) beispielsweise von einem Servicetechniker verwendet, um eine Verbindung zur Maschine aufzubauen und von einem PC oder Smartphone auf die Maschine oder Anlage zuzugreifen. Die zentrale Stelle ist ein *Gate Manager* (zentrales Verwaltungsportal), der das *Maschinen-Pool-Management* beinhaltet, in dem die Benutzerkonten, Autorisierungen und Maschinen verwaltet werden. Er stellt nach Prüfung der Zugriffsberechtigungen die Verbindung zwischen Techniker und Maschine her. Der Gate Manager ist eine virtuelle Maschine und wird ganz auf die spezifischen Anforderungen einer Anlage eingerichtet. Er kann bei einem Cloud-Provider betrieben oder auf einem eigenen Server des Maschinenherstellers eingerichtet werden. Ein *Site Manager* (zusätzliche Hardware) stellt schließlich die Verbindung der Maschine oder des Produktionsnetzwerks mit dem Internet her. Für maximale Sicherheit ist im Site Manager eine Firewall integriert, und die Kommunikation in das Internet erfolgt ausschließlich über verschlüsselte Web-Protokolle. Auch das *Patch-Management* der Firmware aller Site Manager ist eine enorm wichtige integrierte Funktionalität, um eventuelle Sicherheitslücken umgehend schließen zu können.

Mit diesen Maßnahmen ist ein weitgehender Schutz der Produktionsanlagen bei gleichzeitigen autorisierten Zugangsmöglichkeiten bestmöglich gegeben.

4.4.6 Zusammenfassung

Die Ausführungen in diesem Kapitel stehen unter der Überschrift „Kommunikation ist (fast) alles". Aber ist Kommunikation im Zeitalter des *Internet of Things*, der digitalen Produktion und der Individualisierung von Produktionsanlagen durch modulare Systeme wirklich nur *fast* alles?

Die Frage kann nur mit einem klaren NEIN beantwortet werden, und das sollte dieses Kapitel deutlich machen. Ganz abgesehen davon, dass modulare Automatisierung ohne Kommunikation überhaupt nicht mehr auskommt, so steht sie heute und zukünftig immer stärker im Fokus. Zukünftige technologische Entwicklungen werden sowohl die Möglichkeiten aber schlussendlich auch die Anforderungen an eine moderne und vor allem geeignete industrielle Kommunikation bestimmen. Wie die Beispiele OPC UA TSN oder die Standardisierungsaktivitäten rund um Industrie 4.0 es zeigen, sind die Entwicklungen dazu in vollem Gang. Aktuelle und zukünftige Automatisierungslösungen müssen sich deshalb daran messen lassen, wie sie in der Lage sind, diese Entwicklungen mitzutragen bzw. durch intelligente Ansätze voranzutreiben. Hersteller, die meinen, ihre Marktstellung durch proprietäre Einzellösungen sichern zu können, müssen umdenken oder werden auf der Strecke bleiben.

Allein aus diesem Grund sind Konstrukteure gut beraten, in aktuellen und zukünftigen Entwicklungen von Beginn an ausschließlich auf standardisierte und soweit als möglich offene Kommunikationsprotokolle und -lösungen zu setzen. Steuerungen, die auf- und abwärtskompatibel sind, HMI-Systeme, die Web-basiert über OPC UA kommunizieren und systeminterne Feldbusse die (sofern überhaupt erforderlich) zumindest in der Lage sind, diese Datenpakete in harter Echtzeit und gemeinsam mit sicherheitsrelevanten Informationen zu transportieren, sind dafür sicher der richtige Ansatz im Sinne von *Automatisierung 4.0*.

4.5 Literatur

[1] DIN EN ISO 13849-1:2016-06, Sicherheit von Maschinen – Sicherheitsbezogene Teile von Steuerungen – Teil 1: Allgemeine Gestaltungsleitsätze (ISO 13849-1:2015); Deutsche Fassung EN ISO 13849-1:2015.

[2] Siemens AG: SINAMICS S120 – Systemüberblick, 2018, online verfügbar unter: *http://w3.siemens.com/mcms/mc-solutions/de/umrichter/niederspannungsumrichter/sinamics-s/servoantrieb/seiten/sinamics-s120-systemueberblick.aspx*, letzter Zugriff: 05.01.2018.

[3] EPSG – Ethernet POWERLINK Standardiziation Group: Industrial Ethernet Facts, 3. Aufl., Fredersdorf 2017, online verfügbar unter: *http://www.ethernet-powerlink.org/fileadmin/user_upload/Dokumente/Industrial_Ethernet_Facts/EPSG_IEF3rdEdition_de.pdf*, letzter Zugriff: 17.01.2018.

[4] Sick AG: Detektion von Papierkanten, Waldkirch 2018, online verfügbar unter: *https://www.sick.com/de/de/branchen/druck/press/papierfuehrung/detektion-der-papierkanten/c/p350010*, letzter Zugriff: 23.01.2018.

[5] B&R Industrie-Elektronik GmbH: Anwenderhandbuch Steuerungssysteme 2003/2005/2010 (B&R-Industrie-Elektronik Produktfamilie B&R2000), Eggelsberg 2004.

[6] B&R Industrial Automation GmbH: reACTION Technology, 2018, online verfügbar unter: *https://www.br-automation.com/de/technologie/reaction-technology/*, letzter Zugriff: 24.01.2018.

[7] Schmertosch, T.: Drastische Verkürzung der Reaktionszeiten bis zu 1µs im modularen Maschinenbau und dezentralen Automatisierungsstrukturen, in: *Tagungsband VVD*, Dresden 2015.

[8] Schmertosch, T.: Funktionale Sicherheitstechnik für Maschinen und Anlagen, in: *Beitrag des VEMAS Industriearbeitskreis AUTOMATION im Forum der INTEC*, Leipzig 2015.

[9] Amtsblatt der Europäischen Union L 157/35, Richtlinie 2006/42/EG des Europäischen Parlaments und des Rates vom 17. Mai 2006 über Maschinen und zur Änderung der Richtlinie 95/16/EG (Neufassung), Brüssel 2006.

[10] DIN EN ISO 13849-2:2013-02, Sicherheit von Maschinen – Sicherheitsbezogene Teile von Steuerungen – Teil 2: Validierung (ISO 13849-2:2012); Deutsche Fassung EN ISO 13849-2:2012.

[11] DIN EN 61508-1:2011-02; VDE 0803-1:2011-02, Funktionale Sicherheit sicherheitsbezogener elektrischer/elektronischer/programmierbarer elektronischer Systeme – Teil 1: Allgemeine Anforderungen (IEC 61508-1:2010); Deutsche Fassung EN 61508-1:2010.

[12] DIN EN 61784-3:2017-09; VDE 0803-500:2017-09, Industrielle Kommunikationsnetze – Profile – Teil 3: Funktional sichere Übertragung bei Feldbussen – Allgemeine Regeln und Festlegungen für Profile (IEC 61784-3:2016); Deutsche Fassung EN 61784-3:2016.

[13] Amtsblatt der Europäischen Union C 87/1, Mitteilung der Kommission im Rahmen der Durchführung der Richtlinie 2006/42/EG des Europäischen Parlaments und des Rates vom 17. Mai 2006 über Maschinen und zur Änderung der Richtlinie 95/16/EG (Neufassung), Brüssel 2012.

[14] Bundesministerium für Arbeit und Soziales (Hrsg): Interpretationspapier zum Thema „Wesentliche Veränderung von Maschinen", Bek. des BMAS vom 09.04.2015 – IIIb5-39607-3 – im GMBl 2015, Nr. 10, S. 183–186, Berlin, 2015, online verfügbar unter: *http://www.bmas.de/SharedDocs/Downloads/DE/Thema-Arbeitsschutz/interpretationspapier-veraenderung-maschinen.pdf*;jsessionid=AEA4CE5FBC12F1ED365975A1517F0D5D?__blob=publicationFile&v=2, letzter Zugriff: 06.02.2018.

[15] World of Print: Sammelhefter Stitchmaster ST 450 erreicht mit neuen Anlegern und neuem Streamfeeder gesteigerte Produktivität, Ratingen 2010, online verfügbar unter: *http://www.worldofprint.de/2010/03/08/sammelhefter-stitchmaster-st-450-erreicht-mit-neuen-anlegern-und-neuem-streamfeeder-gesteigerte-produktivitaet/*, letzter Zugriff: 24.01.2018.

[16] Pilz GmbH & Co. KG: Sicherheitskompendium (Version 11.16, 01.12.2017), online verfügbar unter: *https://www.pilz.com/download/open/TechBo_Pilz_safety_compendium_1004669-DE-01.pdf*, letzter Zugriff: 31.01.2018.

[17] B&R Industrial Automation GmbH: Integrated Safety Technology. Anwenderhandbuch, Eggelsberg 2017.

[18] B&R Industrial Automation GmbH: Integrierte Sicherheitstechnik (Übersichtsprospekt), 2018, online verfügbar unter: *https://www.br-automation.com/smc/c7c0e70268e6b10a6feec401f88011e9b6fe2eda.pdf*, letzter Zugriff: 06.02.2018.

[19] Profibus Nutzerorganisation e. V. (PNO): Homepage, *https://de.profibus.com/community/die-profibus-nutzerorganisation/*, letzter Zugriff: 06.02.2018.

[20] OPC Foundation: Homepage, *https://opcfoundation.org/*, letzter Zugriff: 06.02.2018.

[21] B&R Industrie-Elektronik GmbH: Praxistest bestanden: OPC UA wird echtzeitfähig (B&R-Industrie-Elektronik Kundenmagazin), in: *Automotion*, Nr. 11/2016.

[22] B&R Industrial Automation GmbH: OPC UA TSN – Von der Feldebene bis in die Cloud (B&R Industrial Automation Kundenmagazin), in: *Automotion*, Nr. 09/2017.

[23] Industrial Internet Consortium (IIC): Homepage, *https://www.iiconsortium.org/*, letzter Zugriff: 06.02.2018.

[24] Industrial Internet Consortium (IIC): OPC UA TSN – A new Solution for Industrial Communication, Whitepaper 2018, online verfügbar unter: *http://www.computer-automation.de/uploads/media_uploads/documents/1516349639-226-opc-ua-tsn-a-new-solution-for-industrial-communication.pdf*, letzter Zugriff: 21.02. 2018.

[25] B&R Industrial Automation GmbH: TSN-der Turbo für OPC UA?, in: *Automotion*, Nr. 11/2015.

[26] B&R Industrial Automation GmbH: Das Zeitalter von Plug-and-Produce ist gekommen, in: *Automotion*, Nr. 11/2017.

[27] R. Thielicke: Industrie 4.0: Fraunhofer-Institut arbeitet am USB-Prinzip für die Fertigung, in: *Technology Review* v. 4. Dezember 2013, online verfügbar unter: *http://www.heise.de/-2059877*, letzter Zugriff: 24.06.2017.

[28] B&R Industrial Automation GmbH: Linien sicher automatisieren, in: *Automotion*, Nr. 11/2016.

[29] B&R Industrial Automation: Über die Edge in die Cloud, in: *Automotion*, Nr. 09/2017.

[30] B&R Industrial Automation GmbH: Prozessleitsysteme vor Cyber-Attacken schützen, in: *Automotion*, Nr. 09/2017.

[31] World of Print: Sammelhefter Stitchmaster ST 450 erreicht mit neuen Anlegern und neuem Streamfeeder gesteigerte Produktivität, Ratingen 2010, online verfügbar unter: *http://www.worldofprint.de/2010/03/08*, letzter Zugriff: 24.01.2018.

[32] B&R Industrial Automation GmbH: Stitchmaster ST 500, *https://www.youtube.com/watch?v=TZ1eTWzxlIl*, letzter Zugriff: 24.01.2018.

[33] Pilz GmbH & Co. KG: Online-Lexikon, 2018, online verfügbar unter: *https://www.pilz.com/de-DE/knowhow/lexicon*, letzter Zugriff: 31.01.2018.

[34] Sick AG: Produktportfolio, 2018, online verfügbar unter: *https://www.sick.com/de/de/c/PRODUCT_ROOT*, letzter Zugriff: 31.01.2018.

[35] Pilz GmbH & Co. KG: Produktübersicht (Version 5.01, 01.11.2017),online verfügbar unter: *https://www.pilz.com/download/open/Leaf_Product_overview_1004011-DE-02.pdf*, letzter Zugriff: 31.01.2018.

[36] Pilz GmbH & Co. KG: Prospekt Steuerungstechnik (Version 10.59, 01.04.2017), online verfügbar unter: *https://www.pilz.com/download/open/Leaf_Product_overview_1004011-DE-02.pdf*, letzter Zugriff: 31.01.2018.

[37] CAN in Automation (CiA): Homepage, *https://www.can-cia.org/*, letzter Zugriff: 08.02.2018.

[38] ARCNET Trade Association (ATA): Homepage, *www.arcnet.de/*, letzter Zugriff: 08.02.2018.

[39] EtherCAT Technology Group: EtherCAT Übersicht (Version 5.2), online verfügbar unter: *https://www.ethercat.org/download/documents/ETG_Brochure_DE.pdf*, letzter Zugriff: 21.02.2018.

[40] Beckhoff Automation GmbH: EtherCAT – Der Echtzeit-Ethernet-Feldbus, 2017, online verfügbar unter: *https://download.beckhoff.com/download/document/Catalog/Main_Catalog/german/Beckhoff_EtherCAT.pdf*, letzter Zugriff: 21.02.2018.

[41] EPSG – Ethernet POWERLINK Standardiziation Group: Homepage, *https://www.open-safety.org*, letzter Zugriff: 08.02.2018.

[42] IO-Link Konsortium: Homepage, *http://www.io-link.com/de/*, letzter Zugriff: 08.02.2018.

[43] Holland, M.: Stuxnet angeblich Teil eines größeren Angriffs auf kritische Infrastruktur des Iran, online verfügbar unter: *https://www.heise.de/security/meldung/Stuxnet-angeblich-Teil-eines-groesseren-Angriffs-auf-kritische-Infrastruktur-des-Iran-3104957.html*, letzter Zugriff: 25.07.2018.

5 Automatisierung 4.0 im Überblick

Der Begriff *Automatisierung 4.0* zeigt, wie tiefgreifend die Modularisierung in Produktionsprozesse einwirken und damit Marktvorteile für Hersteller und Betreiber generieren kann. Er zeigt auch, dass mit konsequenter objektorientierter Betrachtungs- und Arbeitsweise der Produktionsprozess bei Hersteller und Betreiber effizient und fehlersicher gestaltet werden kann.

Anhand zahlreicher Beispiele haben wir gezeigt, wie modulare Produktionssysteme als Objekte in Gestalt technischer Assets beschrieben werden können. Dabei wurden Verfahren der objektorientierten Softwareentwicklung und der strukturierten Projektierung auf die Entwicklung und Konstruktion mechatronischer Systeme angewandt und um praktische Aspekte der Automatisierungstechnik ergänzt.

Die Betrachtungen zeigen, dass sich *autonome Module* besonders flexibel in ein Maschinen- und Anlagenkonzept integrieren lassen, denn sie

- benötigen für operative Steuerungs- und Regelungsaufgaben keine zentrale Steuerung,
- sind funktionell und konstruktiv vollständig gekapselt,
- kommunizieren dienstorientiert nur mit den im ERD festgelegten Partnern und
- benötigen keine Kenntnis über die Gesamtanlage.

Wir haben auch gezeigt, dass Produktionssysteme nur in einer *I4.0-konformen Umgebung* arbeiten können, wenn sie über standardisierte Schnittstellen kommunizieren.

Dazu wurde Ethernet und das Busprotokoll *OPC UA* in seiner echtzeitfähigen Ausprägung *OPC UA TSN* thematisiert. Über dieses Kommunikationsprotokoll ist neben der technologisch-dienstorientierten auch die sicherheitstechnische Kommunikation mit dem Protokoll *openSafety* möglich.

Bild 5.1 zeigt beispielhaft das Modell eines so konfigurierten Produktionssystems (für das die Definition eines autonomen Moduls ja ebenso gilt) mit Steuerungs-, Antriebs- und Sicherheitstechnik sowie einem Bedienpanel als HMI-Komponente.

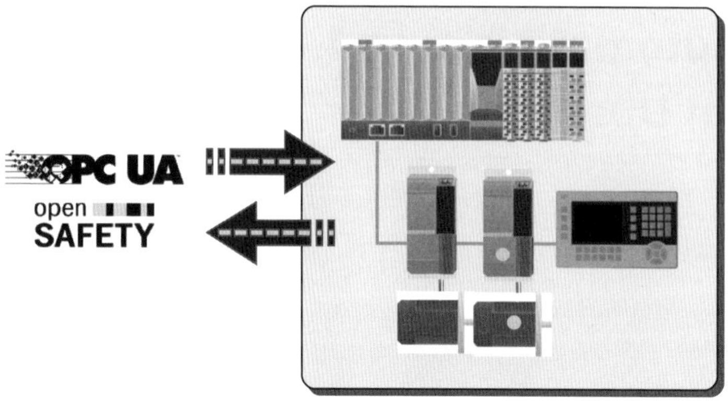

Bild 5.1 I4.0-konforme Automatisierung eines Produktionssystems

Ist die Integration eines Modules bzw. eines Produktionssystems mit der CP Class 44 in einer digitalen Produktion vorgesehen, so ist zusätzlich die Installation einer modulinternen Verwaltungsschale erforderlich (Bild 5.2).

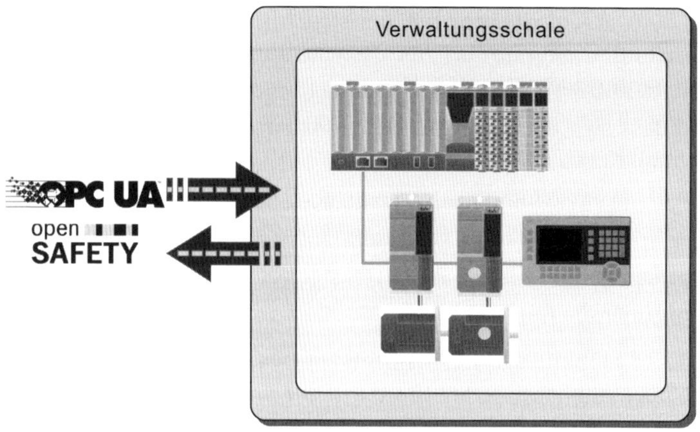

Bild 5.2 I4.0-konforme Automatisierung eines Produktionssystems (CP Class 44)

Werden Produktionssysteme nach der beschriebenen Methode funktions- und objektorientiert modularisiert, entstehen Funktionsmodule, mit denen die individuelle Ausprägung eines Produktionssystems flexibel und mit geringstem Aufwand erfolgen kann. Zudem erlaubt diese Arbeitsweise die individuelle Anlagenkonfiguration des Betreibers und ist bei veränderten Anforderungen leicht zu erweitern und zu modifizieren. Die Maschinenmodule selbst durchlaufen einen völlig entkoppelten Lebenszyklus, sodass Innovationen des Herstellers ohne Rückwirkung auf das übrige Produktportfolio in den Markt gebracht werden können.

Schließlich wurde gezeigt, welche Randbedingungen bei der konkreten Anwendung dieses Konzeptes zu beachten sind. Dazu gehören die Anforderungen an die Auf- und Abwärtskompatibilität der Steuerungshard- und software, die erforderliche Reaktionsfähigkeit im operativen Betrieb und die Ausführung der sicherheitsrelevanten Funktionen genauso wie die Realisierung modulinterner und -übergreifender Anforderungen an die Bedienung und Prozessvisualisierung. Einige Betrachtungen zum Schutz des Datenverkehrs (IT-Security) haben schließlich die praktischen Themen abgerundet.

Die Autoren hoffen, dass auf diese Weise *Automatisierung 4.0* zu einem Erfolgskonzept wird.

Index

M

N

O

P

Q

R

S